# 甘薯、马铃薯高产栽培与加工技术

主　编　杨占国　张玉杰
副主编　陈宗刚　赵秀文
编　者　张秀莲　王志富　杨亚飞
　　　　王　祥　金晏军　王凤芝

科学技术文献出版社
SCIENTIFIC AND TECHNICAL DOCUMENTATION PRESS

(京)新登字 130 号

## 内 容 简 介

本书内容包括甘薯、马铃薯的特征特性,对生长条件的要求,优良品种的选用,丰产种植技术,病虫害防治,收获、贮藏及加工技术。文字通俗易懂,适合农村种植户及相关人员阅读,并可作为农业中等专业学校、职业学校师生的教学参考书。

---

科学技术文献出版社是国家科学技术部系统惟一一家中央级综合牲科技出版机构,我们所有的努力都是为了使您增长知识和才干。

# 前　言

甘薯、马铃薯不仅是粮食作物,而且是效益很高的经济作物,具有结薯早、膨大快、早熟、高产、品质好等优点,全国各地都有大面积种植,是我国主要农作物之一。甘薯、马铃薯还是食品加工业、酒精工业、饲料工业的廉价原料,优质的淀粉原料,正逐步向综合利用及商品化方向发展。

近年来,随着我国农业生产的不断发展、人们食物结构的变化、食品和饲料加工工业的兴起,甘薯在粮食中的地位已经发生了变化,由原来的粗粮一跃成为工业原料和优良的饲料作物。另外,甘薯富含多种营养成分,有健身和防病功效,所含各种维生素和氨基酸食用后对人体某些疾病有预防和治疗作用,成为一种重要的中药材。发展甘薯、马铃薯产业具有广阔的市场前景和巨大的生产潜力,对调整我国农业产业结构、提高农民经济收入、保障国家的粮食安全等都有十分重要的作用。

本书上篇由杨占国等编写,下篇由张玉杰等编写。在编写过程中,注重了实用性和技术性的结合,可供农村种植户及相关人员阅读,并可作为农业中等专业学校、职业学校师生的教学参考书。

在编写过程中,对参阅的相关资料的作者表示衷心的感谢,同时由于编者水平有限,编写中的缺点和错误请读者及相关人员批评指正。

编　者

# 目 录

## 上篇 甘薯高产栽培与加工

### 第一章 甘薯概述 ................................................ 2
- 第一节 我国甘薯的分布和种植制度 ................ 3
- 第二节 甘薯种植的价值 .................................... 4
- 第三节 甘薯的植物学特性 ................................ 10
- 第四节 甘薯的优良品种 .................................... 20
- 第五节 我国甘薯产业存在的问题 .................... 64
- 第六节 我国甘薯产业的市场前景 .................... 65

### 第二章 甘薯的育苗技术 .................................... 69
- 第一节 甘薯的萌芽习性 .................................... 69
- 第二节 甘薯育苗 ................................................ 73
- 第三节 选种和排种 ............................................ 85
- 第四节 苗床管理 ................................................ 87

### 第三章 甘薯栽培技术 ........................................ 95
- 第一节 甘薯大田栽培 ........................................ 95
- 第二节 甘薯的地膜覆盖栽培 ............................ 109
- 第三节 中棚双覆盖甘薯栽培 ............................ 115
- 第四节 甘薯的间作套种栽培 ............................ 118

## 第四章　甘薯的病虫害识别与防治技术 ……………… 131
第一节　甘薯病虫害综合防治 ………………………… 131
第二节　甘薯主要病虫害的识别与防治 ……………… 133

## 第五章　甘薯收获与贮藏 ………………………………… 159
第一节　商品甘薯的贮藏 ……………………………… 159
第二节　薯种的贮藏 …………………………………… 180

## 第六章　甘薯的加工与利用 ……………………………… 182
第一节　甘薯淀粉的加工 ……………………………… 183
第二节　甘薯类食品的加工 …………………………… 187
第三节　甘薯饲料的加工 ……………………………… 197

# 下篇　马铃薯高产栽培与加工

## 第一章　马铃薯概述 ……………………………………… 200
第一节　我国马铃薯的分布和种植制度 ……………… 200
第二节　马铃薯种植的价值 …………………………… 203
第三节　马铃薯的植物学特性 ………………………… 206
第四节　马铃薯的优良品种 …………………………… 218
第五节　马铃薯种植中容易出现的不良现象 ………… 253
第六节　马铃薯种植中存在的问题 …………………… 257
第七节　马铃薯产业的现状及前景 …………………… 263

## 第二章　马铃薯栽培技术 ………………………………… 269
第一节　北方一作区栽培 ……………………………… 269
第二节　中原二作区栽培 ……………………………… 285

第三节　南方二作区栽培 …………………………………… 290
　　第四节　西南单、双季混作区栽培 …………………………… 292

**第三章　马铃薯主要病虫害的识别与防治** …………………… 297
　　第一节　马铃薯病虫害综合防治 ……………………………… 297
　　第二节　马铃薯主要病虫害的识别与防治 …………………… 301

**第四章　马铃薯收获与贮藏** …………………………………… 320
　　第一节　商品马铃薯的贮藏 …………………………………… 320
　　第二节　马铃薯种薯的贮藏 …………………………………… 328

**第五章　马铃薯的加工与利用** ………………………………… 330
　　第一节　马铃薯淀粉 …………………………………………… 330
　　第二节　油炸马铃薯片 ………………………………………… 331
　　第三节　风味马铃薯脯 ………………………………………… 333

**参考文献** …………………………………………………………… 335

# 上篇

# 甘薯高产栽培与加工

# 第一章　甘薯概述

甘薯有红薯、地瓜、山芋、红苕等名称,传入我国有400多年的历史,它产量高、用途广、适应性强,在我国种植面积居世界首位。

甘薯的薯块中除含有大量淀粉和糖以外,还含有钙、磷、铁等元素,维生素C、维生素$B_1$、维生素$B_2$的含量比米、面都高。红肉甘薯富含胡萝卜素,营养价值更高。人们常食用的米、面、肉类等属于生理酸性食物,而甘薯是生理碱性食物,适当吃些甘薯调节膳食结构,有益于健康。甘薯茎蔓的嫩尖营养丰富,可作为蔬菜食用。

薯块和茎叶也是很好的饲料,加工后的副产品如粉渣、糖渣、酒糟等都是畜禽的好饲料。因地制宜地发展甘薯生产,对扩大饲料来源,促进农区畜牧业的发展,增加农家肥源,提高作物产量,增加农民收入,都有着重要意义。

甘薯的单位面积淀粉产量比一般谷类作物高,用来制造酒精,出酒率高,成本低,设备简单,可称为廉价的再生能源作物。甘薯还可以制造葡萄糖、果葡糖浆、柠檬酸、乳酸、丁醇、丙酮、丁酸、味精、酶制剂、氨基酸、抗生素、维生素和各种淀粉衍生物等产品,广泛用于化工、医药、食品、纺织、塑料、染料等工业部门。

在众多食品中,以甘薯为原料的各类食品,越来越受到广大消费者的欢迎,如粉丝、粉皮、薯脯、薯干、罐头、油炸薯片、薯丝等。

# 第一节 我国甘薯的分布和种植制度

甘薯在我国种植的范围很广泛,南起海南省,北到黑龙江,西至四川西部山区和云贵高原,均有分布。根据甘薯种植区的气候条件、栽培制度、地形和土壤等条件,一般将我国的甘薯栽培划分为5个栽培区域:北方春薯区、黄淮流域春夏薯区、长江流域夏薯区、南方夏秋薯区和南方秋冬薯区。

**1. 北方春薯区**

北方春薯区以淀粉加工业为主,包括辽宁、吉林、河北、陕西北部等地,该区无霜期短,低温来临早,多栽种春薯。

**2. 黄淮流域春夏薯区**

黄淮流域薯区属季风暖温带气候,栽种春夏薯均较适宜,种植面积约占全国总面积的40%。

**3. 长江流域夏薯区**

长江流域夏薯区包括除青海和川西北高原以外的整个长江流域。

**4. 南方夏秋薯区**

北回归线以北,长江流域以南,除种植夏薯外,部分地区还种植秋薯。

**5. 南方秋冬薯区**

北回归线以南的沿海陆地和台湾等岛屿属热带湿润气候,夏季高温,日夜温差小,主要种植秋、冬薯。

中国各薯区的种植制度不尽相同。北方春薯区一年一熟,常与玉米、大豆、马铃薯等轮作。春、夏薯区的春薯在冬闲地春栽,夏薯在麦类、豌豆、油菜等冬季作物收获后栽插,以二年三熟为主。长江流域夏薯区甘薯大多分布在丘陵山地,夏薯在麦类、豆类收获后栽插,以一年二熟最为普遍。其他夏秋薯及秋冬薯区,甘薯与水稻的轮作制中,早稻、秋薯一年二熟占一定比重。旱地的二年四熟制中,夏、秋薯各占一熟。北回归线以南地区,四季皆可种甘薯,秋、冬薯比重大。旱地以大豆、花生与秋薯轮作;水田以冬薯、早稻、晚稻或冬薯、晚秧田、晚稻两种复种方式较为普遍。

## 第二节 甘薯种植的价值

甘薯全身都是宝,综合利用价值高。首先甘薯是高产高效的经济作物,产量高,产值高,并且能加工多种食品和化工产品,可以多次增值。甘薯茎叶是很好的饲料资源,可用来发展畜牧业。生产淀粉后,粉渣还可以酿酒,酒糟可以做饲料,产值可提高3~4倍。利用甘薯还可生产柠檬酸、葡萄糖、乳酸、丁酸、丙酮、酒精、饴糖、味精。甘薯可做成薯片、薯条、薯脯、甘薯饮料等,是人们喜欢的休闲食品。特别是利用甘薯可生产清洁酒精燃料,是今后甘薯产业发展的一个重要领域。酒精脱水就是乙烯,乙烯是多种化工产品的原料。经过精深加工产业化经营,延长产业链,可促进农民致富。

### 一、甘薯的营养价值

甘薯含有丰富的淀粉、膳食纤维、胡萝卜素、维生素A、维生素

B族、维生素C、维生素E，以及丰富的钾、铁、铜、硒、钙、钠、碘等十余种微量元素和亚油酸等，营养价值很高，被营养学家们称为营养最均衡的保健食品。

甘薯光合能力强，淀粉含量高，一般块根中淀粉含量占鲜重的15%~26%，高的可达30%；可溶性糖类占3%左右。据化验，每100克鲜薯中含糖29克，蛋白质2.3克，脂肪0.2克，粗纤维0.5克，无机盐0.9克（其中钙18毫克，磷20毫克，铁0.4毫克）。此外，甘薯的维生素含量丰富，每千克鲜薯含维生素C 300毫克，维生素B族10.4毫克，尼克酸5毫克。其中维生素$B_1$和维生素$B_2$含量为面粉的2倍，维生素E为小麦的9.5倍，纤维素为面粉的10倍，维生素A和维生素C的含量也较高，而大米、面粉为零。甘薯中各种维生素含量之高是其他粮食作物所不及的，同时，甘薯略呈碱性，而米、面、肉类则为酸性食物，适当食用甘薯可以保持血液中酸碱度平衡。此外，甘薯所含的维生素可刺激肠壁，加快消化道蠕动并吸收水分，有助于排便，可防治便秘、糖尿病，预防痔疮和大肠癌等疾病。因此，常吃细粮的人配以甘薯，则可以弥补维生素之不足。据有关资料显示，成年人每天食用100~150克甘薯，即可满足人体对各种维生素的需求。

甘薯茎叶中含有较丰富的营养成分，是牲畜的上好饲料。据分析，甘薯干茎叶中含粗蛋白0.2%，比干花生秧含量稍高，比干谷草含量高1倍；甘薯秧中粗脂肪的含量为2.6%，比苜蓿草高0.3%，比谷草高0.7%。据报道，甘薯茎顶端15厘米的鲜茎叶，蛋白质含量为2.74%，胡萝卜素每100克为5580国际单位，维生素$B_2$每千克含量为3.5毫克，维生素C每千克为41.07毫克，铁每100克为3.94毫克，钙每100克为74.4毫克，其蛋白质、胡萝卜素、维生素B族的含量均比苋菜、莴苣、芥菜叶等高，维生素的含量也比绿苋菜、莴苣丰富。因此，甘薯兼具粮食和蔬菜的功能。

甘薯茎蔓的嫩尖也含丰富的蛋白质、胡萝卜素、维生素$B_1$、维生素 C 和铁、铝等,可作蔬菜用,比其他叶菜类营养成分都高。每 100 克甘薯茎尖含蛋白质 2.7%,菠菜、苋菜、甘蓝含蛋白质分别为 2.3%、1.8%、1.7%。每 100 克甘薯茎尖含钙 74 毫克,每 100 克甘蓝含钙 64 毫克。每 100 克甘薯茎尖含铁 4 毫克,每 100 克菠菜仅为 2 毫克,每 100 克甘蓝为 0.7 毫克;维生素 $B_2$ 含量为每 100 克嫩尖含 0.35 毫克,均高于菠菜、苋菜及甘蓝。维生素 $B_2$ 是我国人民食品中比较缺乏的维生素,因此,食用甘薯茎蔓的嫩尖,对改善食物中维生素来源更有特殊意义。

红薯的不足之处,是缺少蛋白质和脂质,但是今天人们生活富裕了,已经不再把红薯作为主食,它缺少的营养物质完全可以通过其他膳食加以补充了。

## 二、甘薯的保健价值

甘薯不但对某些疾病有一定疗效,而且也是一种保健食品,经常食用甘薯可以起到健身防病、延年益寿的作用。

**1. 和血补中**

红薯营养十分丰富,含有大量的糖、蛋白质、脂肪和各种维生素及矿物质,能有效地为人体所吸收,防治营养不良症,且能补中益气,对脾胃亏虚、小儿疳积等病症有益。

**2. 宽肠通便**

红薯经过蒸煮后,部分淀粉发生变化,与生食相比可增加 40% 左右的食物纤维,能有效刺激肠道的蠕动,促进排便。人们在切红薯时看见的白色渗出液,含有紫茉莉甙,可用于治疗习惯性便秘。

**3. 增强免疫功能**

红薯含有大量黏液蛋白,能够防止肝脏和肾脏结缔组织萎缩,提高机体免疫力,预防胶原病发生。红薯中所含矿物质对于维持和调节人体功能,起着十分重要的作用。所含的钙和镁,可以预防骨质疏松症。

**4. 防癌抗癌**

红薯中含有一种抗癌物质,能够防治结肠癌和乳腺癌。国家癌症研究中心最近公布的 20 种抗癌蔬菜"排行榜"为:红薯、芦笋、花椰菜、卷心菜、西兰花、芹菜、倭瓜、甜椒、胡萝卜、金花菜、苋菜、荠菜、苤蓝、芥菜、西红柿、大葱、大蒜、青瓜、大白菜等。通过对 26 万人的饮食调查发现,熟红薯的抑癌率(98.7%)略高于生红薯(94.4%)。此外,红薯还具有消除活性氧的作用,活性氧是诱发癌症的因素之一,故红薯抑制癌细胞增殖的作用十分明显。

**5. 抗衰老、防止动脉硬化**

红薯的抗衰老和预防动脉硬化作用,主要是其所具有的水除活性氧作用产生的,红薯所含黏液蛋白能保持血管壁的弹性,防止动脉粥样硬化的发生;红薯中的绿原酸,可抑制黑色素的产生,防止雀斑和老人斑的出现。红薯还能抑制肌肤老化,保持肌肤弹性,减缓机体的衰老进程。

**6. 甘薯有益于心脏**

甘薯富含钾、β-胡萝卜素、叶酸、维生素 C 和维生素 $B_6$,这 5 种成分均有助于预防心血管疾病。钾有助于人体细胞液体和电解质平衡,维持正常血压和心脏功能。β-胡萝卜素和维生素 C 有抗脂质氧化、预防动脉粥样硬化的作用。补充叶酸和维生素 $B_6$ 有助于降低血液中高半胱氨酸水平,后者可损伤动脉血管,是心血管疾病的独立危险因素。

**7. 甘薯预防肺气肿**

一项动物实验发现,吸烟的大鼠体内维生素 A 水平较低,容易发生肺气肿;而进食富含维生素A食物的吸烟大鼠则肺气肿发病率明显降低。为什么一些长期吸烟者活到90岁以上但没有发生肺气肿,可能与他们日常饮食中维生素A含量丰富有关。研究人员建议那些吸烟者或被动吸烟者最好每天吃一些富含维生素A的食物如甘薯,以预防肺气肿。

**8. 甘薯有抗糖尿病作用**

研究人员发现糖尿病肥胖大鼠在进食白皮甘薯4周、6周后血液中胰岛素水平分别降低了26%、60%;并发现甘薯可有效抑制糖尿病肥胖大鼠口服葡萄糖后血糖水平的升高;进食甘薯也可以降低糖尿病大鼠甘油三酯和游离脂肪酸的水平。研究提示白皮甘薯有一定的抗糖尿病作用。一项临床研究发现,2型糖尿病患者在服用白皮甘薯提取物后,其胰岛素敏感性得到改善,有助于控制血糖。

**9. 减肥功能**

甘薯的热量非常低,比一般米饭低得多,所以吃了之后不必担心会发胖,可起到减肥作用。

**10. 美容养颜**

甘薯中还含有一种类似雌性激素的物质,对保护人体皮肤,延缓衰老有一定的作用,国外许多女性把甘薯当作驻颜美容食品。

# 三、甘薯的工业价值

近年来,由于食品加工业以及发酵工业的发展,利用甘薯作为原料的工业已遍及食品、化工、医疗、造纸等十余个工业门类,利用甘薯制成的产品达400多种。以甘薯为原料生产的酒精可作为石油的代用品;以薯干为原料生产的果脯糖浆,可以在糕点中代替蔗糖，用此果脯糖浆制成的糕点，色、香、味均优于蔗糖，可防止食品干燥、变硬。在饮料中加入甘薯果脯糖浆，还可避免因食用蔗糖而引起的血管硬化、身体发胖等。糖果及饮料中的柠檬酸也是以薯干为原料制成的，当前我国生产的柠檬酸除满足国内需要外，还有部分出口。用甘薯渣制造的天然色素，可用于食品着色，避免了合成色素对人们健康的危害。在纺织工业中，近年来用甘薯淀粉代替精粉浆纱，1千克淀粉可抵上3千克精粉。生产味精也可用薯干作原料，每吨薯干可生产味精150～200千克，不但节省了大量小麦，还可降低成本。利用发酵法从薯干中提取的5-肌甘醇是高级调味品，可以提高食物的鲜味。利用甘薯淀粉制造的甘氨酸甜味是蔗糖的35倍，可以取代糖精。以薯干为原料可提取赖氨酸，而一般食品中赖氨酸缺乏，如果在面包中加入1%的赖氨酸可提高营养价值30%；动物饲料中添加赖氨酸，可使饲料价值提高，缩短饲养时间，加快生长速度。用薯干制成的色氨酸可进一步转化成乙酸，把此类激素喷洒到果树或蔬菜上，既可当肥料又可刺激植物生长，并能改进果品及蔬菜的品质。用薯干作原料生产的乳酸，可以广泛应用于食品、饮料、皮革等工业部门。由薯干中提取的衣糖酸是合成纤维的基本原料，还可以改进油漆的性能。用薯干淀粉经合成法可制造磷酸淀粉，它是一种胶黏剂，广泛应用于工业中，具有黏度大、产品纯净、性能稳定、不易脱水收缩等优点。淀粉发酵可制成普鲁士蓝，它是一种白色粉末，经处理可制成透明薄膜，无味无毒，可用于食品包装，有防止食品变质的功用。由甘薯淀粉制成的阳离子淀粉掺入纸浆中，可改善纸张的物理性能，增强纸张的拉力。甘薯淀粉的另一个化工产品为多孔环状糊精，可用来包装农药或化妆品，使药物不易散失或化妆品能长期保存。利用鲜薯作工业锅炉除垢剂已试验成功，这种除垢方法成本低，操作简便，深受欢迎。随着发酵技术的不断发展，用薯干或淀粉为原料的化工产品将日新月异，新品种、新产品层出不穷。

## 四、甘薯的饲用价值

甘薯的块根和茎叶中均含有丰富的营养成分,是良好的饲料,鲜薯块中除含有 15%～20% 的淀粉外,还含有比较丰富的粗蛋白、糖类及纤维素,薯块、茎叶或工业加工后的副产品,如淀粉、糖渣、酒糟等,通过简单的加工制成各种饲料,不但能提高饲料的营养价值,还可以延长饲料的供应期。

## 五、新的能源

在全世界能源危机、燃油价格日趋攀升和有利环保的背景下,用酒精代替部分燃油,在我国很多地方已实施,这也是将来的必然趋势。甘薯是造酒精的好原料,我国的酿酒历史在世界最早,技术也是比较先进的。甘薯制酒精的产量仅次于木薯,100 千克鲜薯(淀粉型)可造酒精 15 千克左右,淀粉型甘薯一般亩产 4000 千克左右,可造酒精 600 千克。造酒精后的废料酒糟,还是很好的养猪、兔、牛等饲料。

# 第三节 甘薯的植物学特性

## 一、甘薯的形态特征

甘薯在温带由于冬季茎叶枯死而为一年生,在热带为多年生。

**1. 根**

甘薯根可分为纤维根、柴根和块根三种形态。

(1)纤维根：又称细根、吸收根，呈纤维状，细而长，上有很多分枝和根毛，具有吸收水分和养分的功能。纤维根在生长前期生长迅速，分布较浅；后期生长缓慢，并向纵深发展。纤维根主要分布在30厘米深的土层内，少数深达1米以上。

(2)柴根：又叫粗根、梗根、牛蒡根，是在幼根发育过程中，中途停止膨大而成。根茎约0.3~1厘米，上下大小基本一致。柴根是由于受到不良气候条件(如低温多雨)和土壤条件(如氮肥施得过多，而磷、钾肥施得过少)等影响，使根内组织发生变化，中途停止加粗而形成的。柴根徒耗养分，无利用价值。

(3)块根：也叫贮藏根，是由幼根经一系列的组织分化，并积蓄养分膨大而成，就是供人们食用、加工的薯块。甘薯块根既是贮藏养分的器官，又是重要的繁殖器官。块根是蔓节上比较粗大的不定根，在土壤同期好、肥、水、温等条件适宜的情况下长成的。甘薯块根多生长在5~25厘米深的土层内，很少在30厘米以下土层发生。单株结薯数、薯块大小与品种特性及栽培条件有关。品种不同，栽培条件不同，块根的形状也会不同。如栽培在沙质土壤，土壤潮湿，施氮过多，则薯形较长；栽培在黏重土壤，土壤干燥，施钾较多，则薯形较圆。大多数品种薯皮平整，有的则具有纵沟。块根的皮色和肉色因品种而异，有白、黄、红、紫等各种颜色，此颜色差别是鉴定品种的重要因素。皮色由周皮中的色素决定，但亦受栽培条件的影响而有浓、淡之分。土壤水气条件好，则皮色浓，反之皮色较淡。黄肉和红肉品种的胡萝卜素含量高，白色的含量较低。

**2. 茎**

甘薯的茎又称薯藤或薯蔓。多数品种伏地生长，少数品种直立生长一定高度后，再伏地生长(半直立型)。茎的长短因品种和生长条件而异。蔓长2.5米以上为长蔓型,1.5米以下为短蔓型,介于二者之间为中蔓型。茎的表皮有茸毛,茎和茎节的颜色有绿、紫、紫褐和绿带紫等。绒毛的多少和茎节色因品种不同而异,茎上有节,节部能发生分枝和不定根。不同部位的茎节、不定根根原基的数目不同,顶端较少,中下部较多。茎粗一般为0.4~0.8厘米,同一品种的薯苗越粗壮,则根原基发育越好,栽播后越易形成块根。茎的皮层有孔管,既能分泌白色乳汁,又起输导养分的作用。茎的乳汁多,表明薯苗营养丰富,生命力较强,薯苗质量较好。

### 3. 叶

甘薯属双子叶植物。实生苗最先露出2片子叶,接着在其上发生真叶。茎上每节着生一叶,呈螺旋状排列。叶有叶柄和叶片而无托叶。

叶的两侧都有绒毛,嫩叶上的更密。叶片长度7~15厘米,宽5~15厘米。长、宽都因栽培条件而有很大差异。叶片与叶柄交接处有2个腺体。叶柄长度6~23厘米。叶片形状很多,大致分为心脏形、肾形、三角形和掌状等,叶缘又可分为全缘和深浅不同的缺刻。甘薯叶形变异多,不仅品种间变异显著,而且同一植株在不同生育阶段和不同着生部位的叶形也有较大的变异。叶片、顶叶、叶脉(叶片背部叶脉)和叶柄基部颜色可分为绿、绿带紫、紫等数种,为品种的特征之一,是鉴别品种的依据。

### 4. 花

甘薯在植物学上属被子植物门,具有开花本能,然而各甘薯区自然条件差异大,不同品种开花所要求的外界环境条件有别,因此,甘薯在各地的开花情况也有很大差异。在北纬23°以南,我国夏秋薯区的南部以及秋冬薯区,一般品种均能自然开花;而在我国偏北地区长日照条件下,则很少自然开花。甘薯的花单生,或数朵至数十朵丛集成聚伞花序,生于叶腋和叶顶。呈淡红色,也有紫红色的。其形状似牵牛花(呈漏斗状),一般较小,花萼5裂,长约1厘米。花冠直径和花筒长2.5~3.5厘米,蕾期卷旋。甘薯花是两性花,雄蕊1个,长短不一,2个较长,都着生在花冠基部。花粉囊2室,呈纵裂状。花粉球形,表面有许多对称排列的小突起。雌蕊1个,柱头多呈2裂,子房上位,2室,由假隔膜分为4室。甘薯花晴天在早晨开放,到下午闭合凋萎。甘薯为异花授粉作物,自交结实率很低。

**5. 果实与种子**

果实为圆形或扁圆形蒴果。幼嫩时呈绿色或紫色,成熟时为褐黄色。1个蒴果有1~4粒种子,多数为1~2粒;甘薯种子较小,千粒重20克左右,直径3毫米左右。种子呈褐色或黑色,形状及大小因蒴果内的种子数目不同而异,1个蒴果只结1粒种子的,种子近似球形;结2粒的呈半球状;结3粒或4粒的呈多角形,种皮角质,坚硬不易透水。用种子播种时,事先要割破或擦伤种皮,或用浓硫酸浸种半小时左右冲洗干净后再催芽播种。甘薯的子叶张开时,双裂片呈凹字形。幼苗出土20天内可长出3~5片真叶。

## 二、甘薯的生长发育特性

根据大田生长过程中地上部、地下部的关系,大田生长阶段一般可分为发根缓苗、分枝结薯、蔓薯并长、薯块盛长四个时期,但由于品种特性、栽培条件和生长表现的不同,各生长时期的具体时间段不同。

**1. 发根缓苗阶段**

指薯苗栽插后,入土各节发根成活。地上苗开始长出新叶,幼苗能够独立生长,大部分秧苗从叶腋处长出腋芽的阶段。

栽插后2~5天开始发根,一般春薯栽后30天,夏薯栽后20

天,吸收根系基本形成。

**2. 分枝结薯阶段**

这个阶段根系继续发展,腋芽和主蔓延长,叶数明显增多。主蔓生长最快,其延伸生长称"拖秧",也叫爬蔓、甩蔓,茎叶开始覆盖地面封垄。此时,地下部的不定根已分化形成小薯块,在本阶段后期成薯数已基本稳定,不再增多。本阶段春薯需要30~75天,夏薯需要20~30天。在本阶段初期根系已生长出总根量的70%以上,为促进茎叶生长新生打好了基础。至于薯块的形成,结薯早的品种在发根后10天左右,肉眼虽难看出,实际上已开始形成,到20~30天时已看到少数略具雏形的块根。在茎叶生长中,一些分枝少、蔓薯细长的品种没有圆(团)棵现象就直接伸长主蔓。从植株开始分枝到基本覆盖地面,茎叶的重量可达到甘薯一年中最高茎叶重量的1/3以上。

**3. 薯蔓并长期**

从结薯数基本稳定到茎叶生长高峰,是生长中期,春薯在栽后60~100天,夏薯栽后40~70天。生长中心是生长茎叶,分枝增长很快,叶片数迅速增加,随后黄叶也不断增加,出现新老叶片生死交替状况。这时期薯块也迅速膨大,茎叶生长和块根中养分积累齐头并进。到末期,茎叶生长速度达到高峰时,在生理上氮素代谢占优势,薯重占全期总重量的30%~40%以上。此时开始薯数已基本稳定,这时期要促进茎叶的快速生长,既不影响薯数的变化,还为块根的膨大奠定强大的茎叶基础。但茎叶生长也不能过旺,否则由于生态环境的恶化,使新老叶片交替频繁或茎叶早衰等,反而不利于块根的膨大。

**4. 薯块盛长期**

从茎叶生长高峰至收获是生育后期,此期生长中心是薯块生长。春薯栽插后约100天之后,夏薯栽插约70天之后。此期间茎叶开始停长,叶色由浓转淡,下部叶片枯黄脱落。地上部同化物质加快向薯块输送,薯块肥大增重速度加快,增重量相当于总薯重的40%~50%,高的可达70%,薯块里干物质的积蓄量明显增多,品质显著提高。因此,这时期应保护茎叶和防止因脱肥、受旱等原因而发生早衰现象,促进块根的迅速膨大。

由于植株的地上部与地下部是处于不同部位的统一体,上部茎叶的生长繁茂程度,决定于根系吸收养料的供应。地下部薯块产量的高低,又依赖于地上部茎叶光合产物的输送和积累程度。总之,各阶段相互交替,很难截然分开。每个阶段时间长短各薯区不尽相同,故上述四个阶段的划分不是绝对的。

## 三、甘薯对环境条件的要求

**1. 对温度的要求**

甘薯喜暖怕冷,低温对甘薯生长极为有害,较长时间在10℃以下时,茎叶会自然枯死,一经霜冻很快死亡。薯块在低于9℃的条件下持续10天以上时,会受冷害发生生理腐烂。在18~32℃范围内,温度越高,甘薯生长速度越快,超过35℃则对生长不利。块根形成与肥大所需要的适宜温度是20~30℃,其中以22~24℃最适宜。

**2. 对土壤的要求**

甘薯对土壤的适应性强,耐酸碱性好,能够适应土壤pH4.2~8.3的范围,高产优质甘薯的土壤条件以pH5~7最为适宜。提倡水旱轮作,水田可将旱田的病、虫、草的危害降至最低程度,同时,对土壤养分进行重新分配。以土层深厚疏松,通气性良好的沙壤土为佳,能结薯多、大薯率高、高产质优、薯皮光滑色鲜,商品率好。土层深厚疏松,保水保肥,有利于根系的生长和块根增重。通透性好,则供氧充足,能促进根系的呼吸作用,有利于根部形成层活动,促进块根肥大,也有利于土壤中微生物活动,加快养分分解,供根系吸收。

### 3. 对水分的要求

甘薯枝繁叶茂,遮满地面,根系发达,生长迅速,体内水分蒸腾量很大。其地上部和地下部产量很高,而植株的含水量高达85%～90%,块根水分含量一般在70%左右,所以一生中需水量相当大。据测定在整个生长期间,田间总耗水量为500～800毫米,相当于每亩用水400～600立方米。另外,不同生长阶段的耗水量并不一样,发根缓苗期和分枝结薯期植株尚未长大,需水不多,两个时期各占总耗水量的10%～15%。茎叶盛长期需水量猛增,约占总耗水量的40%。薯块迅速肥大期占35%。具体到各生长期的土壤相对含水量,生长前期和后期以保持在60%～70%为宜。中期是茎叶生长盛期,同时也是薯块肥大期,需水量明显增多,土壤相对含水量以保持在70%～80%为好。若土壤水分过多,会使氧气供应困难,影响块根肥大,薯块水分增多,干物质含量降低。

### 4. 对营养的要求

甘薯根系发达,吸肥力强,且需肥量大。而我国习惯上是把甘薯种在旱地、薄地、丘陵地上,这些地方的肥力普遍低下,养分满足不了甘薯生长的需要,普遍肥力不足,是影响甘薯单位面积产量长期不能提高的重要原因之一。甘薯生产中无论施用农家有机肥,还是速效化肥,也无论施用量的多少,都有明显的增产作用。相同的施肥量,施在产量水平低的地块,比施在产量水平高的地块增产作用大。特别是在瘠薄地里,增施氮素肥料的效果更为明显,说明肥料对缺肥甘薯田产量影响的重要性。但是在高产条件下氮素或某种元素施用过多,各元素间的配比不合理,增产的效果不但不显著,而且会降低甘薯的产量和品质。说明一方面要重视甘薯大面积生产中营养元素的丰缺,另一方面也应科学施肥,经济用肥。据研究,每生成500千克薯块、茎叶,就要供应氮1.75千克、磷0.75千克、钾2.9千克。

(1)肥料对甘薯的作用

①氮:氮是蛋白质和叶绿素等物质的重要组成部分,适当施用氮素肥料,能有效地促进茎叶生长,并使叶色鲜绿,增加绿叶面积,提高光合能力,因而使甘薯增产。但施氮过多,叶片中含氮量也随之提高,光合作用制造的碳水化合物等(薯块膨大的干物质)被叶片用于形成大量的蛋白质消耗掉。碳水化合物向薯块转移较少,出现茎叶徒长现象甚至引起"疯长"。在多雨情况下尤为严重,薯块膨大慢,产量降低,品质下降。

甘薯缺氮,老叶先发黄,以后幼叶变淡,生长缓慢,节间短,茎蔓细,分枝少,茎及叶柄发紫,叶片边缘及主脉均呈紫色,顶梢毛茸较多,老叶不久脱落,最后全株发黄,最终影响产量。反之,如果施用过量或过晚,容易造成茎叶旺长,"贪青",结薯不良。

②磷:是原生质和细胞核的主要成分,能加快养分的合成与运转,加速细胞分裂,提高薯块品质,当叶片含磷量少于0.1%时,就显示出缺磷症状,幼芽、幼根生长慢,叶片暗绿或少光泽,茎蔓伸长受阻,茎变细,老叶出现大片黄斑,以后变为紫色,不久脱落。

③钾:钾能延长叶的功能期,使叶片保持鲜绿色,从而提高光合强度,促进光合作用形成的碳水化合物向块根输送,提高块根淀粉和糖分的积累速度,加快块根形成层活动的能力,促使块根膨大。钾肥供应充足,能明显提高甘薯产量和质量,还能增强细胞保水能力,提高抗旱性。一般以助嫩叶片含钾多,老叶含钾少。当叶片含钾占干物质重量的4%以下时,光合强度就要下降。甘薯缺钾,在生长前期节间和叶柄变短,叶片变小,接近生长点的叶片褪

色,叶的边缘呈暗绿色,叶面凹凸不平。生长后期的老叶,在叶脉之间严重缺绿,叶片背面有斑点,茎蔓变短,生长缓慢,叶片不久发黄脱落。缺钾时,由于老叶内的钾能转移给新叶再利用,所以,缺钾的症状往往先从老叶表现出来。甘薯施钾时要注意,化肥应以标明的含钾量为准。农家肥中,草木灰、茎秸秆、籽壳等肥料含钾较丰富。钾元素在土壤溶液和甘薯体内是以离子态存在并被吸收利用的,但肥料中计算速效钾含量是以折合氧化钾的形式标明的。

④钙:当叶片中含钙量少于0.2%,就会出现缺钙症,表现为幼芽生长点死亡,叶片小,大叶有褪色的斑点。

⑤硫:当叶片中含硫量少于0.08%时出现缺硫症,表现为叶片是灰绿及灰黄色,幼叶尖端发黄,幼叶主脉及支脉呈绿色窄条纹,节间不太短,叶不太小,生长也不慢,但最后全株发黄死亡。

⑥铁:缺铁叶片中度褪色,影响叶绿素和蛋白质的形成,严重时叶片发白。

(2)甘薯吸收三要素的数量:甘薯对氮、磷、钾肥料三要素需要量以钾最多,氮次之,磷居第三位,所需氮、磷、钾的比例大致为1:(0.4～0.9):(1.5～2.5)。通过大量的试验调查结果表明,在大田生产中,每生产1千克鲜薯,需要从土壤里吸收氮4克,磷(五氧化二磷)2克,钾(氧化钾)12克。高产地块土壤含磷、钾数量大,每亩产量为3500千克的地块所需三要素的比例为1:1:2,每生产1千克鲜薯约需施纯氮5克、磷(五氧化二磷)4.5～4.9克、钾(氧化钾)9～12克,而每亩产2500千克左右甘薯的地块,每生产1千克鲜薯约需施纯氮4～5克、磷(五氧化二磷)3～4克、钾(氧化钾)7～8克。

生产中可以依据目标产量水平的要求,以及肥料在当地的利用率,肥料的有效含量,土壤的肥料供应能力,计算出合理的肥料用量。根据近几年的经验,可以按氮肥36%、磷肥40%、钾肥50%～60%,而土壤中肥料当季供给率可以按氮40%、磷50%、钾

50%计算。

但是应该强调指出,甘薯的产量并不是随着肥料用量的增加而直线上升的,即有机肥料报酬的递减现象。随着肥料用量的增加,每单位肥料量所得到的甘薯产量会出现减少的情况,因为这里面还有许多其他因素的限制,比如品种的产量潜力、光照和温度等条件的作用等。总的说来,施用肥料必须了解甘薯的需肥规律,施肥时还应考虑到多重因素的影响。

(3)甘薯不同生育期对三要素的吸收:甘薯从扦插成活生长到收获,在整个生长过程中吸收的钾比氮多,吸收的氮又比磷多。甘薯吸收三要素均以茎叶生长盛期以前植株矮小时吸收较少,以后随着植株的生长,茎叶生长旺盛,薯块开始膨大,吸收养分的速度加快,吸收量逐渐增加,是甘薯吸收营养物质的重要时期,决定着结薯数量和最终产量。到了中后期至收获前1个月左右,地上茎叶从盛长逐渐转向缓慢,大田叶面积开始下降,黄枯叶率增加,茎叶鲜重逐渐减轻,大量的光合产物源源不断向地下薯块输送,这时除仍需吸收一定的氮磷元素外,特别需要吸收大量的钾元素,也就是说,钾在茎叶生长盛期前吸收较少,茎叶生长盛期及回秧期吸收较多,氮在茎叶生长前期、中期、盛期吸收较快,需求量大,回秧期中、后期吸收较慢,需求量少;对磷的需要前、中期较少,薯块迅速膨大时吸收量较多。

(4)三要素肥料的增产效果:甘薯三要素肥料试验结果表明,缺钾对甘薯产量影响最大,其次为氮和磷。若以施氮、磷、钾三要素完全肥料区的产量为100%,结果缺氮区的产量为84%,缺磷区的产量为90%,缺钾区的产量为74%,无肥区的产量为60%。甘薯要获得丰产,必须增施钾肥,并要按合理比例配合施用氮、磷肥料。

**5. 对光照的要求**

甘薯喜温喜光,属不耐阴的作物。它所积累贮存营养物质基本上都来自光合作用。光照不足,叶色变黄,严重时脱落。由于甘薯没有成熟期的界限,光照越足,对提高产量越有利。受光叶片比遮荫叶片的光合强度大 6 倍多。受光不好的一般减产 20%~30%,在生产实践中经常发现甘薯地间套高秆作物,常因遮光严重使结薯期推迟,产量不高。所以甘薯与高秆作物间作时,为不影响甘薯产量,要加大薯地的受光面积,高秆作物不宜过多过密。

甘薯是短日照作物,每天日照时数在 8~10 小时范围内,能诱导甘薯开花结实。日照时间延长至 12~13 小时,能促进块根形成和加速光合产物的运转。

### 6. 通风

宜选开阔通风田块。在甘薯生长中后期薯蔓较厚密,薯蔓间的空气含有较高的水蒸气及其他有害气体,不利于植株的呼吸作用,同时也影响光合作用。当田块有较好的空气流通条件,可将过多的水汽带走,调节薯蔓间温湿度,使藤蔓生长健壮,不徒长,促进养分向地下部的转移。

## 第四节 甘薯的优良品种

选用适合本地区种植的甘薯名优品种,是一项提高单位面积产量、夺取高产稳产的最经济有效的措施,也是改进品质、抗拒病虫害及自然灾害的良好途径。为此,我国先后培育出数以百计的具有不同特性、不同用途的甘薯新品种在各地推广应用,发挥了显著的增产作用。

从淀粉加工和食用等用途上,甘薯品种可分为 7 种类型:一是淀粉加工型,主要是高淀粉含量的品种;二是食用型;三是兼用型,既可加工又可食用的品种；四是菜用型品种，主要是食用红薯的茎叶；五是色素加工用的，主要是一些紫薯；六是饮料型品种，这些甘薯含糖量高，主要用于饮料加工；七是饲料加工型，这类甘薯茎蔓生长旺。

一般说来，甘薯的优良品种必须具有高产、稳产、早熟、抗病虫、抗逆、耐储藏、萌芽性好，适应性广泛等优良特性。但是，品种是在一定生态条件下形成的，不可能具有所有的优良性状，具有一定的地区适应性，南方的品种不一定适合北方。也不可能满足所有的生产目的，不同的用途需要选育专用的品种。一个品种只有具备解决当地生产问题的基本性状，并且具有较多的其他优良性状，才成为优良品种。比如鲜食品种食味、薯形肉色、储藏性是基本性状，其他性状如萌芽性、抗逆性、适应性越多越好。甘薯病区抗病性是基本性状，淀粉加工品种淀粉率和淀粉产量是基本性状，色素加工品种色素含量是基本性状。另外，优良品种的标准也在不断发展变化，比如过去强调产量，现在更重视品质和专用性。过去大薯块受欢迎，现在在发达国家和地区人们把甘薯作为副食，适合快速加工的小薯块受欢迎。总之要以本地区生产实际和市场需求出发，选用综合性状好的优良品种。现选择一些目前我国各薯区种植面积比较大的和近年新育成的有推广前途的品种，分类介绍如下。

## 一、淀粉型品种

### 1. 徐薯 25

由江苏徐州甘薯研究中心育成的淀粉型品种。

(1)品种特性：该品种为抗病淀粉型品种，萌芽性好，生长势强，中长蔓，分枝中等，茎较粗，叶片心形带齿，顶叶和叶色均为绿色,叶脉紫色,茎绿色带紫斑。一般单株结薯 4~5 个,大中薯率 76%,薯块纺锤形,红皮白肉,薯干洁白品质好,结薯较集中整齐,熟食味好。高抗根腐病和茎线虫病、感黑斑病。

(2)产量:2006 年生产试验平均亩产鲜薯 2531 千克,亩产薯干 899 千克,淀粉率 22%。

(3)栽培要求:徐薯 25 萌芽性好,可适当控制排种量,注意高剪苗或高温愈合防治黑斑病。该品种属中长蔓型,密度以 3300~3500 株/亩为宜。注意排涝防渍,确保丰产丰收。建议在安徽、河南、山东、河北、北京推广种植。其他省市根腐病和茎线虫病区均可种植。

**2. 徐薯 24**

由江苏徐州甘薯研究中心育成的优质高淀粉甘薯新品种。

(1)品种特性:徐薯 24 萌芽性好,出苗快而多,薯苗健壮,采苗量大。顶叶紫色,茎色绿色,叶呈心脏形,茎蔓较短,地上部长势较强,分枝数 6~10 个。薯皮红色,薯肉白色,薯块纺锤形,结薯较集中,单株结薯 3~4 块,高抗根腐病,不抗茎线虫病和黑斑病。春夏均可种植,夏薯宜在 6 月中旬栽插,10 月下旬收获。

(2)产量:经 2 年江苏省甘薯品种区试,薯干产量稳居第一位,平均鲜薯产量 1952 千克/亩,薯干平均 583 千克/亩。熟食味较好,商品性好。

(3)栽培要求:徐薯 24 萌芽性好,排种量每平方米 20 千克内,这样不仅有利于培育壮苗,同时也节省种薯;茎蔓较短,地上部生长势较强,茎叶后期有衰退现象,适当密植,并注意后期茎叶保护;栽培上注意合理施肥,氮磷钾配合;结薯较早,中薯率高,注意适当稀植,增加大薯率。徐薯 24 不抗茎线虫病,不抗黑斑病,应尽可能选择无线虫病的田块种植,进行高剪苗及种苗药剂处理,在入窖时进行高温愈合,以防黑斑病发生;可采取高温愈合、高剪苗及种苗的药剂处理防治黑斑病。适宜推广地区:适宜在黄淮薯区和北方薯区推广种植,特别适合作加工淀粉用品种推广,具有较大的增产潜力。该品种综合性状较好,为高产淀粉型品种。

### 3. 徐薯 22

由江苏徐州甘薯研究中心选育的高淀粉型品种。

(1)品种特性:顶叶绿色,叶心齿形,叶色、叶脉色、叶柄色均为绿色。中长蔓,茎绿色,基部分枝 6~7 个。薯块红皮白肉,结薯整齐集中,上薯率 90%,薯块萌芽性好,夏薯块干物率 31.0%。中抗根腐病。

(2)产量:2004 年参加生产试验,平均鲜薯亩产 2399 千克,薯干亩产 707 千克。

(3)栽培要求:每平方米排种薯 18 千克左右。春薯 3500~4000 株/亩;夏、秋薯 4000~5000 株/亩。适时抗旱。不宜在感茎线虫病区推广。建议在江苏、浙江、江西、湖南、湖北、四川、重庆作春、夏薯种植。

### 4. 徐薯 18

由江苏省徐州地区农科所选育的高淀粉型品种。

(1)品种特性:顶叶和叶色均为绿色,叶脉、叶基、叶柄均为紫色,叶心脏形带齿或裂单缺刻。中蔓型,茎绿带紫色。薯块长纺锤带条沟,皮色紫红,肉色白。切干率 29%~32%。食味和薯干质量中等,综合性状好,萌芽性好,出苗早而多,生长势强,结薯较早,中期膨大快,后期不早衰,抗旱、耐贮藏,抗逆性强。适应性广,高抗根腐病(烂根病),但不抗黑斑病和茎线虫病。

(2)产量:一般春薯每亩产 3500 千克,夏薯每亩产 2500 千克,出干率 30%~35%,出粉率 20%~25%。

(3)栽培要求:丘陵、山区、平原春、夏薯均可种植。春薯每亩 3000 株左右,夏薯每亩 3500 株左右。注意防治黑斑病。栽插时浇足窝水,地上部留3片叶。茎线虫病地区不宜种植。

### 5. 商薯103

由河南省商丘市农林科学研究所育成的淀粉型品种。

(1)品种特性:短蔓型,茎色绿带紫斑,叶形三角带齿,顶叶色绿,叶色绿,叶脉色紫,叶柄色绿等。单株结薯5个,薯块长纺锤形,红皮黄肉,结薯集中,上薯率75%。薯块萌芽性特好。夏薯烘干率33.27%,薯干洁白品质好,熟食味面,耐贮藏。中抗黑斑病,感茎线虫病和根腐病。

(2)产量:2004年平均鲜薯亩产1706千克,薯干亩产579.87千克。2005年平均鲜薯亩产1657千克,薯干亩产561.21千克。

(3)栽培要求:该品种萌芽性好,育苗应适当减少排种量。适宜作夏薯种植,亩植3500~4000株。易感根腐病和茎线虫病,不宜在病区推广;注意防治地下害虫。可在北方薯区的河南、山东、陕西以及河北中南部、安徽中部、江苏北部种植。

### 6. 皖薯31

由江苏省农业科学院粮食作物所选育的淀粉型品种。

(1)品种特性:中长蔓型,茎色绿带紫斑,叶形深裂复缺刻,顶叶绿色,叶绿色,叶脉紫色,叶柄绿色,基部分枝中等。单株结薯4个左右,薯块纺锤形,红皮白肉,结薯习性中等,上薯率82.5%,薯块萌芽性好。烘干率和淀粉率高,夏薯块干物率33.35%,淀粉率22.65%。食味较好。抗旱耐渍性好,耐肥耐瘠。抗根腐病,中抗黑斑病,高感茎线虫病。

(2)产量:2005年国家北方甘薯品种生产试验,鲜薯平均亩产1686千克,薯干亩产557千克。

(3)栽培要求:该品种萌芽性好,育苗应适当减少排种量。春薯亩植2800~3200株,夏薯亩植3000~3600株。易感茎线虫病,不宜在病区推广。可在安徽、河南、山东、河北、陕西种植。

### 7. 皖薯 197

由安徽省农业科学院作物所选育的淀粉型品种。

(1)品种特性：该品种顶尖叶片绿色，叶脉和茎蔓为绿中带紫色，叶片形状为心脏形，茎蔓长度中等。薯块为短纺锤形，薯皮浅红色，薯肉白色或带紫晕。块根萌发性好，出苗多而且整齐，苗细，质量较差，但是栽后缓苗快；茎叶前、中期生长旺盛，后期不早衰。结薯早，每株结薯数3~5块；大、中薯率70%以上。薯块在前期膨大慢，但中、后期膨大较快，丰产性能好。高抗根腐病，较抗黑斑病，不抗茎线虫病。

(2)产量：该品种烘干率平均在31%以上，淀粉含量为25.18%。经4年19点次夏薯区域试验，平均亩产鲜薯1957千克，折合薯干609千克，淀粉亩产493千克。

(3)栽培要求：该薯萌芽性好，出苗量多，因此排种育苗时密度不宜过大，每平方米用种约20千克。施足基肥，早施追肥，发挥薯块中、后期膨大快的优势。春薯亩栽3000~3500株，夏薯密度增加到3500~4000株。有根腐病的地块不能种植。

### 8. 绵粉 1 号

由四川省绵阳市农业科学研究所选育的淀粉型品种。

(1)品种特性：顶叶紫色，叶浓绿色，叶形心脏带齿，叶片大，叶脉紫色，叶柄绿色，柄长15厘米，茎色绿带紫，茎粗0.8厘米，最长蔓长150厘米，茎端茸毛少，节间长6厘米，基部分枝8~10个。薯皮黄色，薯肉黄白色，薯块下膨纺锤形。薯块萌芽性好，幼苗生长势中等，分枝多，株型疏散。长势中等，结薯早而集中，结薯位置浅，上薯率高。诱导开花性好。耐旱性较强，耐湿、耐瘠性差，较抗黑斑病，耐贮藏性中等。熟食味差，味甜。可在四川省绵阳、河南省社旗县等地作淀粉品种开发利用。

(2)产量：一般鲜薯亩产1600千克左右，薯干亩产630千克左右,淀粉亩产 400 千克左右。

(3)栽培要求:耐瘠性较差,适宜无根腐病区、肥力较好的丘陵区和排水较好的平原区作春夏薯栽种。每亩密度 3500～4000 株。施足底肥,薯块膨大期增施追肥。

### 9. 梅营 1 号

由河南省正阳县新优良种研究繁育示范中心杂交育成的淀粉型品种。

(1)品种特性:顶叶绿色,叶脉紫色。叶片心脏形。茎绿色带紫,中蔓。薯块纺锤形,皮色紫红,肉白色。结薯集中,薯块整齐,大薯率高,萌芽性优。熟食味道面甜,耐旱、耐肥。

(2)产量:该品种增产性能突出,平均每亩产春薯 4000 千克以上,夏薯 3000 千克以上。

(3)栽培要求:适合丘陵、山区、平原春夏薯加工区种植。栽种时注意深耕足肥。高产田氮、磷、钾适宜比例为 1∶1∶2;壮苗早栽;埂栽密植;适宜栽种密度每亩春薯 3500～4000 株,夏薯每亩 4000～4500 株;促控结合,少施氮肥,多施钾肥、磷肥。一般情况下,每亩施有机肥 5000 千克,过磷酸钙 20～25 千克,硫酸钾 20～25 千克。注意控制旺长,防旱排涝。

### 10. 梅营 7 号

由河南省正阳县新优良种研究繁育示范中心杂交育成的淀粉型品种。

(1)品种特性:茎蔓较短,一般春薯蔓长 80～120 厘米(涝灾年份主茎最长 1.5 米),夏薯一般蔓长 60～100 厘米,叶片中小型带缺刻,初期顶叶有绿带紫。叶片、叶脉、叶柄、茎均为绿色。薯块紫红色,肉白色,结薯集中,春薯结薯 3～5 块,夏薯 3～8 块,薯块膨大快,光滑,耐贮藏,纺锤形,萌芽性强,特耐肥、口感好,营养丰富,高抗黑斑病。

(2)产量：春薯一般亩产5000～7000千克左右，夏薯一般亩产3000千克左右。

(3)栽培要求：适当增加密度，春薯行距90厘米，株距17厘米，每亩4400穴株左右。平衡施肥，增施钾肥，每穴双株交叉栽植。夏薯行距80厘米，株距20厘米，每亩4100株左右，每穴2株交叉栽植。

**11. 豫薯3号**

由河南省漯河农业科学研究所选育的淀粉型品种。

(1)品种特性：顶叶及叶绿色，叶心脏形，叶片大，叶脉微紫色。叶柄绿色，长17厘米，茎绿色，粗7毫米。短蔓型，最长蔓长110厘米。茎端茸毛少，节间长6厘米，基部分枝6～9个，薯块长纺锤形，薯皮红色，薯肉白色。薯块萌芽性优，幼苗和茎叶生长势强，结薯早而较集中。耐湿性强，耐旱性中等，高抗茎线虫病，抗根腐病，较抗黑斑病，耐贮藏，熟食味中等。

(2)产量：平均亩产2200千克左右。

(3)栽培要求：春夏种植皆宜，更适于丘陵、山地春薯区和茎线虫病区种植。每亩密度春薯2500～3000株，夏薯3000～3500株，并要注意浅栽。已在河南省漯河、许昌、平顶山及河北省唐山等地区推广。

**12. 豫薯7号**

由河南省泌阳县农科所与河南省农科院粮作所共同选育的淀粉型品种。

(1)品种特性：该品种的突出优点是淀粉率高，淀粉增产明显，萌芽快，耐贮性好。顶叶紫色，叶心脏形，蔓长中等（平均1.5米），薯皮紫红色，薯肉白色。淀粉率高、质量好，薯块纺锤形且整齐，大薯率高。较耐肥水，耐瘠薄，抗旱，适应性较广，中抗黑斑病及茎线虫病，不抗根腐病。淀粉率20%～25%。

(2)产量:夏薯试验每亩鲜产1721千克,薯干570千克,淀粉389千克;春薯产量可达3000千克。

(3)栽培要求:适宜春夏薯无根腐病区种植。起埂栽插。每亩种植3000~4000株。适合无根腐病地区各种肥力条件的地块种植。

**13. 豫薯8号**

由河南洛阳市农科所选育的淀粉型品种。

(1)品种特性:顶叶绿色,叶浅复缺刻形,中长蔓(平均2米),薯皮紫红,薯肉白色,薯块呈纺锤形,耐贮藏。淀粉率平均22.5%,薯干品质较好。淀粉产量和薯干增产明显,高抗根腐病,中抗茎线虫病,耐旱耐瘠,而且食味好。

(2)产量:夏薯试验每亩鲜产1804千克,薯干529千克,淀粉400千克;春薯产量更高。

(3)栽培要求:适宜中低产区种植。栽植密度每亩3000~3500株。选择无茎线虫病区种植。

**14. 豫薯9号**

由河南省平顶山市农科所与河南省农科院粮食作物研究所选育的淀粉型品种。

(1)品种特性:顶叶绿色,叶片浅复缺刻形,中长蔓,茎色绿。薯块纺锤形,薯皮紫红,薯肉白色。高抗根腐病和茎线虫病,中抗黑斑病,耐旱耐瘠薄。

(2)产量:平均亩产2300千克左右。

(3)栽培要求:春、夏薯均可种植,以春薯为好。适宜不同地力水平,特别是丘陵旱薄地种植。起埂栽植,配方施肥。密度以每亩3500株为宜。

**15. 豫薯13号**

由河南省农业科学院粮食作物选育的淀粉型品种。

(1)品种特性:该品种的顶叶深绿色,叶脉绿带紫色,叶脉基部紫色,叶柄绿色,茎绿色。叶片较大,叶形深复缺刻,蔓长1~1.5米,分枝5~8个。薯块纺锤形,薯皮紫红色,薯肉洁白色,薯块有明显浅条沟,薯块较大。单株结薯2~4个,结薯集中、整齐。薯块熟食味好,萌芽性强。突出优点是高抗多种病害(如抗茎线虫病,高抗根腐病),抗旱,淀粉增产明显,萌芽性好,出苗早,苗多,苗壮。薯干品质优良,熟食味较好。

(2)产量:每亩产鲜薯2043千克,薯干单产616千克,淀粉单产406千克,淀粉率19.6%。

(3)栽培要求:春薯密度每亩3000株,夏薯密度3500株左右。萌芽性好,适当稀排播。适宜河南省各地春夏薯多病混生区种植。

**16. 济薯15号**

由山东省农业科学院作物研究所选育的淀粉型品种。

(1)品种特性:顶叶淡绿色,叶心脏形,叶脉绿色,脉基紫色,叶片较小,蔓绿色,薯块纺锤形,薯皮紫色,薯肉淡黄色。株型半直立,结薯整齐,耐贮性、萌芽性好,出苗多。高抗根腐病。

(2)产量:一般鲜薯、薯干平均亩产分别为1620千克和492千克。

(3)栽培要求:适当密植,春薯亩种植密度4000~4500株。育苗时排种密度宜稀,出苗后低温长苗、炼苗。选择土质疏松、无病虫害地块作为良种繁殖田。收获时单独存放,精心管理,严防混杂。适宜北方春夏薯区非茎线虫病地种植。

**17. 苏薯2号**

由江苏徐州甘薯研究中心选育而成的淀粉型品种。

(1)品种特性:顶叶、叶均为绿色,叶形心脏形带齿,叶片大,叶脉浓紫,叶柄绿,柄基紫,柄长30厘米,茎色绿带紫,茎端茸毛多,中蔓型,最长蔓长172厘米,茎粗9毫米,节间长4厘米,基部分枝

8个。薯皮红色,薯肉白色,薯皮光滑,薯块纺锤形。薯块萌芽性好,出苗早,苗量多,栽插返苗快,茎叶生长势旺盛。株型疏散,中期生长快持续期长,后期下部叶片易黄衰。结薯迟,中后期膨大快,结薯整齐集中,上薯率较高,单株结薯5～7个。春夏薯型,耐肥,耐渍,不耐旱,高抗根腐病,感茎线虫病,耐贮性中等。

(2)产量:一般亩产1795～2173千克。

(3)栽培要求:稀排种,培育壮苗,排种密度15千克/平方米,每亩密度3000～4000株,注意增施肥料,后期如较干旱应适当灌溉。适于长江流域肥水较好条件的地区种植,目前已在江苏、安徽省北部及河南省部分地区推广种植。

**18. 苏薯11号**

由江苏省农业科学院粮食作物研究所选育的淀粉型品种。

(1)品种特性:萌芽性好,长蔓,茎绿色,叶心脏形,顶叶绿色,成熟叶绿色,叶脉紫色,叶柄绿色,基部分枝7～8个,单株结薯3～4个,薯块纺锤形,红皮白肉,结薯习性集中整齐,上薯率较高。食味干面味香,品质较好。抗根腐病。

(2)产量:两年区域试验,平均鲜薯亩产2092千克,薯干亩产643千克,两年淀粉产量为423千克。

(3)栽培要求:该品种萌芽性好,种植密度春薯每亩3300～3500株,夏薯每亩3500～4000株。应施足基肥,肥料以复合肥为佳,施用量每亩40千克左右。易感茎线虫病,不宜在茎线虫病区推广,注意防治黑斑病。建议在长江流域薯区的江苏、江西、浙江、湖北种植。

**19. 鲁薯7号**

由山东省农科院作物所选育的淀粉、食用、饲用兼用型品种。

(1)品种特性:该品种叶片均为绿色,茎色绿带紫,叶心脏形。薯块纺锤形,薯皮色紫红,薯肉淡黄色,淀粉率19.74%,抗旱性、萌芽性好。

(2)产量:全国北方两年区试结果,鲜薯亩产 1499 千克,薯干亩产 455 千克,淀粉亩产 294 千克。

(3)栽培要求:该品种多抗性突出,抗根腐病、黑斑病和茎线虫病,适宜多病干旱地区种植。

### 20. 烟薯 20 号

由山东省烟台市农科院选育的高淀粉型品种。

(1)品种特性:长蔓型,顶叶、成叶、叶脉均为绿色,茎绿带紫,叶形心带齿,基部分枝 7 个。单株结薯数 4～5 个,薯块长纺锤,薯皮浅红色,薯肉黄色。结薯整齐集中,大中薯率为 83.6%。薯块萌芽性好,生育期 140 天左右。薯干淀粉含量 64.08%。抗根腐病、感茎线虫病和黑斑病。

(2)产量:2002 年参加国家甘薯品种北方区域生产试验,在安徽、河南、烟台三点次鲜薯平均亩产 1955 千克,薯干亩产 678 千克。

(3)栽培要求:亩施土粪 2000～3000 千克和氮磷钾复合肥 20 千克,以利于薯苗生长和薯块膨大。覆盖地膜,可增温保墒。一般每亩宜种植 4000 株左右。种薯与种苗均要消毒防病后再栽植,重点防治黑斑病。适宜在山东、河南、安徽、江苏、河北等黄淮非茎线虫病区作春夏薯推广种植。

### 21. 郑薯 21

由河南省农科院粮食作物研究所选育的淀粉型品种。

(1)品种特性:顶叶绿色,叶脉绿带紫色,茎色绿,叶片深复缺刻,叶片较大,蔓长中等,地上部长势强。薯块纺锤形,薯皮紫红色,薯肉白。耐贮藏,且萌芽性特好。该品种突出优点是抗多种病害(如抗茎线虫病、高抗根腐病),抗旱,淀粉增产明显,萌芽性好。薯干品质优良,熟食味较好。

(2)产量:亩产鲜薯 2043 千克,薯干亩产 616 千克,淀粉亩产 406 千克。

(3)栽培要求:春薯密度 3000 株,夏薯密度 3500 株左右。适宜河南省各地春夏薯多病混生区种植。

### 22. 龙薯 10 号

由福建省龙岩市农业科学研究所选育的淀粉型品种。

(1)品种特性:短蔓型,茎绿色,叶形为心脏形,顶叶绿色,叶绿色,叶脉淡紫色,叶柄绿色,脉基与柄基淡紫色,基部分枝较多。单株结薯数 3~5 个,薯块纺锤形,薯皮红色,薯肉淡黄,结薯集中,薯块大小较均匀、整齐,大中薯率较高。薯块萌芽较好。食味较优。较抗旱,较耐水肥,高感薯瘟病 I 群菌株,中抗 II 群菌株,抗蔓割病。

(2)产量:2005 年国家南方甘薯品种生产试验,鲜薯平均亩产 2301 千克,薯干亩产 685 千克。

(3)栽培要求:秋薯应掌握在立秋前插完,亩植 3500~4000 株为宜。易感甘薯瘟病 I 群菌株不宜在病区推广。可在南方薯区的福建、江西、广东、广西种植。

### 23. 广薯 87

由广东省农业科学院作物研究所选育的淀粉型品种。

(1)品种特性:株型半直立,短蔓,分枝数较多,顶叶绿色,叶形深复,叶脉浅紫色,茎为绿色。萌芽性好,苗期生势旺,结薯早,耐干旱。一般单株结薯 5~9 个,大中薯率 76%,薯形下膨,薯皮红色,薯肉橙黄色,薯块光滑,薯块均匀,结薯集中,单株结薯数多。熟食味香、口感好。耐贮藏,抗蔓割病。

(2)产量:2005 年国家南方甘薯品种生产试验,平均鲜薯亩产 2614 千克,平均薯干亩产 785 千克。

(3)栽培要求:假植繁苗后选用嫩壮苗种植,亩植 3000~4000

株。植后 50 天中耕松土、培土。可在南方薯区的广东(不含湛江地区)、福建、江西、广西及海南种植。

**24. 渝苏 153**

由西南师范大学选育的淀粉型品种。

(1)品种特性:短蔓型,顶叶尖心带齿、绿色(边缘褐色),成熟叶尖心形带齿、绿色,叶脉紫色,叶脉基部紫色,叶柄绿带紫色,叶柄基部紫色,蔓紫带绿色、茸毛较多。株型匍匐,基部分枝 3~4 个。单株结薯 3~4 个,薯块下膨纺锤形,薯皮紫红色,薯肉黄色,结薯集中,大中薯率 88.7%。出粉率 17.1%。萌芽性好,熟食品质中等,贮藏性较好。抗黑斑病。

(2)产量:2002 年参加长江流域薯区生产试验,南充、湖北、江苏三个试点试验结果:鲜薯平均亩产 2749 千克,薯干平均亩产 866 千克。

(3)栽培要求:适宜在中等以上肥水条件的地块作春夏薯种植。采用薄膜、地膜或温床育苗,促使早生快发。种植密度视肥水条件和生长状况而定,每亩栽插 3500~4000 株。合理用肥。视土壤肥力条件适当配施氮磷钾肥。薯块收获后保持温度 11~14℃、相对湿度 90%~95%可安全贮藏。适宜在长江流域春夏薯区中等以上肥水条件的地块作淀粉用种植。

**25. 冀薯 98**

由河北省农林科学院粮油作物研究所选育的高产高淀粉型品种。

(1)品种特性:叶心形带浅齿,叶片大小中等,顶叶和成熟叶浅绿色,叶脉淡紫色。薯形纺锤形,薯皮深红色,薯肉浅黄色。长蔓,蔓粗中等,分枝较少,结薯整齐集中,单株结薯数 5~7 个,大中薯率中等。薯块耐储藏,萌芽力好,长势稳健,薯块膨大早。抗黑斑病,中抗根腐病,不抗茎线虫病。淀粉含量 18.3%,熟食品质中上。

(2)产量:2002—2003 两年平均鲜薯亩产 2070 千克,薯干亩产 624 千克。

(3)栽培要求:起垄种植,春、夏薯及早栽种。合理密植,中等肥力以上田地亩密度 2500~3000 株,旱薄地亩密度 3500~4000 株。合理施肥,增施基肥和有机肥料,以磷钾肥为主,后期视长势补充追肥。适宜在山东、河南、河北、安徽、江苏等省份作春、夏薯种植。该品种不抗茎线虫病,不宜在茎线虫病地区种植。

## 二、食用型品种

**1. 北京 553**

由原华北农业科学研究所选育的食用型品种。

(1)品种特性:该脱毒薯顶叶褐色,叶浅缺刻,茎叶长势强,叶脉与茎均为紫色,薯皮黄褐。薯块长圆筒形,薯肉橘黄色,食味软甜。耐旱、耐肥,抗茎线虫病,不抗根腐病。

(2)产量:单产一般 2000 千克左右,高产可达 4500 千克。经脱去病毒培养出的北京 553 脱毒薯种比未脱毒薯种增产 40% 左右,薯块萌芽性好,出苗早,苗多,苗壮,结薯早,薯块整齐而集中,薯皮光滑美观,生食甜脆,烤熟味极佳。

(3)栽培要求:每亩栽种 3500~4000 株。

**2. 鄂薯 4 号**

由湖北省农科院作物所选育的食用型品种。

(1)品种特性:顶叶绿色,叶缘褐色,叶心齿形,叶脉淡紫色。茎绿色,分枝 6~7 个。薯块长纺锤形,薯皮淡红色,薯肉黄色,结薯集中,以薯重计上薯率 87%,薯块萌芽性好。耐贮藏,耐湿抗旱性较强,抗根腐病,熟食味较好。

(2)产量:2004年参加生产试验,平均亩产2578千克,薯干亩产597千克。

(3)栽培要求:亩栽插4000株,重施有机肥,配合施用速效肥。建议在湖北、江西、湖南和江苏南部作春、夏薯种植。

### 3. 济薯21

由山东省农业科学院作物研究所选育的食用型品种。

(1)品种特性:萌芽性中等,长势旺,中长蔓,较细,分枝较多,叶片心形,顶叶绿带褐边,叶绿色,叶脉紫,茎紫色。薯形纺锤形,红皮黄肉,结薯性较好,大中薯率较高,食味较好,高抗根腐病,感茎线虫病和黑斑病。

(2)产量:2006年生产试验平均鲜薯亩产2565千克,薯干亩产784千克。

(3)栽培要求:适时排种,培育无病壮苗。种植密度春薯每亩3500株左右。夏薯每亩4000株左右。注意防治茎线虫病和地下害虫。建议在山东、河南、河北和安徽中北部种植。

### 4. 浙薯2号

由浙江省农业科学院作物研究所选育的食用型品种。

(1)品种特性:顶尖浅绿,叶片及茎绿色。叶片心脏形,茎短,中等粗度,属半直立型品种。薯块纺锤形或圆桶形,外形美观。薯皮红色,薯肉浅黄色。单株结薯2~3个。种薯萌发性中等,秧苗粗壮,长势旺盛。结薯早而较集中,薯块前期膨大快,后期膨大增重缓慢。茎叶生长前期旺,中期稳定,后期有早衰现象。味道属中上等。大薯率高,鲜薯烘干率26%~30%,淀粉含量18%左右。抗黑斑病及耐旱耐瘠能力都比较差,不抗薯瘟病。

(2)产量:一般生长3个月,每亩产量可达1500千克左右。

(3)栽培要求:由于薯块萌发性较差,育苗需要较高温度催芽,以增加出苗率。该品种适宜同其他作物间作套种。适宜种植在较好的土地上,栽插密度以每亩4000株为宜。夏薯耐贮藏力差,宜用秋薯留种。

### 5. 广薯79

由广东省农业科学院作物研究所选育的食用型品种。

(1)品种特性:萌芽性中等,株型半直立,中蔓,分枝较多,顶叶绿带紫边,叶片心齿形,叶脉、茎为绿色。结薯早,单株结薯4～6个,薯块大小均匀,结薯集中,大中薯比率较高,薯块长纺锤形,薯皮橘黄色,薯肉橘红色,高含胡萝卜素。薯形较美观,单株结薯数较多,耐贮藏。蒸熟食味粉香、薯香味浓,口感好,食味较好。中抗薯瘟病。

(2)产量:2006年生产试验,平均鲜薯亩产2017千克,薯干亩产594千克。

(3)栽培要求:亩植3000～4000株,土质以沙壤土较好。建议在南方薯区的广东、广西、海南种植。不宜在蔓割病地块种植。

### 6. 桂薯96-8

由广西农业科学院玉米研究所选育食用型品种。

(1)品种特性:顶叶绿色,叶心齿形,叶脉紫红色。茎为绿色,中后期长势旺。薯形下膨或中纺锤形,薯皮浅红色,薯肉黄色,薯形美观,耐贮藏,萌芽性好,结薯性好,一般单株结薯3～6个,大中薯率70%。蒸熟食味粉香,口感好。田间鉴定感薯瘟病,室内鉴定中感Ⅰ群薯瘟病菌株,中抗Ⅱ群薯瘟病菌株,高抗蔓割病。

(2)产量:2004年参加生产试验,平均鲜薯亩产2273千克,薯干亩产686千克。

(3)栽培要求:亩密度3000～3500株。建议在广东、广西、福建及江西非薯瘟病常发区作秋、冬薯种植。

### 7. 冀薯99

由河北省农林科学院粮油作物研究所选育食用型品种。

(1)品种特性:中短蔓型,茎色绿,叶形三角形,顶叶绿色,叶绿色,叶脉紫色,叶柄绿色。基部分枝较多,单株结薯 3~4 个,薯块纺锤形,红皮浅黄肉,结薯集中整齐,上薯率高。薯块萌芽性中等,夏薯干物率 27.6%,食味中上。中抗根腐病和黑斑病,感茎线虫病。

(2)产量:2005 年国家北方甘薯品种生产试验,鲜薯平均亩产 1651 千克,平均薯干亩产 474 千克。

(3)栽培要求:该品种萌芽性中等,宜采用高温催芽、地膜覆盖技术,用多菌灵浸种或浸薯苗,防治黑斑病。春薯亩植 3000~3500 株;夏薯亩植 4000~5000 株。注意综合防治甘薯主要病害。可在北方薯区的河北、河南、山东、陕西、安徽、苏北及北京作春、夏薯种植。不宜在茎线虫病地块种植。

### 8. 普薯 24

由广东省普宁市农业科学研究所选育的优质食用型品种。

(1)品种特性:茎较细,呈绿色,叶片浅缺,顶叶紫色,叶脉绿色。薯形长纺锤形,薯皮黄色,薯肉橘红色。结薯数多,迟熟,一般在栽插后 30 天左右开始结薯,120~160 天可收获。中抗薯瘟病,耐寒,适应性广,作春夏秋薯种植均适宜,薯块耐贮藏。品质优,食味甘甜,肉质细。

(2)产量:2003 年参加国家甘薯品种南方组生产试验,鲜薯亩产 2196 千克,薯干亩产 612 千克。

(3)栽培要求:插植时要选用老劲壮苗,浅插、适当疏插,高起垄。亩植 3000~4000 株。前期要控制氮肥,勤提蔓。适宜在福建、广东、江西、海南等地作春、夏、秋薯种植。

### 9. 商薯 85

由河南省商丘市农业科学研究所选育食用型品种。

(1)品种特性:叶戟形,顶叶、成熟叶均为绿色,叶脉紫色,薯形下膨纺锤形,薯皮红色,薯肉浅橘红。蔓长 2 米左右,分枝数 6~7 个,茎叶生长势较强。单株结薯数 5 个,大中薯率 80%。抗根腐病,不抗茎线虫病,不抗黑斑病。商品薯率高,熟食味面甜带香。该品种抗病性不太稳定。

(2)产量:2003 年参加国家甘薯品种北方组生产试验,鲜薯亩产 1157 千克,薯干亩产 255 千克。

(3)栽培要求:扶垄单行栽插,施包心肥。亩密度 3000~3500 株,直插、中耕除草不翻秧。适宜在河南、河北、安徽、江苏北方薯区作春、夏薯种植。

**10. 万薯 7 号**

由重庆三峡农业科学研究所选育的食用型品种。

(1)品种特性:薯块萌芽性优,蔓型半直立,茎绿色,叶形心脏,顶叶浅褐色,成熟叶浓绿色,叶脉浅褐色,叶柄绿色。基部分枝 3~5 个,单株结薯 6~7 个,薯块短纺锤形,淡红皮,橘红色肉,结薯集中、整齐,上薯率 88% 以上。抗黑斑病,耐贮性好。

(2)产量:2006 年生产试验,平均鲜薯亩产 2273 千克,薯干亩产 653 千克,淀粉亩产 425 千克。

(3)栽培要求:3 月上中旬采用露地盖膜方式育苗,5 月中旬至 6 月上中旬栽插。净作种植密度每亩 4000~5000 株,起垄栽插。栽插后 30 天内中耕、除草、追肥、培土。不打尖,不提藤,不翻藤。收获时期为 10 月下旬至 11 月上中旬。由于早收性较好,栽插 100 天后即可收获。建议在长江流域薯区的重庆、四川、湖北、湖南、江西、浙江、江苏中南部种植。

**11. 徐薯 23**

由江苏徐州甘薯研究中心选育的食用型品种。

(1)品种特性:短蔓型,茎绿色,叶尖戟形,顶叶深紫色,成熟叶淡绿色,叶脉淡紫色,叶柄绿色。薯形直筒-中膨,薯皮及薯肉均为橘黄色。单株分枝数10个左右,单株结薯数4~5个,大中薯率75%~80%左右。薯块萌芽性好,出苗多。抗黑斑病,中抗茎线虫病,不抗根腐病。食味优。

(2)产量:2003年参加国家甘薯品种北方组生产试验,鲜薯亩产1738千克,薯干亩产502千克。

(3)栽培要求:排种量控制在每平方米20千克左右,及时剪苗以利培育壮苗。亩密度以3500~3800株为宜。该品种耐湿性较好,适宜平原肥水条件较好的地区种植,不宜在根腐病重病地种植。建议在山东、河南、安徽、江苏、河北等地作春、夏薯种植。

**12. 郑薯20**

由河南省农业科学院粮食作物研究所、河南省襄城县红薯良种繁育基地选育的食用型品种。

(1)品种特性:薯块萌芽性中等,中短蔓型,茎色绿,分枝较多,茎较粗,叶形深裂复缺刻,顶叶色绿带紫边,成叶色绿,叶脉色紫。单株结薯数5个,薯块长纺锤形,黄皮橘黄肉,中早熟,结薯集中性一般,大中薯率高。较耐贮藏,食味中等。中抗黑斑病和茎线虫病,感根腐病。

(2)产量:2006年生产试验平均鲜薯亩产2487千克,薯干亩产594千克。

(3)栽培要求:该品种萌芽性一般,蔓短,可适当增加底肥和密度,种植密度春薯每亩3000~3500株,夏、秋薯每亩3500~4000株。成熟早,可做双季栽培。注意防治黑斑病。建议在北方薯区的河南、河北、山东、北京、陕西、江苏北部和安徽中北部种植。不宜在根腐病地块种植。

**13. 浙薯132**

由浙江省农业科学院作物研究所选育的食用型品种。

(1)品种特性:平均蔓长250.3厘米,中蔓型,茎色绿,叶形心齿型,顶叶色绿边紫,成叶绿色,叶脉紫色,叶柄绿色。基部分枝数5个,薯块短纺锤形,红皮橘红肉,结薯集中、整齐。单株结薯4~6个,薯块个头较小,大中薯率以块数计为46.06%,以重量计为76.59%,薯块萌芽性中等,生育期110天左右。食味优。

(2)产量:2006年生产试验,平均鲜薯亩产2179千克,薯干亩产684千克。

(3)栽培要求:该品种萌芽性中等,宜采用秋薯留种,最早4月下旬种植,亩植4000株,适宜在排水良好的田块或丘陵山地栽培,适时收获,全生育期90~120天。不宜在薯瘟区种植。建议在长江流域薯区的浙江、江西、湖北、江苏中南部种植。

### 14. 福薯87

由福建省农业科学院作物轮作研究所选育的食用品种。

(1)品种特性:顶叶绿色,叶片浅绿色,叶片边缘深绿带,叶片形状为点齿深缺刻。叶面积中等大小,叶脉及茎为绿色,茎粗度约4.5毫米,长度最高不过1.5米。分枝数10~12个,属短粗茎半直立型品种。薯块为长纺锤形,薯皮及薯肉均为淡黄色,食味好。块根育苗时萌发性好,出苗快,数目多,长势强壮。单株结薯块数较多,薯块大小均匀。大薯率高,结薯较迟,耐旱、耐渍涝。抗蔓割病,不抗薯瘟病。

(2)产量:早薯可产鲜薯3000千克左右,高的达5000千克;晚薯亩产2500千克左右。

(3)栽培要求:要求早栽秧,延长后期的生长,充分发挥其高产优势。栽种合理密度,早薯亩栽4000~5000株,晚薯以5000~5500株为宜。

### 15. 冀薯4号

由河北省农科院作物所选育的食用型品种。

(1)品种特性:顶叶绿带褐色,叶形浅缺刻,茎叶绿带紫,茎长中等。薯皮色红,薯肉橘红色,薯块纺锤形。缺点是萌芽性、耐旱性较差,不抗根腐病。该品种突出优点是熟食味好、细甜、纤维极少、薯皮光、外形好,是目前国内食用优质品种之一。可溶性糖3%以上,胡萝卜素、维生素C含量较高。

(2)产量:鲜薯产量与徐薯18相当,春薯亩产2500千克以上,夏薯亩产平均在1500千克左右。

(3)栽培要求:适合中等地力、无根腐病地区种植。育苗时所需苗床温度稍高。栽时施足底肥,促前期早发棵。密度每亩3500株。夏薯生育期100天左右。

### 16. 苏薯4号

由江苏省农科院粮食作物研究所选育的食用型品种。

(1)品种特性:顶叶、叶均为绿色,叶形深复缺刻,短蔓形。薯皮红色,薯肉橘红色,薯块纺锤形,结薯集中。高抗茎线虫病,中抗黑斑病,不抗根腐病。鲜薯含胡萝卜素、可溶性糖、维生素C和蛋白质含量较高。

(2)产量:鲜薯产量,亩产3350千克。

(3)栽培要求:栽插密度每亩4000株左右,根腐病地区不宜种植。

### 17. 遗字138

由中国科学院遗传研究所选育的优质食用品种。

(1)品种特性:顶尖、叶片、叶脉及叶柄基部均为黄绿色,脉基带紫色,叶形为浅复缺刻。茎长度和粗细度及分枝数均为中等,属匍匐型品种。适宜作为春、夏薯栽培,耐肥、耐渍性较好。块数较多,薯块大小较均匀适中。含糖量较高,蒸烤时口感好,人们喜食用,耐贮藏性中等。

(2)产量:高产田块亩产可达3500千克。

(3)栽培要求:栽插密度春薯每亩3300~3500株,夏薯3500~

4000株。施肥以钾肥为主,均衡施用,防止茎叶徒长。适于我国华北、华东等沙性土壤条件下春、夏薯栽培。

### 18. 湘农黄

由湖南省农业科学院选育的食用型品种。

(1)品种特性:顶叶绿色,叶片浓绿,叶脉紫,脉基绿带紫色。叶片心脏形带齿,叶较大。蔓短粗,中下部分绿带紫色,薯块下膨纺锤形,薯皮光滑,皮黄色略带淡红,肉色橘红。

(2)产量:高产田块亩产可达4000千克。

(3)栽培要求:夏薯密度每亩4000～5000株,秋薯可以增加到5000～6000株。生长后期为防止早衰应增施追肥。

### 19. 岩薯5号

由福建省龙岩市农业科学研究所选育的食用型甘薯新品种。

(1)品种特性:株型半直立,茎叶生长势强。顶叶紫色,叶脉绿色,叶形浅复缺刻。短蔓,主蔓长98～100厘米,蔓中粗,平均分枝12条。单株结薯数4～8条,大、中薯比重占90%左右,薯块大小较均匀。薯纺锤形,薯皮紫红色,肉橘红色。种薯发芽早,长苗快,薯块较耐贮藏。耐旱,较耐水肥,适应性强,高抗蔓割病,不抗薯瘟病。

(2)产量:1995年鲜薯、薯干平均亩产分别为2721千克和716千克。

(3)栽培要求:培育壮苗,适时早插,一般亩插3500～4000株,减少入土节数或采用直播以利于提高大中薯率。旱瘠地种植,应注意施足基肥,并配合施用磷、钾肥,早追速效性氮肥,以促进早发苗、早封垄、早结薯。中后期酌情进行根外追肥,以防后期早衰。适宜南方夏、秋薯区非薯瘟病地种植。

### 20. 一窝红

由原华东农业科学研究所选育的食用型品种。

(1)品种特性:顶叶绿色,一般叶片浓绿,叶脉和叶柄基部为紫色,叶心脏形带浅齿。茎紫色较粗,茎长度及分枝数为中等。薯块为下膨纺锤形,皮红色,薯肉淡黄有轻微紫晕,品质较好。薯块萌发性好,出苗早,多而整齐。栽秧时发根早,缓苗快,生长势强。结薯早且集中,结薯块数和薯块大小适中。耐肥水、耐涝性强,但抗旱、耐瘠性都较差。较抗根腐病,易感染黑斑病和切茎线虫病。

(2)产量:一般亩产1500千克左右,高产田可达3000~3500千克。

(3)栽培要求:丘陵、平原地都可作春、夏薯种植,夏薯增产显著。栽培密度,春薯每亩3500~4500株,夏栽4000~5000株。在增施肥料的情况下,增产幅度更大。注意防治黑斑病、茎线虫病,最好采用高温育苗、高剪苗和无病留种地等综合措施,培育无病壮苗。

### 21. 豫薯5号

由河南省南阳地区农科所选育的食用型品种。

(1)品种特性:顶叶绿带褐边,茎、叶绿色,叶片心脏形,中等薯块,薯块纺锤形,皮色红。结薯集中,商品薯居多。种薯萌芽性及耐贮性不及徐薯18。薯肉橘红色,熟食软甜,高抗根腐病,抗旱性强。但不抗黑斑病和茎线虫病。

(2)产量:夏薯试验鲜薯产量平均亩产2250千克。

(3)栽培要求:种薯育苗采用高温催芽,提高出苗量。春夏薯均可种植,以夏薯为好。密度春薯每亩3500株,夏薯每亩4000株。收获必须在霜降前后3天内进行,以防受冷害。

### 22. 汝薯黄

由河南省汝州市农业技术推广中心培育的食用型品种。

(1)品种特性:该品种顶叶绿色,叶脉、柄基紫色,叶心脏形,株型半直立,蔓较短,粗度中等。分枝多,薯块不典型纺锤形,薯块整齐而集中,大薯率高,薯皮肉黄色。该品种脱毒后具有较强的抗旱性和抗病性,栽后返苗快,分枝早,封垄早,株型半直立,叶片分布合理,光能利用率高,食味中等。

(2)产量:经正规试验,每亩产鲜薯2997千克。

(3)栽培要求:最好选种在沙性、通气好的土壤,黏土地应多施粗肥,并实行垄栽,以保持土壤疏松、透气性好。配方施肥在多施粗肥、垄栽的基础上,还应追施磷、钾肥和适量氮肥。早栽、密植、盖膜,4月底栽种,每亩4000株左右,并喷除草剂(每亩用杜尔10克,兑水500克)。科学管理,适时中耕、浇水,叶面喷施磷酸二氢钾,并在8月中旬喷药防治虫害。

### 23. 郑红 11 号

由河南省农科院粮食物研究所选育的食用型品种。

(1)品种特性:顶叶色绿、叶形浅缺刻,叶片较大,茎色绿,蔓长中等,薯皮红黄色。烘烤熟食品质优,高抗根腐病,中抗茎线虫病。可溶性糖、胡萝卜素、维生素含量较高。薯肉色橘红,薯块均匀好看。

(2)产量:夏薯产量与徐薯18相当,春薯产量比较突出,一般地力水平亩产在2000千克以上。

(3)栽培要求:适于春薯及麦垄套种,每亩3000株左右。重施基肥,补施磷、钾肥。适宜根腐病、茎线虫病区种植。

### 24. 禺北白

由广东省农业科学院旱粮所选育的食用型品种。

(1)品种特性:顶叶、叶脉、脉基和叶柄基部都为淡紫色,叶形变化很多,以浅缺刻为主,叶片较大。蔓长中等,粗壮,绿中带紫。薯块长纺锤形或圆筒形,白皮白肉。薯块发芽慢,幼苗生长快,分枝性和再生力强,长势旺。属秋薯型。适应性广,不择土质,较耐旱瘠,耐寒、耐盐碱,但不耐水肥,不抗薯瘟病和蚁象。结薯较早,单株薯数少但大薯率高。食味中等。

(2)产量:本品种高产稳产,一般亩产1500～2000千克,高产田可达5000千克,曾是我国南方薯区的主要栽培品种。

(3)栽培要求:春栽较易徒长,不宜多施氮素肥料。不抗薯瘟病,不宜在疫区种植。

**25. 宁薯192**

由江苏省农科院粮食作物研究所选育的食用烘烤型品种。

(1)品种特性:长蔓型,顶叶绿色,叶脉淡紫,叶片心脏形,叶和茎均为绿色,茎粗0.53厘米,单株分枝数6～8个。单株结薯数3个左右,薯形下膨纺锤形,薯皮淡红色,薯肉橘红色。结薯早且整齐,大中薯率高。中抗根腐病。该品种肉色鲜红,质地细,纤维少,味淡,水分比较多,烘烤品质较佳。

(2)产量:2002年在长江流域薯区的重庆、湖南和湖北的生产试验结果,平均鲜薯亩产2964千克。

(3)栽培要求:作春、夏薯种植均可。栽插适宜密度,亩春薯3300～3500株,夏薯亩3500～3800株。施足基肥,肥料以复合肥为佳,施用量每亩25千克左右。适宜在长江流域薯区作春、夏薯栽培。

**26. 金山291**

由福建农林大学作物学院选育的食用兼淀粉用品种。

(1)品种特性:茎绿色,粗细中等。叶片心齿形或浅复缺,叶片大小中等。顶叶浅绿色,成熟叶绿色,叶脉浅紫色,叶柄绿色。薯块纺锤形,薯皮红色,薯肉淡黄色。单株结薯数2～4个。高抗蔓割病,田间鉴定中抗薯瘟病,室内鉴定高抗Ⅰ型薯瘟病,不抗Ⅱ型薯瘟病。

(2)产量:2003年参加国家甘薯品种南方组生产试验,鲜薯亩产2136千克,薯干亩产628千克。

(3)栽培要求:作秋薯及时耕地作畦并早插,至少有135天生长期。春薯亩密度3500~4000株,秋薯亩密度4000~4500株。多施夹边肥,后期若长势差可补施裂缝肥。适宜在广东、福建、广西、江西、海南作夏、秋薯种植,不宜在重薯瘟病区种植。

**27. 苏薯10号**

由江苏省农科院粮食作物研究所选育的食用及食品加工用品种。

(1)品种特性:顶叶、叶片均为绿色,叶片心齿形,叶脉紫色。长蔓,茎绿色,基部分枝5~6个。单株结薯3个左右,薯块下膨纺锤形,红皮橘红肉,结薯早且整齐,上薯率高,薯块萌芽性好。加工品质较好,抗根腐病。

(2)产量:2004年参加生产试验,平均鲜薯亩产1963千克,薯干亩产592千克。

(3)栽培要求:春薯亩3300~3500株,夏薯亩3500~4000株。施足基肥,肥料以复合肥为佳,施用量每亩40千克左右。防渍害,防草害。建议在江西、浙江、江苏南部作春、夏薯种植。

## 三、兼用型品种

**1. 皖薯3号**

由安徽省农科院作物研究所育成的高产、优质、综合性状优良的兼用型品种。

(1)品种特性:茎尖及叶片均为绿色,叶脉紫色,叶片为心脏形或带浅复缺刻,叶片较大。茎绿带紫色,较粗壮,分枝数10~12个,长度中等,属匍匐型品种。薯皮红色,薯肉白色。结薯早,较集中紧凑,大、中薯块率80%以上。

(2)产量:作夏薯亩产鲜薯1600~2000千克。

(3)栽培要求:温床育苗排种宜稀,床温32～35℃为宜。选择不重茬的中等肥力田块种植。栽插密度春薯每亩3000株,夏薯每亩3500株。

**2. 皖薯4号**

由安徽界首市农业技术推广中心选育的兼用型品种。

(1)品种特性:顶叶和叶片均为绿色,叶脉为紫色,茎绿带紫色,薯茎蔓生较长,粗度0.7厘米,每株分株数8个左右。薯块长纺锤形,薯皮红色,薯肉白色,略带紫晕。结薯早,单株结薯4～5块,结薯较集中,薯块整齐,大薯率80%以上。高抗根腐病,较抗黑斑病,不抗茎线虫病。耐瘠力较差。

(2)产量:亩产鲜薯2000千克。

(3)栽培要求:早育苗早栽秧,要求春薯生长期150天左右,夏薯不少于120天为宜,春薯每亩3000～3550株,夏薯每亩3500～4000株。比较耐肥,宜在土层深厚的肥沃土壤中栽培,根据长势,适时追肥。

**3. 豫薯6号**

由河南省农科院粮食作物研究所选育的兼用型品种。

(1)品种特性:顶叶绿色,叶脉紫色,叶片心脏形,茎长1～1.5米,茎色绿。薯块纺锤形,薯皮紫红,薯肉淡黄。熟食味中上等。抗黑斑病、茎线虫病,较抗根腐病,且抗旱、耐肥。品质好,含多种微量元素及胡萝卜素;茎叶含蛋白质高,是较好的青饲料。薯蔓短,株型紧凑,适于与玉米、小麦、烟叶等作物间作套种。

(2)产量:夏薯平均亩产2500千克,栽后100天亩产鲜薯达2000千克。

(3)栽培要求:育苗时排薯宜稀,20千克/平方米左右。生育期100天以上。栽插密度为春薯每亩3500～4000株,夏薯4000～4500株。不宜在重根腐病地区种植。

### 4. 商薯 19

由河南省商丘市农林科学研究所选育兼用型品种。

(1)品种特性：中短蔓型，叶色微紫，心形，成叶心形带齿，叶、叶脉、茎均为绿色，基部分枝 8 个左右。薯形长纺锤形，薯皮紫红色，薯肉白色。单株结薯 2~4 个，结薯整齐集中。萌芽性、贮藏性好。熟食味中等。高抗根腐病，抗茎线虫病，高感黑斑病，耐涝性较好。

(2)产量：2002 年国家北方甘薯品种生产试验，鲜薯平均亩产 2113 千克，薯干亩产 621 千克。

(3)栽培要求：扶垄单行栽插。栽插期 4 月下旬至 6 月下旬均可。适应性强，水浇、旱薄地均可种植。结合扶垄，施包心肥，每亩碳铵 15 千克，磷肥 20 千克，硫酸钾 25 千克。栽插密度每亩 3000~3500 株。在生产过程中注意防治黑斑病。适宜在河南、河北、安徽、江苏等全国北方黄淮薯区作春夏薯种植，不宜在黑斑病重病区种植。

### 5. 烟薯 21

由烟台市农业科学研究院选育的兼用型品种。

(1)品种特性：中长蔓，茎绿色带紫斑，叶形心带齿，顶叶色、成叶色均为绿色，叶脉紫色，叶柄绿色。基部分枝 7 个，单株结薯 4~5 个，薯块薯形纺锤形，红皮橘黄肉。结薯集中性较好，上薯率高，薯块萌芽性中等，食味中上。抗茎线虫病，中抗黑斑病，感根腐病。

(2)产量：2006 年生产试验平均鲜薯亩产 1902 千克，薯干亩产 544 千克。

(3)栽培要求：该品种萌芽性一般，适宜在沙质土壤栽培，栽插密度一般春薯每亩 3500~4000 株，夏、秋薯每亩 4000~4500 株。注意防治黑斑病。建议在北方薯区的山东、河北、河南中部、北京种植。不宜在根腐病地块种植。

### 6. 豫薯12号

由河南省南阳市农业科学研究所选育兼用型品种。

(1)品种特性：中长蔓型，顶叶绿色，叶脉紫色，叶柄色、茎色绿带紫，叶色绿，叶肾形浅复缺刻。株型匍匐茎粗中等，基部分枝7个左右，单株结薯2～3个，薯块纺锤形，红皮白肉。结薯集中、整齐，上薯率85%左右，薯块萌芽性优，生育期120天左右。熟食细腻甜香，少纤维，味较好。抗根腐病，中抗茎线虫病，不抗黑斑病，抗旱耐瘠性强，耐湿性强。

(2)产量：2001年国家北方甘薯品种生产试验，鲜薯平均亩产2468千克，薯干亩产787千克。

(3)栽培要求：本品种萌芽性好，育苗应适当减少排种量，最好采用高温催芽、地膜覆盖技术，用多菌灵浸种或浸薯苗，防治黑斑病。应采用垄作，栽插密度春薯每亩3000株左右，夏薯每亩3500～4000株。适宜河南、河北、山东、江苏、安徽及湖北等地作春、夏薯区种植。

### 7. 渝苏151

由西南师范大学选育的兼用型品种。

(1)品种特性：株型匍匐，顶叶心形带齿、绿色，成熟叶心形带齿、绿色，叶脉紫色，叶脉基部紫色，叶柄绿色，叶柄基部紫色，蔓绿色、茸毛中等，田间生长势中上。薯块形状不规则，薯皮淡黄色，薯肉淡黄色。萌芽性和耐贮性好。抗黑斑病，熟食品质中等。

(2)产量：2001年重庆市生产试验，鲜薯亩产1846千克，薯干亩产499千克。

(3)栽培要求：采用薄膜、地膜或温床育苗，亩密度5500～6000株。适宜在重庆、四川及相似生态区作春、夏薯种植。

### 8. 苏薯7号

由江苏徐州甘薯研究中心选育的兼用型品种。

(1)品种特性:顶叶绿色,叶片心脏形,绿色,叶脉紫色,茎绿带紫色,蔓偏长,基部分枝5~7个,茎叶生长势强。薯块纺锤至长纺锤形,薯皮土红,薯肉白色,结薯整齐集中,单株结薯4~5个。薯块熟食细腻,味好。高抗茎线虫病和根腐病,不抗黑斑病。

(2)产量:2000年北方薯区生产试验,鲜薯、薯干平均亩产分别为2042千克和521.6千克。

(3)栽培要求:适当减少排种量,培育壮苗,育苗最好采用高温催芽、地膜覆盖,加强苗床肥水管理。及时防治地下害虫,保持薯形美观。用多菌灵浸种或浸薯苗,防治黑斑病。春薯亩栽插密度3500株左右,夏薯3500~4000株,留种田应适当增加栽插密度,亩密度不少于4000株。适宜北方春、夏薯区种植。

### 9. 泰薯2号

由山东泰安市农科所选育的兼用型品种。

(1)品种特性:叶片为绿色,心形或带锯齿,叶脉紫色。茎粗短,分枝多,长势强,茎叶疏散,属半直立型品种。块根形成较早,呈长纺锤形,结薯集中,大小块整齐。薯皮色淡红,薯肉色橘黄。蒸烤后,薯肉呈金黄色,甜度大,口感细腻,可口性好,且有栗子香味。

(2)产量:1988—1991年,在多点生产示范试验中,鲜薯合计产量分别为每亩3000~3500千克。

(3)栽培要求:育苗排薯密度为每平方米25千克,温度以27~30℃为宜。垄栽单行一般早薯每亩3000~3500株,晚薯3500~4000株,平原旱地沙土薄地可达5000~6000株。育苗时必须严格采用多菌灵浸种,田间栽培时还应采用综合防治病虫害的措施。

### 10. 湘薯12号

由湖南省农业科学院作物所会同湖南省娄底地区农科所培育的兼用型品种。

(1)品种特性:顶端叶浅绿色,一般叶片为绿色,叶脉和叶柄基部为紫色。叶片形状为浅裂复缺刻,叶面积较大,茎长度约1米,颜色为绿带紫色,分枝数4～5个,单株结薯数2～3个,大薯率高。薯块纺锤形,皮红色,表面光滑,薯肉乳白色有紫晕。熟食味较香甜。熟块根萌发性好,出苗多,块根入土较深,薯块质地较硬,可较好地避免小象甲虫危害,所以它是抗小象甲虫的优良品种。该品种抗旱、耐瘠,也较抗薯瘟病。不耐盐碱,耐贮藏。

(2)产量:经3年17个点试验,平均亩产鲜薯2146千克,折薯干690千克。

(3)栽培要求:采用温床盖膜或露地盖膜育苗,适时早栽,以5月中下旬栽插产量最高。夏薯每亩栽插密度4000株左右,秋薯5000株左右。

**11. 湘薯75-55**

由湖南省农业科学院作物研究所选育的兼用型品种。

(1)品种特性:顶叶淡绿色,叶片绿色,叶浅裂单缺刻,叶脉紫色。蔓长1米左右,粗约5毫米。结薯集中,单株结薯3～4个,上薯率85%左右。薯长纺锤形,皮色姜黄,肉白色。薯块萌芽性好,结薯较迟,生长后期膨大快。熟食味较香甜。抗薯瘟病,较抗蔓割病,耐涝渍,较耐盐碱,耐贮藏。

(2)产量:在粉沙土壤和盐碱地种植都能获得较高产量,早薯平均亩产鲜薯3000千克左右,晚薯2000～2500千克,在水源充足、土质肥沃的地块,产量更高。

(3)栽培要求:用晚薯留种,培育无病壮苗,忌用老蔓做种苗。栽插密度,早薯每亩4000株左右,晚薯4500株左右。施肥应以农家肥为主,施好包心肥,增施磷钾肥。适时早栽,延迟收获,使生长期达到140余天,可获高产。

### 12. 豫薯5号

由河南省洛阳地区农业科学研究所选育的兼用型品种。

(1)品种特性:中蔓型,茎叶绿色,顶叶淡绿带褐边褐晕,叶脉叶基带紫色,叶心脏形,茎较粗,节间短,蔓皮紫红色,薯肉橘红色。薯块纺锤形。大中薯率高,结薯早,薯块膨大快。较抗根腐病,不抗揭斑病和茎线虫病。

(2)产量:春薯亩产鲜薯2400千克左右,薯干每亩590千克左右;夏薯亩产鲜薯2200千克左右,薯干490千克左右。

(3)栽培要求:适于作春、夏薯,尤其作夏薯为宜。春薯栽插密度每亩3500株以上,夏薯栽插密度每亩4000株以上。加温育苗,提高出苗率。生育期不翻秧,若生育期中后期多阴雨,可进行提秧。贮藏温度13℃以上。

### 13. 阜薯24

由安徽省阜阳市农业科学研究所选育的兼用型品种。

(1)品种特性:顶叶绿色,叶片心形,叶绿色,叶脉深紫色。中长蔓,基部分枝6~7个。单株结薯3~6个,薯块中下膨纺锤形,红皮白肉,上薯率83.2%。食味中等,抗根腐病,中抗茎线虫病和黑斑病。

(2)产量:2004年参加生产试验,平均鲜薯亩产1680千克,薯干亩产472千克。

(3)栽培要求:采用垄作,注意培育壮苗。春薯每亩栽插密度3000株;夏薯每亩栽插密度3500株。适宜在排水良好的田块栽培。少施氮肥,控制旺长。建议在安徽、河北作春、夏薯种植。

### 14. 南薯99

由四川省南充市农业科学研究所选育的兼用型品种。

(1)品种特性:顶叶色绿边带褐,成熟叶绿色,均为尖心脏形,大小中等,叶脉、脉基为紫色。株型匍匐,蔓为绿色,蔓长中等,无自然开花习性。基部分枝 3~5 个,单株结薯 3~5 个,薯块长纺锤形,薯皮紫红色,薯肉淡黄色。结薯早,整齐集中,易于收获,大、中薯率 90% 以上。出苗早而整齐,单薯萌芽数 12~15 个,萌芽性好,幼苗生长势中等。熟食香味较浓,味甜,纤维较少。中抗黑斑病,耐旱、耐瘠、耐肥性强,耐贮藏。

(2)产量:2002 年在长江流域南昌、湖南、重庆三点生产试验,平均鲜薯亩产 2693 千克,薯干亩产 844 千克。

(3)栽培要求:3 月上中旬地膜覆盖育苗,6 月上中旬栽插。一般净作或间套种,每亩种植 4000 株左右。适宜在长江流域薯区作春夏薯种植。

## 四、菜用型品种

### 1. 福薯 7-6

由福建省农科院耕作所选育的菜用型品种。

(1)品种特性:叶片心脏形。顶叶、叶色、叶脉色及叶柄均为绿色。短蔓,茎绿色,基部淡紫色,基部分枝 10 个,株型半直立。单株结薯 3 个左右,薯块纺锤形,粉红皮橘黄肉,结薯习性好,薯块萌芽性好。茎叶食味优良,抗疮痂病,不抗蔓割病。

(2)产量:2004 年参加生产试验,三点平均茎尖亩产 1754 千克。

(3)栽培要求:畦作,株行距 20 厘米×18 厘米,每亩种植 1.8 万株左右。返苗后打顶"促进分枝",春、夏季种植要注意及时采摘和浇水保湿,秋、冬季种植要注意盖膜保温。建议在福建、北京、河南、江苏、四川、广东和广西非蔓割病重发区作叶菜用品种种植。

## 2. 泉薯 830

由福建省泉州市农业科学研究所选育的菜用型品种。

(1)品种特性:短蔓较直立,顶叶、嫩叶、叶柄、叶脉均为绿色,叶片尖心形带齿,地上部生长旺盛,单株分枝8~12条,基部分枝多,叶片多且肥厚。单株结薯4~6个,薯块长纺锤形,淡黄皮黄红肉,薯块产量较高,茎尖食味较好。抗根腐病,高感茎线虫病,中抗蔓割病,不抗薯瘟病和病毒病。

(2)产量:2005年参加国家甘薯菜用品种生产试验,平均茎尖亩产1916千克。

(3)栽培要求:本品种萌芽性好,育苗应及时移栽。蔬菜专用亩植1.3万~1.7万株,薯菜两用亩植5000~6000株。采摘后及时修剪和补肥,促进分枝。采取小水勤浇的措施进行频繁补水保湿。秋、冬季种植要注意盖膜保温。注意防止甘薯蔓割病、薯瘟病和病毒病发生危害。可在福建、广东、广西、江苏、四川、河南、北京作叶菜用品种种植。不宜在甘薯蔓割病、薯瘟病地块种植,注意防止病毒病。

## 3. 台农 71

由台湾省农业科学研究院育成的菜用型品种。

(1)品种特性:茎叶嫩绿,叶心形,茸毛少,口感鲜嫩滑爽,既可炒食又可凉拌,营养丰富。菜用品质好过空心菜,短蔓半直立性,基部分枝多达十几个,茎叶再生能力强,薯皮白色,肉淡黄色,块根产量较低,生长期间极少发生病虫害,是天然无污染的绿色蔬菜。

(2)产量:鲜薯产量亩2200千克,茎叶产量亩3000千克。

(3)栽培要求:一般在3月中上旬便可采用双膜覆盖育苗,待薯苗长20~25厘米,有6~8张完整叶片时,便可剪苗栽种大田。栽插密度为每亩3500株左右。当薯苗长到20厘米长时即可采摘。采苗应在阴天或晴天下午进行,使苗株母体植伤能快速修复。

一般一周左右采摘一次。采下的蔓尖,及时整理成束,可采用保鲜膜包装等保鲜技术鲜嫩上市。

**4. 莆薯 53**

由福建省莆田市农科所选育的菜用型品种。

(1)品种特性:顶叶绿色,叶绿色,叶形鸡爪形。株型半直立,茎色绿,茎粗中等,蔓长1米,基部分枝多。薯形纺锤,皮色红,肉色浅黄。萌芽性好,结薯整齐集中,耐旱性较弱,耐肥。茎可熟食味清甜爽口。

(2)产量:鲜薯产量亩2000千克,茎叶产量亩2500千克。

(3)栽培要求:适合大垄双行密植,每亩栽插密度6000株左右。大水大肥,以氮肥为主,栽后25天即可采摘茎尖,一般7天采摘1次,棚栽行距20厘米,株距10厘米,每亩栽2万株。

**5. 百薯 1 号**

由河南科技学院农学系培育的高产、优质叶菜型新品种。

(1)品种特性:株型半直立,单株分枝25~30个,茎蔓细,主蔓长80~100厘米左右,叶片小、浅裂单缺刻或尖心形,顶叶、叶柄、茎蔓淡紫色,成叶、叶脉绿色,全身无绒毛。茎节处气生根少,耐水肥,结薯早,产量高。薯块长纺锤形,薯皮深红色,薯肉淡黄色。田间自然开花,极少自交结实。

(2)产量:一般亩产鲜薯3000千克以上,茎叶产量1200克以上。

(3)栽培要求:选择水肥条件较好的地块种植,多施农家肥作底肥。黄淮地区4月中旬平畦栽插,大田种植每亩3500~4500株,兼顾生产茎尖和薯块;温室种植每亩10000~12000株,专门生产茎尖。移栽时最好选用茎蔓粗壮、老嫩适度、节间较短、叶片肥厚、无气生根、无病虫害、带心叶的顶段苗。5月上旬开始采摘茎尖,以后每隔10天左右采摘1次,可持续采摘至10月中旬。每次采摘后,随浇水追施尿素每亩 3 千克。田间注意保持土壤湿润,及时中耕松土,人工拔除杂草。

### 6. 福薯 10 号

由福建省农科院作物研究所选育的叶菜型新品种。

(1)品种特性:短蔓半直立,成叶心形,顶叶浅绿色,成叶、叶脉、叶柄和茎均为绿色。单株结薯 2～3 个,薯块纺锤形,薯皮、薯肉均为白色。茎尖无茸毛,烫后颜色绿色,有香味,无苦味,略甜,有滑腻感。

(2)产量:平均茎尖亩产 2055 千克。

(3)栽培要求:与甘薯一般大田栽培相同,密度为 4000 株左右,适宜非蔓割病地块种植。

## 五、色素加工用品种

### 1. 烟紫薯 1 号

由山东省烟台市农业科学研究院选育的紫肉型品种。

(1)品种特性:顶叶淡绿,叶戟形,叶绿色,叶脉深紫。蔓长中等,茎绿带紫,分枝数 5～8 个。单株结薯数 3 个,大中薯率 80% 左右,薯形中膨-筒形,薯皮紫色,薯肉紫色,色泽均匀,熟食味中等。抗黑斑病、茎线虫病、根腐病。

(2)产量:2004 年参加生产试验,鲜薯平均亩产 2108 千克,薯干亩产 642 千克。

(3)栽培要求:一般每亩宜种植 4000 株左右。种薯与种苗要消毒防病。建议在山东、福建、河南、江苏、湖南、广西、广东作紫肉食用型甘薯品种种植。

### 2. 济薯 18

由山东省农业科学院作物研究所选育的紫肉型品种。

(1)品种特性:茎紫色,叶戟形,顶叶、成熟叶绿色。蔓中长,分枝较多,地上部生长势强。薯块中-上膨纺锤形,薯皮紫色,薯肉紫色,萌芽性较好,芽粗壮整齐。薯块膨大早,单株结薯数3～4个,大中薯率75%。中抗根腐病、茎线虫病和黑斑病,耐旱、耐瘠性好,耐肥、耐湿性稍差,食味中等。

(2)产量:2003年参加国家甘薯品种北方组生产试验,鲜薯亩产1896千克,薯干亩产480千克。

(3)栽培要求:春薯每亩栽插密度3500株左右,夏薯每亩栽插密度4000株。适宜在河北、安徽、山东、河南漯河、广东、福建、湖南夏薯区种植。该品种耐湿性较差,不宜在潮湿地区种植。

### 3. 渝紫263

由西南师范大学选育的紫肉型品种。

(1)品种特性:顶叶绿色边褐,叶形浅复缺刻,叶绿色,叶脉紫色,叶柄绿色,茎绿带紫色。短蔓,株型半直立,分枝8～10个。单株结薯5个以上,薯块长纺锤形,紫红皮紫肉,结薯均匀,中薯率高,薯皮光滑,薯型美观。薯块萌芽性好,食用品质好,中抗黑斑病,高感根腐病。

(2)产量:2004年参加生产试验,平均鲜薯亩产1537千克,薯干亩产457千克。

(3)栽培要求:可作春、夏薯种植。栽插密度每亩3500～4000株;注意增施堆渣肥和配合施用氮磷钾。建议在重庆、江西、湖南、江苏南部作紫肉食用型甘薯品种种植。注意防治蔓割病。

### 4. 广紫薯1号

由广东省农业科学院作物研究所选育的紫肉型品种。

(1)品种特性:株型半直立,茎为绿色,叶形为浅复,顶叶缘紫色,叶脉紫色,薯形纺锤,薯皮紫红色,薯肉紫色。薯身光滑、美观,薯块大小均匀,耐贮藏,萌芽性好。苗期生长势旺,结薯早,单株结薯数 3～5 个,大中薯率 75%。田间鉴定中抗薯瘟病,室内鉴定高抗 I 群薯瘟病菌株、中抗 II 群薯瘟病菌株,抗蔓割病,中抗根腐病,中抗黑斑病。

(2)产量:2003 年参加国家甘薯品种南方组生产试验,鲜薯亩产 2629 千克,薯干亩产 813 千克。

(3)栽培要求:每亩栽插密度 3000～3500 株。夏、秋薯全生育期 110～130 天,适时收获,安全储藏,霜降以前收获入窖,窖温 11～13℃为宜。适宜在广东、广西、福建、江西、河北、湖北、海南薯区种植。

**5. 宁紫薯 1 号**

由江苏省农科院粮食作物研究所选育的紫肉型品种。

(1)品种特性:绿色带紫边,叶心脏形,叶绿色,叶脉绿色。长蔓,茎绿色,顶叶基部分枝 6～8 个。单株结薯 5 个左右,薯块长纺锤形,紫红色皮紫肉,薯块萌芽性好。抗根腐病,不抗黑斑病。

(2)产量:2004 年参加生产试验,平均鲜薯亩产 1932 千克,薯干亩产 523 千克。

(3)栽培要求:春薯每亩栽插密度 3300～3500 株,夏薯每亩栽插密度 3500～3800 株。基肥以复合肥为佳,施用量每亩 40 千克左右。防止渍害,栽前使用除草剂(旱草灵或乙草胺)防草害。建议在江苏、河北、山东、湖北、湖南、广东、广西作紫肉食用型甘薯品种种植。

**6. 维多丽**

由河北省农林科学院粮油作物研究所育成。

(1)品种特性:该品种萌芽性一般,中长蔓,分枝数 6 个,茎中等粗,叶片心形带齿,顶叶、成年叶、叶脉和茎色均为绿色。薯形下膨纺锤形,薯皮橙黄色,薯肉深橘红色,结薯整齐集中,单株结薯 3～8 个,大中薯率较高。抗茎线虫病,中抗根腐病,感黑斑病。

(2)产量:亩平均产 1799 千克。

(3)栽培要求:每亩栽插密度 3000~4000 株。

### 7. 山川紫

由日本引进。

(1)品种特性:中蔓,薯皮紫黑色鲜艳,口感细腻食味佳、营养成分高,抗癌物质硒的含量较一般红薯高。该品种具有抗癌、降压和补钙等多种功效。抗涝性强,结束均匀。

(2)产量:一般春薯亩产 2000 千克,夏薯亩产 1500 千克。

(3)栽培要求:注意早育壮苗,以春栽为宜,深耕垄栽。控制氮肥,增施钾肥。比例以 1∶1∶2 为宜。封垄前分别打主蔓与侧蔓顶,促进多分支。并在封垄前后化控 2 次。

### 8. 波嘎

由美国引进。

(1)品种特性:薯块长纺锤形至圆筒形,薯皮光滑,淡玫瑰红色,薯肉深橘红色。薯块大小整齐、集中,单株结薯数多,平均单株重 1~1.8 千克。大中薯率 80% 以上,适应性广,栽期弹性大,耐旱、耐瘠性中等,耐肥性能好,薯块含水量少,耐贮性能好,不易失水或腐烂。

(2)产量:一般春薯亩产 2000~2500 千克,夏薯亩产 1750~2250 千克。

(3)栽培要求:注意增施基肥,深松沃土,适当增加种植密度,春薯每亩植 3000~3500 株,夏薯每亩植 3500~4000 株。

## 六、饮料型品种

### 1. 豫薯 10 号

由商丘地区农科所选育。

(1)品种特性:地上部整个植株均为绿色,叶片浅绿色,特别耐肥水,较耐旱。高抗根腐病、抗茎线虫病。蔓短(1米左右),适宜间套作。缺点是不适宜淀粉加工,熟食味淡,品质较差。

(2)产量:鲜薯平均产量,夏薯每亩 4000 千克以上,春薯达 6000 千克以上,鲜薯产量比徐薯 18 增产达 1 倍左右。特别早熟,栽后 80 天,平均亩产可达 3000 千克以上,且每年可栽 2 季。即第一季为 4 月中旬至 7 月下旬,第二季为 7 月下旬至 10 月下旬。第一季鲜薯早上市,第二季留种。

(3)栽培要求:适合春、夏、秋薯种植。春薯亩栽 3500 株,夏薯 3500~4000 株。双季薯密度头季 3000 株,二季 4000~4500 株。不翻秧,遇旱灌水。后期脱肥时及时追肥,生育期 90 天以上。

## 2. TN69

TN69 从台湾引进。

(1)品种特性:顶叶绿色、叶片绿稍带褐边,叶形心脏带齿。

(2)产量:一般春薯亩产 3000~4000 千克,夏薯亩产 3000~3500 千克。

(3)栽培要求:该品种耐湿,耐旱性能差,因此须选择土壤肥沃、灌排方便的地块种植。该品种茎粗叶大,生长旺盛,应合理密植,一般春薯亩植 3000 株,夏薯亩植 3500 株。一次性施足基肥,注意磷钾肥的配合,后期适当补钾(如喷 0.3%的磷酸二氢钾)以增加薯块的光洁度和甜度。加强中期田间管理,促稳长而不徒长,若 8~9 月份徒长,应及时控旺(喷 15%多效唑)。

## 3. 京薯 6 号

由北京农学院经多年选育出的一个紫黑薯新品种。

(1)品种特性:叶片心脏形,叶片、叶脉全绿色,蔓长 1.50 米左右,生长势强。薯块纺锤形,薯皮紫黑光亮,无条沟。

(2)产量:春薯一般亩产 4000 千克,最高可达 5000 千克以上,夏薯一般亩产 3000 千克左右。

(3)栽培要求:春薯亩植 3000 株,夏薯亩植 3500~4000 株。

## 七、食用兼饲用型品种

**1. 鲁薯 3 号**

由山东省烟台市农业科学研究所选育而成。

(1)品种特性:顶叶绿色,地上部茎叶均为绿色,叶尖心脏形,叶片较大,叶柄长 21 厘米,茎端茸毛多,茎粗 7 毫米。中蔓型,最长蔓长 213 厘米,基部分枝 10 个。薯皮紫红色,薯肉白色,薯块纺锤形。薯块萌芽性较优,出苗数量较多,苗粗壮,栽后返苗快,分枝封垄早,田间长势强,蔓叶增重快,薯块后期膨大快。能抗多种病害,即抗茎线虫病、根腐病、黑斑病、根结线虫病,抗旱耐瘠性强,适应山地生长,但耐涝性差,耐贮藏。

(2)产量:亩产鲜薯约 2000 千克。

(3)栽培要求:适合山丘有一种或多种病害同时发生的田地栽种,育苗宜采用高温催芽法,以利早萌芽,多出苗。本品种主要分布于山东省烟台、河南省洛阳市和河北省卢龙等地,适合在各种病害同时为害的地块种植,增产显著。另外,本品种茎叶产量高,较徐薯 18 高 57%,茎叶蛋白质含量较高,茎叶增重快,具有饲用价值。

**2. 金山 25**

由福建农林大学作物学院选育而成。

(1)品种特性:顶叶淡绿,成叶绿,叶脉紫,茎色绿,叶形浅复缺,叶片大小中等。株型半直立,蔓较短,蔓粗细及分枝数中等。单株结薯 3~5 个,薯形纺锤,大小均匀,光滑整齐,无条沟,浅红皮、黄心,大、中薯率较高。中抗蔓割病,中抗薯瘟病。鲜薯耐贮存,萌芽性好。

(2)产量:2000年鲜薯亩产2723千克,薯干亩产660千克。

(3)栽培要求:适时早插。金山25结薯早,膨大持续时间长,因此早插可延长膨大时间,提高产量。一般栽插期春薯为5月10日～5月30日,秋薯为7月10日～8月5日。注意适当密植,一般春薯亩插4000株左右,秋薯亩插4000～4500株。合理施肥,高产栽培时应该重施基肥,多施夹边肥,后期适当补施裂缝肥,防止脱肥早衰。注意防治小象虫和食叶害虫。适宜在南方薯区非薯瘟病区作夏、秋薯种植,禁止在薯瘟病重病地种植。

### 3. 龙薯1号

由福建省龙岩市农业科学研究所选育。

(1)品种特性:株型半直立,短蔓型,基部分枝数较多。茎绿带紫色,叶形心脏形,顶叶绿带褐,成熟叶浓绿色,叶脉紫色,叶柄绿带紫色。薯块纺锤形,薯皮红色,薯肉红色,单株结薯数2～4个,结薯较早而集中,上薯率高。薯块萌芽性较好,生育期130天左右。高抗蔓割病,高抗Ⅰ群薯瘟病菌株,不抗Ⅱ群薯瘟病菌株。熟食味软甜。

(2)产量:2003年参加国家甘薯品种南方组生产试验,鲜薯亩产2835千克,薯干亩产660千克。

(3)栽培要求:采用秋薯留种,用薄膜和地膜覆盖育苗。施足基肥,加强管理,勤施肥浇水,促进早长芽,早发根,长壮苗。适时早插,合理密植。早薯栽植期一般在4月下旬至5月初,秋薯掌握在立秋前插完,每亩栽插密度3500～4000株为宜。施肥以有机肥料为主,配合施用磷钾复合肥。适宜在福建、江西、广东、海南等省份作夏、秋薯区种植。

### 4. 苏薯9号

由江苏省农科院粮食作物研究所选育。

(1)品种特性：顶叶、叶脉绿色，叶片心脏形，叶和茎绿色，中长蔓，茎粗0.67厘米左右，分枝5～7个，薯形下膨纺锤形，薯皮红色，薯肉白色。单株结薯数3～4个，结薯整齐，结薯早，商品薯率高。高抗根腐病，抗茎线虫病，中抗黑斑病，耐干旱性强。

(2)产量：2000年生产试验，鲜薯、薯干平均亩产分别为2360千克和617.3千克。

(3)栽培要求：春薯每亩栽插密度3300～3500株，夏薯3500～3800株。施足基肥，氮、磷、钾配比以2∶1∶2为宜。田间开好排水沟，做到三沟配套，降低田间水位，以防渍害，栽前使用除草剂防草害。适时收获，种薯宜用多菌灵或托布津处理，防止贮藏期烂种；及时进窖，防止种薯受冻。适宜北方春、夏薯区种植。

### 5. 南薯88

由四川省南充地区农科所选育而成。

(1)品种特性：叶绿色，叶脉、脉基及叶柄基部均为紫色，茎绿色，长度170～250厘米，节尖较长，分枝3～5个，属匍匐型品种。薯块下膨纺锤形，皮薄为淡红色，薯肉黄中带有红色，薯块大小较整齐，无条沟，外形美观，大薯率达80％以上，产量高。单块薯出苗数10～15株，秧苗壮实，栽秧后结薯早，薯块膨大快，一般生长期100天左右即有好收成，该品种耐肥、耐湿，也较能抗干旱。耐瘠薄土壤，具有高抗黑斑病，并有耐贮藏特性。

(2)产量：该品种在长江流域10年大范围多点试验，鲜薯平均亩产2223千克，淀粉亩产359.8千克，薯干亩产683千克。

(3)栽培要求：该品种出苗率较少，育苗时排薯不可过稀。出苗早而较整齐。栽秧时应在适期内尽早完成插秧任务。栽插密度每亩3000～4000株。适宜单作或兼作套种。田间管理应注意多施基肥，早追肥浇水。因生长期较短，在长江流域可作秋作。雨季注意防旱排涝。

# 第五节　我国甘薯产业存在的问题

当前,许多地方政府都把发展甘薯种植和甘薯加工作为当地调整农业产业结构和增加农民收入的重要工作来抓,相继涌现出一些开发利用甘薯的农业产业化龙头企业。但是,甘薯产品在开发利用中仍然存在不少问题。

**1. 加工专用型甘薯品种推广不利**

甘薯品种的特性决定了甘薯的加工利用,例如加工淀粉的甘薯,应该是淀粉含量尽可能高而可溶性糖含量低的品种。虽然我国在培育新的甘薯品种方面进行了很多研究,也培育出了一些适合于不同加工用途的甘薯新品种,但是推广应用不是很普遍。因此,加工专用型甘薯品种的缺乏以及优质品种的推广不力,较大程度的限制了甘薯产业的发展。

**2. 加工企业规模小、散、乱**

目前,我国的甘薯加工企业普遍存在着规模小、散、乱的现象,上规模的龙头产业化企业很少。农产品的加工靠规模效益,甘薯加工业也不例外。

**3. 高附加值的深加工产品少**

我国甘薯加工主要是淀粉、粉条、粉丝和粉皮的加工,精加工和深加工水平较低。我国年产甘薯淀粉200万吨以上,主要是粗制淀粉,而精制淀粉仅有4万吨,再将淀粉深加工成变性淀粉及其他化工、医药产品的比例则更小。

### 4. 产品开发的科研环节薄弱

涉足甘薯产业的企业多为民企,资金筹措渠道有限,因此资金投入不足。对甘薯加工的科学研究和开发来讲,企业很少,多数由高等院校和研究所来承担,但目前仍然很薄弱。

### 5. 甘薯产品缺乏统一的质量标准

随着生活水平的提高,人们越来越关心食品的质量,尤其是食品中的农残、添加剂等不安全因素。甘薯产业的发展,必须要靠产品标准来规范。譬如,甘薯粉丝中明矾是否允许添加、加量有何限制等,这些质量指标的不确定性也制约着甘薯食品的发展。

### 6. 甘薯加工企业缺乏品牌意识

有位企业家曾讲,企业靠产品本身赚钱是一分一分地赚,而靠品牌赚钱则是一角一角地赚,这足以表明品牌的重要性,但目前很多甘薯加工企业对此意识不够。

### 7. 加工设备落后,成套能力差,机械化程度低

许多甘薯加工企业的设备制作粗糙、效率低下、稳定性差,不符合食品加工的要求,而且多为单机,配套能力差。在我国的一些甘薯产区,机械化程度相当低,粉丝和粉条的加工过程大部分是手工操作,劳动强度大,产品质量不稳定,从而影响了甘薯产业的发展。

## 第六节 我国甘薯产业的市场前景

随着我国人民生活水平的提高,饮食观念也由温饱型向营养型、保健型转变,红薯及其茎、叶的保健功能开始逐渐被国内外人

们所关注,甘薯市场出现了新的商机。

**1. 食用前景**

甘薯营养丰富,用途广,按加工利用和食用,可将甘薯分为高淀粉型、烘烤型、蒸煮型、薯脯型、水果型、茎尖菜用型、饲用型和色素型等。各地多把烘烤型、蒸煮型和薯脯型列为食用型,把水果型和菜用型列为果蔬型。对高淀粉型、食用型、果蔬型甘薯的开发都存在着很大的商机。

现代研究表明,优质红心食用甘薯、紫色甘薯除具有一般甘薯的防癌、抗癌等保健作用外,富含胡萝卜素、花青素,能消除人体内的有害物质,增加人体抵抗力,是天然的长寿食品。近年来,世界卫生组织经过多年的研究,评选出13种最佳蔬菜,红薯名列第一。日本国家癌症研究中心公布20种抗癌蔬菜中也将红薯列在榜首。

鲜甘薯容易粉碎加工,方便提取淀粉。特别是甘薯淀粉,品质优良,仅次于绿豆淀粉,直接加工成三粉(粉条、粉丝、粉皮)透明柔韧,口感滑爽,耐煮性好;通过发酵可制造酒精、乳酸、柠檬酸、丙酮、丁醇、丁酸、味精、氨基酸等。

利用优质的红薯淀粉深加工为变性淀粉,是红薯综合开发的又一亮点。这种通过现代化技术深加工出来的淀粉与原淀粉相比,具有透明、黏度高、抗老化、稳定性好的物性和良好的保水性能,它广泛应用于食品、医药、化工和其他工业。目前,国内市场对各种深加工的红薯淀粉需求量为上百万吨,而国产量却不足一半。因此,在利用红薯加工变性淀粉方面,有着非常大的市场空间。

甘薯嫩茎尖经过精心烹制,柔软、味浓、爽口,食味超过现有大多数青菜。盐渍的甘薯叶柄,出口到日本后,再经精细加工制成精美小菜,很受欢迎。不经处理的鲜嫩茎尖、叶柄保质期很短,一般只有2~3天,如果采用保色、杀青、速冻或腌制等措施,加上真空包装,就可大大延长其保质期和销售期。也可将叶柄、茎尖制成开袋即食的食品,以满足快餐消费者的需求。甘薯茎尖和叶柄的保健作用,正在被更多的人重视,此类产品有较大的潜在市场。

**2. 净化淀粉**

净化甘薯淀粉,主要是指在粗制淀粉的基础上采用生物、物理及化学的方法,除去纤维、蛋白质、泥沙及色素等杂质后而得到的净化精制淀粉。以净化甘薯淀粉为原料生产优质甘薯粉丝。

在国际市场上,对净化甘薯淀粉和优质甘薯粉条的需求量较大。我国甘薯淀粉、粉丝因生产成本低,在国际市场上具有明显的价格优势。国内市场上,对精制甘薯淀粉、粉条、粉皮、水晶直条粉丝、方便粉丝的需求量也很大,尤其是西北、西南地区,不仅对甘薯淀粉制品的需求量大,而且价格高,因此生产洁白纯净的甘薯淀粉和优质粉丝有着广阔的前景。

**3. 变性淀粉**

变性淀粉是通过物理、化学或酶法处理,改变原淀粉的结构及物理性质,具有多种用途的淀粉。变性淀粉可广泛应用于食品、造纸、纺织、石油等多个行业。

**4. 营养保健淀粉制品**

进入21世纪以来,我国人民的饮食观念正在由温饱型向营养型、保健型转变,食品的单一功能向多功能转变。根据这一发展趋势,投资者可发展营养保健型淀粉制品来满足人们的需要。例如,在普通纯净甘薯淀粉中加入天然色素和蔬菜汁、果汁,可制成五彩营养粉丝、粉皮等;或加入菊花、何首乌、枸杞、三七、葛根、天麻、杜仲、山药等保健中药,可制成具有不同保健功能的保健粉丝和保健粉皮等。这样,不仅可满足不同人群的需要,还能使产品增值数倍甚至十几倍。

### 5. 新能源开发

利用甘薯的高产高淀粉特性生产清洁能源——酒精,是今后一个时期甘薯利用的新产业。据调查,每 100 千克甘薯蒸馏出 16 升酒精,每 2500 千克鲜甘薯可产酒精 400 升。

此外,红薯综合开发项目还有开发全降解无毒无害农用地膜、包装物、开发天然色素、休闲食品、功能性饮料、蛋白饲料及生物多糖、蛋白、黄酮、多粉类物质系列化产品等。红薯综合加工高科技产业化的发展,将有力地促进广大红薯产区的畜牧业、饲料工业、食品加工业、生物医药、化学工业、机械工业行业的发展,形成一业带动多业的良性发展局面,既有很好的社会效益,又有显著的经济效益。

# 第二章 甘薯的育苗技术

甘薯原产于热带,多年进化和适应的结果使其形成了喜热、怕寒的特性,但在多数薯区,所提供适于甘薯生长的高温季节时段是有限的,为了充分利用可生长的季节、回避寒冷等,需要事先育苗,进入生长时期立即栽播。

甘薯发芽能力很强,集中进行育苗便于管理,也提供了育苗的可能性。在甘薯生长的过程中,甘薯育苗是甘薯栽培种植的首要环节,多产苗、产壮苗,才能满足生产上的需求。在人为的保护下,提供利于甘薯发芽生苗的高温、高湿、光照、养分及防寒等条件。育苗在我国很多甘薯产区已经积累了大量的成功的经验。例如,严格挑选种薯,采用火炕加温,根据不同品种萌芽习惯决定排薯密度等。近年来由于甘薯秧苗商品市场的发展,对育成秧苗的质量不断提出更高的要求,也促进了现代新技术的采用,使甘薯育苗不断地向专业化、规范化发展。

## 第一节 甘薯的萌芽习性

甘薯是无性繁殖作物,但在一定的光照、气温条件下也能开花进行异花授粉结籽的有性繁殖,实践证明,用种子繁殖的后代分离现象严重,不符合高产优质要求,因而生产上只利用营养器官进行育苗繁殖。甘薯的茎节能萌发腋芽、生根结薯,所以茎蔓繁殖自古就在生产上应用。块根有潜伏的不定芽原基,可以萌发成薯苗,同时块根里营养物质多,可供薯苗生长,有利于培育壮苗,因此,甘薯育苗是以薯块为主。

**1. 甘薯块根的萌芽习性**

甘薯块根具有很强的根出芽特性,且没有休眠现象。在贮藏期间块根内部的生命活动仍在进行,只是由于缺少必要的生长条件(主要是温度),其外部生长才停止,这种生长停止的状态是属于强迫休眠,当有了萌芽所必需的条件时,就可以开始萌芽生长。

甘薯块根的不定芽是从不定芽原基萌发而来,不定芽原基是甘薯的育苗由起源于块根韧皮部的薄壁细胞分裂发展而成,它是幼芽生长点的基础组织。不定芽原基在块根膨大过程中就已经分化形成,它与皮孔伴生,其数量很多,为潜伏状态,因此也叫潜伏芽。

(1)不同品种的块根与发芽出苗的关系:不同品种的薯块,不定芽原基数量的多少、幼芽分化的快慢、营养物质转化的状况均有所不同。因此,萌芽的快慢、芽数的多少有很大差别,有的出苗快而多,有的出苗慢而少。

(2)薯块不同部位与萌芽的关系:薯块顶部具有顶端生长优势的特性,萌芽时,薯块内部的养分多向顶部运转,所以薯块顶部发芽多而快,约占发芽总数的65%左右;中部较慢而少,占26%左右,尾部最慢最少,仅占9%。薯块的阳面(在垄里向上的一面)发芽出苗数比阴面(在垄里向下的一面)多,因阳面接近地表,空气和温度等条件比阴面好,不定芽分化发育较多而好。

(3)薯块大小与发芽出苗的关系:同一品种,薯块大则薯苗生长粗壮,薯块小薯苗生长就细弱。据试验,125～250 克的中等大小薯块育出的薯苗与 250 克以上大薯育出的苗茎粗细相差无几,但 125 克以下的小薯育出的苗茎细弱,因此,生产上以应用中等薯块为宜。

（4）栽培季节、贮藏条件与发芽出苗的关系：贮藏条件的优劣对种薯质量有很大影响，一般采用高温愈伤处理贮藏的种薯，或在育苗前采用高温催芽处理的种薯，除有防病效果外，还能促进薯块不定芽原基的分化，因此出苗快，苗数多。贮藏期温度过低，不仅会延缓薯块萌芽的时间，降低萌芽的能力，还会因冷害导致种薯腐烂；贮藏期遭水浸泡或受湿害的薯块，萌芽晚而少，或不发根萌芽，随即坏烂。

**2. 影响薯块萌芽及薯苗生长的环境因素**

（1）温度：薯块的适宜温度在 16～35℃ 的范围内，如温度越高，其内部细胞组织里酶的活性越强，不溶性的养分转化为可溶性的养分越快，发芽出苗就快而多。16℃ 的温度为薯块萌芽的最低温度，最适宜温度范围为 29～32℃。如薯块长期在 35℃ 以上时，由于薯块的呼吸强度大、消耗养分多，容易发生"糠心"现象。温度超过 40℃ 时，容易发生伤热烂薯。

实践证明，苗床空间气温的高低直接影响薯苗的生长速度和素质，据观察，气温在 25～26℃ 之间，薯苗生长健壮，节间较短；气温在 25～30℃ 之间，薯苗一天能生长 2.25～3.00 厘米；气温在 31～35℃ 之间，薯苗生长速度加快，每天可生长 3.0～4.2 厘米，表现节间长，苗瘦弱；气温在 35℃ 以上，有抑制薯苗生长的作用，薯苗一天仅增长 1.5 厘米左右；在 45℃ 的气温条件下，正常生理过程受到破坏，薯苗不能生长。

总之，甘薯育苗的适宜床土温度是：从排薯、萌芽、顶土到齐苗，开始 4 天保持床土温度 35℃，其后 3～4 天保持 32℃ 左右，最后几天不低于 28℃。齐苗后 12～15 天，苗高 15 厘米左右，温度可在 25～30℃ 之间，不高于 32℃，也不低于 25℃。采苗前 5～6 天，床温降到 20℃ 左右。即掌握高温催芽灭病，平温长苗，降温炼苗,先催后炼,催炼结合的原则。

(2)水分:床土的水分和苗床空气的湿度,对薯块发根、萌芽、长苗关系密切,水分的多少还影响苗床温度和土壤通气性,因此水是甘薯育苗的重要条件之一。在薯块萌芽期以保持床土相对湿度和空气相对湿度均在80%左右,使薯皮始终保持湿润为宜。

实践证明,育苗温湿度正常,薯块先发根后萌芽,如温度适宜,水分不足,则先萌芽后发根或不发根,如床土过于干燥,则薯块既不生根也不萌芽。出苗后,床土水分不足,根系难以伸展,幼苗生长慢,叶片小,茎细而硬,形成老苗;水分过多,在高温条件下,极易引起徒长,组织柔嫩,栽后不易成活,因此在幼苗生长期间以保持床土相对湿度70%~80%为宜。为使薯苗生长健壮,后期炼苗时必须减少水分,使床土短期见干,相对湿度降到60%以下,能使薯苗苗壮,利于成活。

(3)空气:育苗时薯块发根、萌芽、长苗过程中的一切生命活动,都需要通过呼吸作用取得能量,氧气不足,呼吸作用受到阻碍,严重缺氧则被迫进行缺氧呼吸而产生酒精,由于酒精的积累引起自身中毒,导致薯块坏烂。因此,在育苗过程中,必须注意通气,氧气供应充足,才能保证薯苗正常生长,达到苗壮、苗多的要求。

(4)光照:在薯块萌芽阶段,光照对发根、萌芽没有直接影响,但光照强弱会影响苗床温度。强光辐射的能量大,苗床增温快、温度高,能促进发根、萌芽。出苗后光照强度对薯苗生长速度和素质有明显影响,光照不足,光合作用减弱,有机物质积累少,秧苗叶色黄绿,组织嫩弱,容易感病,栽后不易成活。因此,在育苗过程中要充分利用光照以提高床温,促进光合作用,使薯苗健壮生长。

(5)养分:养分是薯块萌芽和薯苗生长的物质基础,育苗前期所需的养分,主要由薯块本身供给,随着幼苗生长逐渐转为靠根系吸收床土中养分生长,一般采苗2~3次后,薯块里的养分逐渐减少,根系吸收的养分则相应增多。薯苗生长需要较多的氮素肥料,氮肥不足薯苗生长缓慢、叶片少、叶色淡黄，苗株矮小瘠弱，根系发育不良。因此，在育苗时应选用肥沃的床土并施足有机肥，育苗中、后期要适量追施速效氮肥，以补充养分的不足。

## 第二节 甘薯育苗

### 一、甘薯育苗前的准备工作

为了保证适时育足、育好薯苗，必须提前做好各项准备工作。

**1. 制定育苗计划**

育苗计划的制定应根据甘薯的种植面积，需苗的数量和时间，品种的出苗特性，以及育苗方法等情况来制定育苗计划。要掌握好排薯的数量和计划种植面积相符合，苗床面积和排薯的数量相符合，育苗所用的物料和苗床面积相符合。

甘薯的用种量，要根据栽插期、栽秧次数、密度、育苗方法以及品种出苗特性、种薯质量来确定。一般春薯每亩用种量约为60～75千克，出苗多的品种和用火炕、电热温床育苗的可减少到50千克左右。

苗床面积的大小应根据排种薯数量和排种密度而定。一般火炕育苗每平方米床面可排种薯23～27千克，温床育苗排种薯20～23千克。

**2. 备足物料**

根据苗床面积大小，备足育苗所需的物料。如塑料薄膜、草苫、酿热物、燃料、支架、砖坯、高粱秸、温度计以及其他用具等，以免临时筹措,贻误育苗时机。

**3. 选好床址**

床址应选择在背风向阳,地势平坦而稍高,排水良好,管理方便,土层深厚(达1~1.5米),靠近水源、电源(电热温床)和至少2年内没种过甘薯和做过苗床的地方。如苗床是永久性的,用前要严格消毒灭菌,床土更新,避免病害传播。

## 二、育苗方式

我国幅员广阔,各个薯区由于气候条件和耕作制度的不同,育苗方式、方法亦多种多样。

北方春薯区春季温度低,无霜期短,一年仅栽一季春薯,栽秧期一般在5月上旬,而育苗期最早在3月下旬,一般多在4月上旬。由于育苗时间短,要求出苗快,故多采用火炕育苗的方法。

黄淮地区春、夏薯区也因春季温度较低,春薯栽秧期从4月下旬开始,育苗期多在3月中、下旬。河南省及苏北、皖北等地区以温床或冷床覆盖塑料薄膜育苗为主。夏薯则采用露地育苗等方法。

### (一)太阳能阳畦育苗

太阳能阳畦育苗是将太阳能和生物能相结合的一种育苗法,即上靠太阳辐射的自然温度,下靠畜粪等有机物发酵的热效应保证种薯萌芽及生长。通常有蓄热地式、通气式、悬空式等。其优点是不用烧火、出苗快、出苗多、苗壮、省工、省料、简便易行,但如果遇到阴雨天气,则温度因受影响波动较大。下面以"悬空式"简易太阳能温床育苗法为例进行介绍。

选背风向阳处,可以利用农户房前,背靠农户火炕效果更佳,坐北朝南,挖长7~10米、宽1.5米、深0.5米床底,北侧在地面上砌高0.5~0.8米的墙(如在农户房前可利用房的前沿),东西侧砌成北高南低的斜墙,并在中间留0.3米见方的通气窗。地上用0.1厘米的棚膜覆盖严,池底摆人字型的砖,上面架木棍、蓬树枝或长秸秆,在上面铺0.2米的牛马粪或湿麦秸等,草上再覆3~5厘米细沙土,沙土上即可排薯。注意苗床同池的四周池壁在拐角处不相通,间隔为10厘米以上,形成一个小棚,在阳光充足时,棚内热空气可以从棚内上下四周被加热,从而达到苗床升温、促进出苗的目的。催芽阶段,晚上注意封严棚膜,必要时膜上加盖草帘、棉被等保温。短时阴雨天气,因苗床上的酿热物能产生一定的热量可以维持棚内温度。如果阴雨天气过长,要适当地在棚内用炉火加温。

## (二)酿热温床覆盖塑料薄膜育苗

酿热温床覆盖塑料薄膜育苗,是利用牲畜粪、作物秸秆、杂草等酿热材料发酵生热,结合利用太阳光的热能,来提高床温进行育苗。

**1. 酿热温床覆盖塑料薄膜育苗的优点**

建床简单省工、不用烧火,出苗较早,薯苗健壮,栽后成活率高。

**2. 建苗床**

苗床为东西向,其长度为6~7米,宽约2~2.5米。苗床的北墙高43厘米,南墙高7厘米(略高于地面),东西两头筑成北高南低的斜墙。在北墙的下部,每隔1.5厘米远留一个15厘米见方的通风眼,同时每隔1米处留一个放置木板的洞(便于采苗时支木板),高度与南墙相平。南北墙砌好后,将苗床深挖50~60厘米,坑底部当中略高,南、北两边略低,呈弧形,这样床边可多填酿热物,床温比较均匀。在坑底东西向离床边 15 厘米左右挖 2 条 17~18 厘米见方的通气沟,两条通气沟在东西两头各合成 1 条,并从墙下面通出墙外的地面,向上垒通气筒,东西两头的通气筒一高一低,有利于通气,在通气沟上横摆密放 30 厘米长的秸秆,然后即可填放酿热物。

### 3. 填放酿热物

酿热物发酵生热是由于微生物分解纤维素的过程中放出能量的结果。微生物的生活繁殖需要一定的养分(主要是氮素)、水分、空气和温度等外界环境条件,因此,应选用含纤维素多和一定量氮素的骡、马粪、作物秸秆、杂草等作为酿热物为宜。可采用铡碎的玉米秸、麦秸或杂草加入 1/3~1/5 的鲜骡、马粪(每床 150 千克左右)和水拌匀。加水的标准是:用手握紧酿热物时,手指缝里可见水而不滴出水为宜。将酿热物铺入苗床内摊平,然后加盖塑料薄膜,约经 2~3 天,当酿热物的温度上升到 35℃左右时,踩实酿热物,踩实后的厚度要有 20~25 厘米,在上填放 10 厘米厚的床土,即可排放种薯。放种薯后,覆盖塑料薄膜,四周用泥土封严。

## (三)室内高温催芽结合露地覆膜育苗

这种育苗方法是先将种薯集中在催芽室内进行高温催芽,然后在露地或冷床加盖塑料薄膜育苗。

### 1. 室内高温催芽结合露地覆膜育苗的优点

不受自然条件的限制,可以根据薯块萌芽所需要的温度进行催芽处理。温、湿度容易掌握,管理方便,出苗快而均匀,兼有火炕出苗多,露地育苗壮的优点。因经 34~37℃(3 昼夜)高温催芽处理种薯,可有效地防止黑斑病的蔓延,育苗期间不烂种薯,省煤、省工、省料,室内高温催芽,每千克种薯仅用煤 100 克左右。

**2. 室内高温催芽**

(1)建催芽室：根据当地条件就地取材建造，也可利用旧屋改装。

从保温的需要出发，催芽室的墙壁、屋檐要封严，不透风漏气，前后墙各开一个小通气窗，以便通风换气，调节室内的温、湿度。新建的催芽室最好在年前建好，以免临时建的屋子因室内湿度大、温度低、升温慢而浪费燃料。

催芽室的大小可根据需要确定，一般长4米、宽3米、高2米(到屋檐的高度)，这样大的催芽室，一次可装种薯2500～3000千克。加温设备一般采用地上式3道沟火道，中间主火道开始的一段约有1/3埋在地下，呈斜坡状逐渐上升露出地面，主火道的坡度稍陡，以利拔火，两边的回烟道稍平，都在地面上。火道的内径一般为23～27厘米。炉灶设在门外地面下，炉子和一般火炕的炉子相似，但炉膛要大，炉条长达60厘米，由7～9根组成，烟囱设在屋外，略高于屋顶。从屋门向里留1米宽的人行道，在人行道的两边搭堆放种薯的架子，下层的架子要比回烟道顶部高40～50厘米，以免种薯因离火道太近而热伤腐烂。从第一层架子向上，每隔50厘米搭一层架子，共搭3层，如用筐装种薯，只需在下面搭一层架子。

(2)堆放种薯：种薯有两种装法，一种是分层散装，把选好的种薯整齐堆放在各层架子上，薯堆高度一般不超过30厘米，每隔1米左右放一个通气筒，或直接在装种薯时留一个直径15厘米的通气洞，以利流通热气，使薯堆内温、湿度均匀。另一种是筐装，每筐约装种薯25～30千克，在底架上堆放3～4层筐。

(3)加水：堆放好种薯后，随即用温水淋透各层薯堆，如果种薯在出窖时有黑斑病，除严格挑选外，在催芽时先不淋水，等经过了昼夜高温处理后再淋水。催芽期间要保持薯皮潮湿，但也不能使薯堆经常处于水湿状态,以免影响薯块呼吸,引起窒息坏烂,要见湿见干,也就是发现薯皮变干时适当喷水。也可在薯堆表面撒盖些麦秸草等保湿材料,防止水分蒸发过快,薯皮过干。为了经常保持催芽室内的湿度和使用温水,可在主火道的一端安装一只大铁锅或水缸,以便随时取用温水。

(4)加温:装薯前烧火加温,当室温升高到20℃以上时,开始装薯,同时要烧大火,使装好的种薯,一昼夜内室温达到35~37℃,这样的温度可抑制黑斑病的发生。加温期间,要随时观察室温的变化,当室内上部空间气温达到40℃或上层薯堆表面达到38℃时,就可停火,待热空气对流,上下层温度基本一致后,再根据情况烧火加温。从温度稳定在35~37℃时算起,保持3昼夜,然后把室温降到32℃左右,薯堆温度不低于30℃,待薯芽长到1厘米时停火取薯育苗。如遇大风寒流或下雨不能排种薯时,可打开催芽室的门窗降低温度,控制薯芽生长,待天气好转后再取薯排种育苗。

(5)通气:催芽期间必须注意通气,以免种薯因缺氧而发生坏烂,一般可在中午气温较高时,打开通气窗进行短时间的通风换气。

(6)催芽时间:催芽时间因各地区的气候条件不同而异,一般可从当地常年开始栽插甘薯的适期向前推算,来确定催芽的时间。一般高温催芽需要8~10天,露地育苗需要25~30天,总育苗期35~40天。因此催芽期应在栽插适期以前一个多月进行为宜,过早催芽会出现"苗等地"现象,过迟则影响适期栽插。高温催芽和温水浸种一样,对种薯的质量要求很严格,凡是在贮藏期间受冷害的种薯,都不能进行高温催芽,因此必须强调严格选种。

### 3. 露地育苗

(1)建苗床:在准备催芽的同时要建好苗床,苗床的形式有两种,一种是菜畦式,可根据各地的地势做成高畦或平畦,排种薯后插好拱形架,盖上塑料薄膜;另一种是冷床式,在苗床四周砌好床墙,上盖塑料薄膜,苗床大小可根据育苗需要和塑料薄膜宽度而定,床土要经过深翻,施足底肥,整细整平,苗床四周要修好水沟,以利排灌。

(2)排种:催好芽的种薯,按发芽长短分别装筐,分床排薯育苗,排种量应少于一般苗床,每平方米约排种薯20千克,排好种薯后撒一层土,随即浇透水,然后盖床土,厚度以3~5厘米左右为宜,然后立即搭架覆盖塑料薄膜并封严四周。

### (四)大棚火炕育苗

**1. 大棚火炕育苗的优点**

火炕育苗能充分地利用时间,加快良种繁育速度,抵御低温影响,扩大繁种系数。一般的温床育苗,每千克种薯采苗30株,每亩生产田要留种薯100千克。火炕育苗每千克种薯采苗50~60株,每亩薯田需种薯50千克,而大棚火炕育苗每千克种薯采苗150~200株,每亩薯田用种20千克。同时出苗快、苗子壮。大棚火炕育苗采用人工加温,充分利用太阳热能,从排薯到采苗仅需25天左右,而且利于防治各种病虫害。薯苗带病少可提高成活率,且建造容易,成本低,排薯量大,一栋大棚可排薯1000~1300千克。大棚火炕育苗,薯苗质量高、健壮、带病虫量少,品种不易混杂。

**2. 苗床建造**

(1)选址:应建造在背风向阳、离水源近、灌溉方便的地方。

(2)温室(图2-1):大棚长10米、宽6米,后背墙高1.2米,西墙高1.5米,坐北向南。前沿插3根0.5米高的立桩搭方木架铺薄膜。后墙留3个通气窗,长0.4米、高0.25米。东西外侧墙各留一个同样大小的通气窗,通气窗平时盖紧保温,需降温时打开。

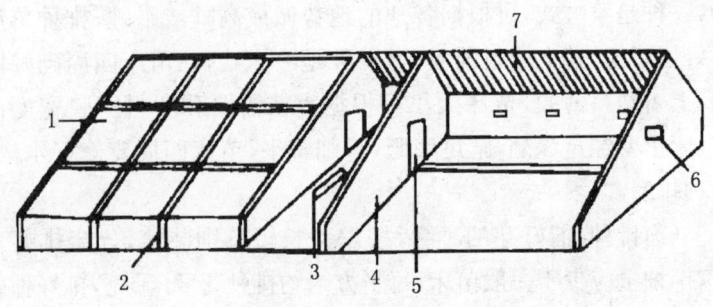

图 2-1 大棚火炕苗床
1. 大棚薄膜  2. 木架  3. 火炕位置  4. 内山墙
5. 门  6. 通气窗  7. 后坡草苫

内山墙各留一个高 1.1 米、宽 0.8 米的门,平时用草帘或棉帘盖紧保温。塑料膜下横放 3~5 道木杆钉成木架,顺大棚坡向固定 8 根棚杆,棚上用木条钉紧,或用铁丝、塑料绳等把薄膜网紧,北坡与向阳面交接处用草泥抹平抹严,盖在东西山墙外的薄膜用砖压紧并用泥抹严,以防大风掀膜。

(3)火炕(图 2-2):在内山墙外管理室内距墙 30~50 厘米处,挖一个 1.3 米×1.3 米、深 1.7 米的方形烧火坑,在坑内建一个煤、柴两用的吸火灶,炉膛建在墙外坑内,高 0.8 米、宽 0.5 米,炉渣口高 30 厘米,进火口与主火道接通,火道呈上坡型,坡度为 40°~50°左右,铺炉条 8 根,每根 80 厘米长。

(4)火道:在内山墙里,挖一条长 530 厘米、宽 24 厘米、中间深 90 厘米、两端深 60 厘米的主火道。主火道中间与炉膛连接处做一分火道,接主火道挖 4 条去火道、4 条回火道,每条火道宽 25 厘米,外边火道离墙 25 厘米,去火道与主火道连接处深 60 厘米,另一端拐弯深 30 厘米。回火道与去火道深 30 厘米,出烟囱口处深 20 厘米。在主火道与去火道沟墙两边距地面 25 厘米处,挖深 6 厘米、宽 5 厘米的小沟,横棚水泥瓦,糊麦草泥。把回火道铲成上

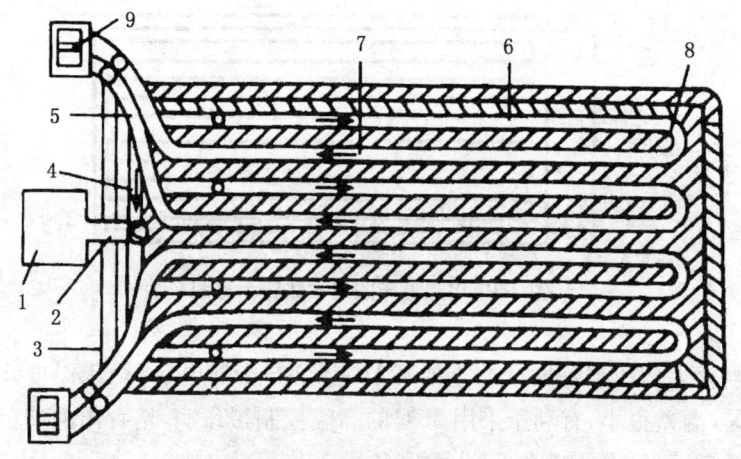

图 2-2　大棚火炕
1. 火灶　2. 火道　3. 内山墙　4. 去火道　5. 回火道出口
6. 去火道　7. 回火道　8. 拐角处　9. 烟囱

窄下宽的梯形,上棚树枝,用草泥抹严,建好后试火,严防漏烟或堵塞。

(5)烟囱:4条回火道尾部伸出墙外,向上建4个烟囱,直径20厘米,高1.3~1.8米,每个烟囱上备一块砖做调温时使用。

(6)铺粪:火道砌好后,先用细土填平火道上的沟,铺上20厘米厚的牛马粪,粪上盖3厘米的细沙土,做成南北小畦,即可排薯。

## (五)电热温床育苗

电热温床(图 2-3)是在苗床内铺设电加温线,通电后发出热量来提高苗床温度的温床。因此电热温床的选址应首先考虑电源及其安装利用条件。

**1. 电热温床育苗的优点**

(1)温度均匀,薯苗健壮。目前生产上控制甘薯黑斑病危害,

图 2-3 电热温床的铺设线路示意图

培育无病壮苗是增产的重要环节,电热温床通电后,全床温度均匀,温差很小,有利于采用 35℃ 的高温控制黑斑病,培育出的秧苗无病,而且出苗整齐,出苗数也多。

(2)升温可靠,便于管理。电热温床在保温良好的条件下,每小时可升温 1~2℃,比火炕升温快,如使用控温仪,可以自动控制床温,方便可靠,还能节电、省工。

(3)节省人工,降低成本。

**2. 电热温床所需用品**

(1)电加温线:为外包漆皮的 0.6~0.9 毫米的镀锌铁扎丝,是电热温度的主要设备。

(2)温度控制器:在一些不很寒冷的地区,也可不用温度控制器,而用电开关控制。

(3)其他:如保险丝、闸刀以及隔热材料(如碎草、麦糠、树叶、稻壳等)。

**3. 电热温床的建造**

当确定好床址后,可根据电热线的功率确定苗床面积。因电热线的功率是额定的,如果苗床面积过大,则达不到所需功率;面积过小又不能充分发挥电热线的效率。实践经验认为,每平方米苗床以 100 瓦左右的功率为适宜。电热线表面的温度不高于

40℃。目前用于苗床的电热线主要有长 100 米、功率 800 瓦和长 160 米、功率 1100 瓦两种型号,可根据所需的苗床面积进行选购。如种亩的大田可选用 160 米、1100 瓦的电热线,建 11 平方米左右的苗床即可。

苗床面积确定之后,一般苗床长 6.3 米、宽 1.5 米、深 23 厘米。床墙高 40 厘米,厚 6～23 厘米。床底填 13 厘米厚的碎草,草上铺一层牛马粪,或把碎草和牛马粪等酿热材料加水掺匀填放在苗床底层,在酿热层上铺 7 厘米厚过筛的细土,踩实整平。在隔热材料上铺湿润细土 3～4 厘米厚,踩实、耙平。

**4. 铺线**

(1)检查电热线有无漏电现象:其方法是从电热线一头往另一头仔细观察,查明有无线皮破损、线芯外露的现象。

(2)检查电热线是否能通过电流:通常可以使用万用表的电阻挡,表针动说明通电。也可用灯泡检查,灯泡接通后出现较弱的灯光即通电。

(3)铺线:铺线前首先根据电热线长度和苗床长度算出电热线在苗床中的往返匝数,根据匝数算出线距。然后准备 2 块长与床池宽度相等的木板,按算出的线距,在木板上钉好钉子,钉子半露在外面。钉好后将木板固定在床地两端,即可开始布线。如挂线不用钉钉子木板,也可用小木桩直接插在床地两端。布线时电热线两端的红色接线要拉出床外,不可埋入土中。布线自床地靠近电源一端的角上开始,将电热线在第一个钉上(或木桩上)固定,再往返挂在两端木板钉上,注意要将电热线拉紧,电热线不得有交叉、重叠,以防烧坏、短路。所接外线要与电热线功率适应,同时不得随意将电热线剪短或接长,以免因电阻改变影响功率而发生事故。

布线完毕应接通电源,检查线路是否畅通,如无故障时,切断电源,再在电热线上面覆盖7厘米厚床土,将线压住,取出两端木板或小木桩。随即浇水、覆盖塑料薄膜和草苫,通电加温达到要求的温度后进行排种。至于布线距离,则根据需要而定。如要求升温快,则线距缩小;反之,线距可放大。大床可布2根电热线,进行并联(电压220伏);或用3根电热线进行星形联结(电压380伏)。

幼苗育成之后,起苗时注意不要踩坏电热线,起线时要用木板轻轻刮掉线上的土,然后缠好,悬空吊挂,以防老鼠咬坏电热线而发生漏电,一般每条电热线可使用3~4年。

**5. 电热线应注意事项**

(1)电热线不能直接布在马粪等酿热物上,以免烧线。

(2)在进行测温或管理薯炕时,应先停电。

(3)苗床排种前,要做通电试验,若指示灯不亮或电线不热,须查清原因,及时补救。

(4)若电热线外皮有破损之处,要包上塑料绝缘胶布,以防烧焦。

(5)育苗结束收线时,要先清除炕上,再把电热线绕在板上。禁止用铁锹挖炕上,亦不可硬拉电热线。取出电热线后,应洗净、包好,以防老化。

## (六)甘薯脱毒育苗

脱毒甘薯是利用生物技术将甘薯内的病毒清除出来,并培育出健康无病毒的甘薯和秧苗,恢复优良种性,提高产量和品质。

目前我国主要采用"组培育苗"的技术,进行茎尖脱毒薯种繁育措施。

**1. 试管苗快繁**

试管苗可在试管培养基中切断繁殖,也可在防蚜虫温室或网室内栽培于无菌基质上,以苗繁苗,其性能与试管苗无异,以求短期内获得大量脱毒苗。具体方法是把试管内无毒小植株在无菌条件下按节切断,每段一叶,然后插到经消毒的烧瓶内或试管中,放在21～25℃、光照4000勒克斯的环境中培养,可发育成51～60厘米的独立小植株。这样的小植株可自切段繁殖,可一年四季进行,形成工厂化生产。

**2. 嫩尖土壤扦插法**

在温室中的植株长出8～9叶时,把茎尖摘去,让每个叶芽长出分支,就可以摘下顶部4～5个嫩尖(长5厘米左右),下部保留3～5节,让它们继续形成侧枝,准备摘尖再扦插,以此类推,连续处理。

**3. 掰芽育苗法**

首先把脱毒种薯放在温室中催芽,出芽后按芽切块,然后将切的芽眼朝上,插到肥沃的土壤中并加强管理。当芽长4～5厘米时,将芽掰下栽入温室或大棚中。采用加温育苗、二级圃育苗、双叶节栽植、多级剪苗、多次栽植、蔓尖苗越冬等方法,以提高繁殖倍数,降低成本。温室内繁殖成本较高,主要用于驯化繁殖脱毒试管苗,不能作为繁殖的主要手段。

由于我国幅员辽阔,气候、土质、耕作制度和经济物质条件不同,育苗期及育苗方法各异,上面介绍的方法,应根据本地区的具体情况参考选用。

## 第三节 选种和排种

凡使用薯块育苗的地区,建好苗床以后,就着手进行一系列的育苗活动。包括种薯的选择,排种时间、排放密度、数量和方法等,都和育苗的成败有直接关系。

**1. 计算好育苗时间**

育成薯苗的时间要与大田栽插时间相衔接,过早过晚都不好。用火炕或温床育苗的地方,一般掌握在当地栽插适期前 25～30 天排种。长江流域春季较温暖,温床育苗在 3 月上旬排种,露地育苗期一般在 4 月初开始。南方夏、秋薯区和秋、冬薯区,用薯块育苗的排种期在 2 月中旬。

**2. 种薯的标准**

甘薯育苗时选择种薯能有效防止品种混杂、变劣和病害蔓延,同时也是防止烂床的方法之一。选择种薯的标准是:具有原品种的皮色、肉色和薯块形状等特征,皮色鲜亮光滑,薯块较整齐均匀,无病无伤,没有受冷害和湿害(受冷害的薯块头尾干枯,薯皮破伤处凹陷,薯肉灰暗,有水湿现象,肉有黑点;薯肉鲜亮有白浆的表示正常)。种薯要求做到出窖时选、浸种时选、排薯时选,尽量剔除病、伤和不合标准的薯块。

**3. 种薯处理**

为了提高种薯的抗病能力,预防黑斑病,排薯前应进行温水浸种消毒。温水浸种的方法是先用 56～57℃ 温水预浸 1～2 分钟,然后在 51～54℃ 温水中保持 10 分钟,浸种时要严格掌握水温和时间,注意种薯初下温水时要不断上下翻动,使其受热均匀,如果水温过高或时间过长会烫伤种薯,水温不够或时间不足,则起不到应有的杀菌作用。或用 300 倍代森按药液浸泡 10 分钟,也可用 5‰多菌灵 500～800 信液浸种 5 分钟。在茎线虫发生地区,应用 4‰甲基丙磷 100～500 倍液浸种 5 分钟。

**4. 适时排薯**

甘薯育苗的排薯期因各地的气候条件、栽培制度、栽插期而不同。一、二茬苗在谷雨前后栽插为宜。排薯的方法有斜排、平排和直排三种。用火炕或温床育苗多采用斜排种薯的方法，斜排是以薯头压薯尾1/3，这样薯块中上部发芽多，且易出土，薯苗健壮，但不可压得过多，以免单位面积排薯量过多，薯苗过密，影响苗质；平排种薯的优点是：薯芽分布均匀而不密集，利于培育壮苗，在露地育苗时可以采用；直排种薯上部发芽多，中部发芽少，因单位面积上排薯量大，薯苗密集不健壮，除特殊情况外，一般不宜采用。排薯时注意分清薯块的头尾，不能排倒，否则种薯出苗少，出苗晚，也不整齐。一般薯块上头（顶端）的皮色深，肉色也深，浆汁多，细根少；下头（尾端）的皮色浅，细根多，细根伸展的方向朝下。由于薯块大小不同，因而要分类选择，分别排薯，大薯密排，小薯稀排，并掌握上齐下不齐的排薯原则，使薯块顶端在同一水平面上，这样才能使床土盖得厚薄一致，出苗均匀整齐，便于苗床管理。

**5. 浇水盖土**

排薯后用细土（最好用细沙）薄薄覆盖一层，然后用水（最好用40℃左右的温水）将床土浇透，等水下渗，用木锨在种薯上轻轻压一下，再覆盖沙土4～5厘米厚，最后加盖塑料薄膜，四周用土压紧，夜晚加盖草苫，以利提温保温，而后要根据天气情况及薯块萌发长苗所需条件进行管理。

## 第四节　苗床管理

培育壮苗要正确地运用温度、水分、空气、肥料等条件，掌握以催为主，以控为辅，催控结合，看苗管理的原则。苗床管理分萌芽前及长苗期两大阶段。不同的阶段采取相应的措施，才能培育出好苗、壮苗。

# 一、日常管理

## 1. 保持不同时期的适宜温度

火炕和温床育苗的管理,应以控制温度为重点。育苗期的控温分为三个阶段:即前期高温催芽、中期平温长苗、后期低温炼苗。

(1)前期高温催芽:从种薯下床到幼芽出土约7~8天时间。实践证明,16~37℃的范围内,床温超高,萌芽越快,出苗越多。所以,排薯前必须提前升温,待床上5~7厘米达到25℃以上时即可排薯,种薯下床给足水分覆膜。然后连续提温,但上升到37℃时应控制温度,保持适宜的温度。晴朗天、风天停火,并在早8~9点揭开草帘,采光提温,并用工具轻拍,抖掉薄膜上的露滴,提高透明度,大约经过10个昼夜的精细管理,就能顺利出苗。齐苗后,一般不再人为地加温。注意床上湿度,在含水量低于16%时可用45℃温水喷洒催芽。这个阶段关键是高温,管理温度波动幅度不能超过10℃。

(2)中期平温长苗:从出苗到齐苗约用8天时间,要注意水、温、气的管理,床土绝对含水量不能低于17%,温度应保持在35~38℃为宜。从齐苗到剪头茬苗,前3天是薯苗快速生长阶段,薯块内存养分已逐渐被消耗,要适量追加肥水。苗高4厘米时,结合追肥浇大水1次,促苗速长。方法是先用清水泼洒苗床后,再用3%的尿素液或5%的硫酸铵肥液进行泼浇,然后继续泼清水后覆膜,使床上绝对含水量保持在13%~15%,温度在30℃左右,最低不能低于25℃,最高不超过35℃。用遮荫、放温的方法降温,但放温不能过猛,待光照减弱自然降温时,再把通风口盖严。

在第一次采苗前3天到栽完春薯约16天是练苗采苗期,注意促控结合。具体的做法是:苗高24厘米时,选择晴天无风的傍晚,打开通风口通风,促苗健长。经过24小时后,再揭开棚膜练苗48小时,即可剪头茬苗。剪苗后,追肥浇水,以后管理同上,直到栽完春薯。

从春薯栽完到夏薯栽完约45天时间。由于气温已升高,不再盖膜。为使夏薯苗苗壮,栽完春薯后加盖一层营养土,这段时间内需追2次速效化肥,浇4次水。

(3)后期低温炼苗:接近大田栽苗前3~4天,把床温降低到接近大气温度,温床停止加温,昼夜揭开薄膜和其他防寒保温设施,任薯苗在自然气温条件下提高其适应自然的能力,使薯苗老健。使用露地育苗和采苗圃的地方,只要搞好肥、水管理,不使生长过旺就能育成壮苗。

**2. 正确测量温度**

既然育苗的不同时期对温度有不同的要求,准确测量温度则十分重要。市售的温度计误差较大,购后应到当地气象部门或农技站校正后再用。测温点应分别设在苗床的当中、两边和两头,其中火炕的高温点是回烟口(主火道的出火口)。为了测准温度,应在整个床面多测几个点。从床头到床尾,沿两边和中间,每隔1米左右测一点,找出全床的高温点和低温点。如发现温差过大,不要忙于排种,对苗床检查,找出原因采取措施补救。温度计要插在床土中间。已经排种的应插在种薯下面的床土中,经过2~3分钟稳定后进行观测。测温时间为每天早晨、中午、傍晚各1次。火炕苗床烧火前和停火后,都应测量温度。特别是盖薄膜的苗床,包括露地育苗盖膜的在内,在晴天的上午10点至下午2点之间,要注意测量膜内空间温度变化。因为这个时期是膜内高温期,可能伤苗。测温后,根据全床温度变化,采取相应增温、保温或降温措施。

**3. 浇水**

根据薯苗生长的需要和床土干湿情况浇水。排种后盖土以前要浇透水,然后盖土,出苗以前看情况可不浇或少浇。出苗以后随着薯苗不断长大和通风晒苗,耗水量增加,适当增加浇水量,等齐苗以后再浇一次透水。采过一茬苗后立即浇水。但在炼苗期、采苗前2～3天一般以晾晒为主,不需要浇水。掌握高温期水不缺,低温炼苗时水不多,使床土经常保持床面干干湿湿,上干下湿。育苗前期气温低,浇水的时间选在上午,后期气温高改在早晚浇。

酿热温床浇水不同于火炕,以浇透床土为原则,水量要少,次数多些,浇水过多会影响酿热物发热。露地育苗除在排种时浇透水以外,一般不再加水,以免影响地温,一般是每采一茬苗浇一次透水。

### 4. 通风、晾晒

通风、晾晒是培育壮苗的重要条件。薯芽出齐以前,在高温高湿少见阳光的环境里生长,组织脆嫩,经不住风吹日晒,一遇到高温、强光、大风就会发生"干尖"现象。为了保证薯苗不受损伤,在幼苗全部出齐、新叶开始展开以后,选晴暖天气(避开低温天气)的上午10时到下午3时适当打开通气洞或支起苗床两头的薄膜通风,剪苗前3～4天,采取白天晾晒、晚上盖的办法,达到通风、透光炼苗的目的。注意中午强光照晒下,不要揭得太急过猛,以免伤苗。在整个育苗期,都应适当通风供氧,不能封闭过严。

在苗床上盖草或牛、马粪的情况下,薯苗出土以后,要逐步分期分层去草、去粪,并松土,以免幼苗在草、粪掩埋下引起徒长。随着幼苗长大,最后保留一薄层粪、草,有利于保温、保湿、防寒,使幼苗由嫩转壮。

### 5. 追肥

种薯本身和床土中的养分供应日益减少,为了满足薯苗不断生长的需要,需追肥。追肥的数量、方法、次数和时间要根据育苗的具体情况来决定。火炕和温床育苗,排种密度大,出苗多,应当每剪(采)一次苗结合浇水追一次肥。露地育苗和采苗圃,因生长期较长,需肥量也多,应分次追肥。肥料种类以氮肥为主,如饼肥、氮素化肥或人畜粪尿等。采用直接撒施或对水稀释后浇施的方法,追施化肥要选择苗叶上没有露水的时候,以免化肥黏叶,"烧"毁薯苗。如果叶片上有残留化肥,要及时振落或扫净。如追施尿素,每10平方米一般不超过250克。追肥后立即浇水,迅速发挥肥效。

有些地方在苗床上增加营养土,以补充因采苗次数较多造成的床土缺肥。增加营养土可促进苗基部生根,吸收营养土的养分,助薯苗生长。营养土用筛过的肥沃土壤加入一些腐熟有机肥,分几次撒在薯苗基部,增加床土的厚度,达5厘米为度。

### 6. 采苗

薯苗长到25厘米高度时,要及时采苗,栽到大田(或苗圃),如果长够长度不采,薯苗拥挤,下面的小苗难以正常生长,会减少下一茬出苗数。采苗的方法有剪苗和拔苗两种。剪苗的好处是种薯上没有伤口,减少病害感染传播,不会拔松种薯,损伤须根,利于薯苗生长,还能促进剪苗后的基部生出芽,增加苗量。因此,酿热温床、冷床和露地苗床,都应使用剪苗的方法。火炕床的薯苗密度大,苗也不高,剪苗比较困难,多采用拔苗的方法,种薯伤口增多,要注意苗床防病。

### 7. 选择壮苗

培育壮苗是育苗的基本要求。壮苗的组织充实,根原粗壮发达,栽后成活快,抗逆性强,产量高。据研究结果指出,一级壮苗的产量比二级苗高10%以上,三级弱苗减产约10%,栽后的小株率也显著增多。

壮苗的标准,综合各地经验,主要是苗龄30~35天,叶片舒展肥厚,大小适中,色泽浓绿,100株苗重750~1000克,苗长20~25

厘米,茎粗约5毫米,苗茎上没有气生根,没有病斑苗株挺拔结实,乳汁多。因此,采苗时不能采取不分好坏有苗就剪的办法。每次采苗量较多,不可能棵棵是壮苗,这就需要在剪后把壮、弱苗分开,分别连片栽插,以便看苗情进行管理。

## 二、育苗期间异常现象的解决

### 1. 春种薯

(1)薯块不发芽,顶部爆花开裂:原因是温度高,水分少。解决的办法是降低床温至32℃,泼浇32～33℃的温水。

(2)薯块长期不发芽、不生根、没有变化:原因是温度低,水分不足,或种薯浸水过久受水害。解决办法是提高床温,泼浇38～40℃的温水。若种薯是受过水浸的,应将种薯换掉。

(3)种薯皮褪色变暗如烫伤,或者烂掉:原因是浸种时水温过高、时间过长,或炕温超过40℃。解决办法是换种薯,轻者改用冷床加薄膜育苗。

(4)床土湿润,床面点片发生丝状物,有时丝上有小露珠,种薯软腐:原因是种薯受软腐病浸染(种薯受伤、受冻、水浸后易感染)。解决办法是另建苗床,或清理后更换新床土,重新育苗。

(5)薯块无白浆,肉色变暗,手挤流清水,薯心有黑筋:原因是种薯曾因温度过低受冷害。解决办法是更换种薯,重新育苗。

(6)种薯粉湿,有凹陷软腐斑点:原因是温度过高,床上水分多,不通风,氧气不足,在高温高湿情况下会加速种薯腐烂。解决办法是更换种薯,注意通风换气,保证苗床湿度适宜。

### 2. 春幼芽

(1)幼芽萌发后生长缓慢:原因是温度低或种薯有病。解决办法若温度低,则加温;若有病害,则更换床土和种薯,重新育苗。

(2)芽基部有黑色斑点:原因是感染了黑斑病。解决办法是更换床土和种薯,重新育苗。排薯时应先进行温汤浸种灭菌或药剂处理。

(3)出芽不整齐:原因是苗床温度不均匀。解决办法是调剂温度。

(4)根多芽少:原因是温度偏低,湿度偏高。解决办法是加温,注意通风。

(5)根少芽多:原因是温度偏高,水分不足。解决办法是泼浇30℃温水,增加苗床湿度。

(6)芽尖枯黑:原因是苗间温度高、湿度小、芽触及薄膜,或在高温下猛揭膜或遭干风吹,使顶芽烫伤或急剧脱水干枯。解决办法是注意浇水,逐渐揭膜降温,膜内气温控制在22～28℃。

(7)发芽不多,生长不良:原因是肥料、水分不足或种薯有病。解决办法是立即追肥,泼浇温水,或另建床育苗。

3. 春茎叶

(1)叶片小而薄,叶色黄化:原因是种薯受轻度冷害,苗床温度低,种薯过小或施氮肥不足。解决办法是加温或追施氮肥。

(2)叶失或叶缘枯焦,叶全部内卷枯死:原因是突遭大风吹或霜害,叶片沾有化肥未冲净。解决办法是加强肥水管理,促进薯苗生长。

(3)苗尖突出,展开叶向上直伸:原因是高温、高湿造成徒长。解决办法是逐渐揭膜通风,控制肥水。

(4)叶片皱缩,凹凸不平:原因是发生了病毒病。解决办法是挖掉病苗薯块,拔除病株。

(5)大面积叶黄,生长缓慢,最后死亡原因是感染了黑斑病。解决办法是重新建床育苗。

(6)叶背面生半透明动状物:原因是高温高湿,通风不良,感染了黏菌核病。解决办法是通风,用70%甲基托布津可湿性粉剂800倍液喷洒。

(7)苗细,节长而茎软嫩:原因是种薯排得过密,薯苗拥挤,湿度大。解决办法是采取疏苗、通风措施。

(8)苗粗,节长而嫩:原因是高温高湿。解决办法是采取通风、降温、散湿措施。

(9)苗细,节短茎硬:原因是温度低,肥水不足,炼苗时间过长,形成了"小老苗"。解决办法是增温,追施氮肥,浇水,按时采苗。

(10)茎节气生根多:原因是湿度大,通气性差。解决办法是通风,换气,散湿。

**4. 看根**

(1)下部白根过长:原因是排薯后覆土过厚。

(2)根须发黑、腐烂:原因是黑斑病所致。解决办法是另建苗床育苗。

(3)种薯发芽不扎根:原因是水分不足。解决办法是浇水。从生产角度看,当有些异常现象出现时,采取重新育苗的措施,势必导致大田栽期推迟。因此,对照上述可能出现的问题,及早采取有效的预防措施。

# 第三章 甘薯栽培技术

由于我国地域辽阔,自然环境差异较大,甘薯的栽培方式多种多样。按照地理位置和栽培季节可分为北方春薯、黄淮海流域春夏薯、长江流域夏薯、南方夏秋薯和南方秋冬薯;按栽培制度分为单作、间套作;按栽培方式可分为垄作和平作,垄作又可分为单垄单行和单垄双行或多行;按保护地有否可分为露地栽培和保护地栽培,保护地栽培又可分为地膜单层保护和大、中棚加地膜的双层或多层保护地栽培;同一地块一年内按照收获次数可分为单季薯、双季薯和三季薯等。由于保护地栽培的普及,在华北温带地区双季薯栽培也获得了成功。

## 第一节 甘薯大田栽培

### 一、甘薯的大田选地与整地

#### (一)大田选地

甘薯适应能力很强,对土壤条件要求不甚严格。但要保证高产稳产,薯田必须具备耕层深厚、地力肥沃、质地疏松和保墒蓄水良好等基本条件。

### 1. 耕层深厚

耕层深厚的土壤能贮存和提供更多的水分、空气和养分,有利于甘薯根系伸展。甘薯的根系可下扎1米以上,但80%的根系分布在30厘米左右的耕层内。土层0~5厘米处水分不足,薯块难以生长;25厘米以下通透性差,会影响薯块膨大。实践证明,耕层深度30厘米左右为好。超过30厘米对增产作用不大,如果耕层不足20厘米,应采取起垄,以创造条件保证甘薯生长的需要。

### 2. 通透性好

甘薯根系的生长和块根的形成及膨大,都需要充足的氧气。耕作层疏松,土壤中空隙多有利于通气。据有关资料分析,土表0~15厘米的空气比率(即空气占据空隙度)以30%为宜,过高水分不足,过低氧气缺乏,不利于甘薯生长。

### 3. 肥沃适度

实验证明,甘薯对钾素需要量较多,对磷素需要量较少,但都需要满足供应。土壤中的氮素必需适当,如果氮素过量,会造成茎叶徒长。据试验观察,土壤中水解氮含量超过70毫克/千克,甘薯地上部分容易徒长。

### 4. pH 情况

甘薯对土壤的酸碱度要求为 pH4.5~8 均能生长,pH6.5~7.5 最为适宜,否则有产量降低的趋势。土壤中含盐量如超过 0.2%,便对甘薯生长不利。

### 5. 保墒性能

甘薯多种于旱地,降水是其生长需水的主要来源。最大限度地积蓄水分、减少消耗、增加土壤蓄水量,合理使用地下水是甘薯增产的重要措施。搞好农田基本建设是土壤保墒蓄水的基础。如山区筑梯田、平原深耕高垄,栽种前耕地、耙地、压地,及其生长期间中耕等措施,都能起到良好的保墒作用。

可见,甘薯虽然适应能力很强,但仍需满足较充分的条件要求,才能达到高产、稳产的目的。一般来讲,砂型土地较适合甘薯生长,但是,通过合理的耕作改善土壤条件,实行科学施肥、管理,可在更宽的土壤条件范围取得理想的收获。

### (二)大田深耕起垄、施肥

深耕一般结合甘薯整地分层施基肥时进行。

**1. 作垄方式**

我国甘薯生产主要采取垄作栽培方式。除土壤沙性太强或陡坡山地靠深耕深翻采用平作外,一般的土地都宜垄作栽培。垄作栽培具有加厚土层、增加土壤孔隙度、改善通气条件、吸热散热加快、昼夜温差增大的优点。另外,垄作增加土表面积,改善下层叶片通风透光的条件,减少黄叶、落叶,有效地延长叶片功能,同时也有利于排水和灌溉,免受涝灾、旱灾的影响。根据不同的栽培条件,垄作可分为小垄单行、大垄双行、大垄单行等形式。

(1)小垄单行:在地势高、水肥条件比较差的地方较多应用。一般垄距70~80厘米,高20~25厘米,株距15~20厘米,每垄插苗单行。此法植株分布比较均匀,茎叶封垄较早,但因薯垄低小,抗旱、抗涝能力较差。

(2)大垄双行:在土质较好、土层较松的平地上,用大垄双行栽培优势较大。垄距90~120厘米,高30~35厘米,株距25~30厘米,垄上插双行薯苗。密度依品种要求确定,一般可达到每亩4000株,产量较小垄单行提高10%左右,其增产的原因在由于大垄双行株距加大,密度增加,分布较合理。在无霜期较短的北方,大垄双行也适于应用地膜覆盖等技术。

(3) 大垄单行：垄距达到 100~120 厘米，株距适当缩小到 20~25 厘米，垄高 30~35 厘米。由于垄高沟深，便于排灌，使结薯层保持通气状况，在易涝多雨年份，增产效果比小垄单行好。在生长期长、灌水次数多的情况下，以采取大垄单行密植为好。

**2. 深耕**

深耕起垄栽培，能改善土壤的理化性质。垄突出地面既有利于雨季排水，还有利于有机物质分解，并且能使白天吸热快，提高地温，夜间散热快，昼夜温差大，有利于甘薯生长和根系积累养分。

薯田耕作深度以 30 厘米左右为宜，可利用拖拉机、开沟机、扶垄机等机械，春薯应在冬前按垄距开沟，加深沟底，进行风化，早春施入有机肥，并使土肥混合，破假垄封沟成垄。冬耕宜深，春耕宜浅。土壤湿度过大时不宜深耕，深耕与改土相结合，上黏下沙的黏土地可翻沙压淤，上沙下淤地则翻沙压淤。

做垄要因地制宜，或土地、地势低洼易涝地及地下水位高、土壤肥水高的地块和生长中、后期雨水偏多的地区，宜做大垄、高垄，垄距 1 米左右，垄高 25~33 厘米；在地势高或沙质上。土层厚或肥力较差的地块，宜做小垄，垄距 65~80 厘米，垄高 20~25 厘米。丘陵旱地为了积蓄夏、秋雨水，可采用冬前深耕随耙，提早起垄；岗坡地沿等高线起垄打格子，在沟内每隔 2~3 米打一个土格，以利于蓄积雨水，防止地面水土流失。垄作质量要求：垄距均匀，垄直，垄面平，垄立松，土壤散碎，垄心无漏耕。春薯在湿润地宜随栽随起垄，易干旱地应趁墒及早做垄。夏薯随施肥、随耕作、随起垄。

**3. 施基肥**

甘薯的施肥原则为以农家有机肥为主，化肥为辅；以基肥为主，追肥为辅；追肥以前期为主，后期为辅。农家肥料中厩肥、堆肥、绿肥、土杂肥、草木灰和饼肥等，多属于完全肥料，含有甘薯所需要的多种营养，含有机质较多，施入土壤后在分解过程中产生的腐殖质可提高土壤肥力,能增加沙土的利性和保水、保肥的能力,还可使黏土变得疏松,改善黏土的通气性。施用农家肥料不但能给甘薯提供所需的养分,还能培肥地力,改良土壤的不良性状。另外,我国北方春甘薯生长期较长,生长前期的气温较低,雨水较少,肥料分解缓慢,重施基肥才能提高甘薯的产量和肥料的利用率。

(1)施足基肥:甘薯虽具有耐瘠的特性,但其生长期长,吸肥力强,消耗土壤中的养分多,必须施足基肥(底肥),才能充分发挥其高产特性。由于甘薯一般多种在砂性土壤地上,习惯上施肥又少,加上连作,土壤中的养分含量少,是限制甘薯产量不能大幅度增加的主要因素。基肥施用量与产量的关系,据几年来的调查显示,一般每亩产鲜薯1500～2000千克,要施腐熟的农家肥2500～3500千克;每亩产鲜薯2500～3500千克,要施腐熟的农家肥5000～7500千克;每亩产鲜薯4000～5000千克,要施土杂肥9000～13 000千克,同时施入过磷酸钙25～40千克、草木灰100～150千克。为了提高肥料施用的效果,应根据土壤肥力、肥料种类有效成分的含量和栽培品种等合理掌握用量。一般在瘦地要多施,肥地要少施;含养分低的肥料要多施,含养分高的肥料要少施;耐肥的品种可多施,不耐肥的品种要少施。

(2)基肥的种类:高产田宜使用土杂肥、炕洞土、草木灰、过磷酸钙等含氮较少的肥料为基肥,才有利于控制茎叶徒长;而缺氧严重的沙土,茎叶生长不良,要增施猪粪、坑泥和人粪尿等含氮较多的肥料为基肥。

应用速效肥作基肥对甘薯的增产效果:每亩施5～10千克尿素,平均每1千克尿素可增产鲜薯60千克;在缺磷地块(含速效磷5毫克/千克左右),每亩施过磷酸钙20～25千克,平均1千克过磷酸钙增产鲜薯65千克;每亩施草木灰100～150千克,平均1千克草木灰增产鲜薯2千克左右。

甘薯高产栽培要求施用大量腐熟的秸秆或杂草沤积的土杂肥

为基肥,这种肥含有的养分全、肥效长、肥效稳,含氮少而磷、钾多,并能改善土壤的理化性状,更好地协调甘薯地上部与地下部生长的矛盾,最终获得高产。

(3)基肥的施法:高产田施基肥多,应当深施与分层施肥相结合。磷肥的溶解度低,磷酸离子在土壤中扩散慢,因此,磷肥要深施,多施于甘薯根系集中的25～30厘米土层内,肥料利用率才能高。粗肥、迟效肥同样要深施,细肥、速效肥则浅施,这样即能促进甘薯前期茎叶生长,早结薯,中期茎叶稳长,不徒长,又能防止后期脱肥、早衰,确保高产。

一般地力或施基肥数量少的地块,应当把全部肥料用作基肥集中条施在垄底,以收到经济用肥的效果。

## 二、甘薯的大田栽插

### 1. 栽插时间

南方夏、秋薯区,主要包括福建、江西、湖南三省的南部,广东和广西的北部,夏薯一般在5月间栽插,秋薯一般在7月上旬至8月上旬栽插。南方秋、冬薯区,包括海南全省、广东、广西、云南和台湾的南部,秋薯一般在7月上旬至8月中旬栽插,而冬薯一般在11月栽插。

海南由于气候优越,全年可种,但以稻田冬种甘薯为佳,其优势在于:一是充分利用冬闲田,其时气候由热逐渐转凉,符合甘薯全生长期的要求,后期有利淀粉积累,且水旱轮作的土壤有利甘薯生长,减少病虫害,容易获得高产优质甘薯;二是由于反季节生产,鲜食甘薯可销往大陆和出口日韩等国。

最好选择阴天土壤不干不湿时进行,晴天气温高时宜于午后栽插。不宜在大雨后栽插甘薯,这易形成柴根。应待雨过天晴,土壤水分适宜时再栽。也不宜栽后灌水,栽后灌水或在大雨后栽插,成活率较高,但薯苗往往长时间长势不好,原因在于土壤呈现水分饱和状态,且土温偏冷,同时,土壤也变得比较紧实,土壤中的氧气含量减少,妨碍了根系发展,生长缓慢。久旱缺雨,则可考虑抗旱栽插,挖穴淋水,待水干后盖上薄土,栽苗后踩实,让根与土紧密接触,提早成活。如栽苗后才淋水,则需再覆干土在表面保湿。

**2. 合理密植**

每亩插植2500~4000株,在一定密度内,一般产量随着密植程度提高而增加,而大中薯率随着密植程度提高而下降,如果是作为食用,不需要大薯,可适当密植,收获中小薯,容易销售。一般以垄宽1米,垄高25~35厘米,每亩插3300株左右最为适宜。要注意插植的株距一致,株距不匀,则容易造成靠在一起的两株成为弱势植株。

**3. 栽插方法**

栽插方法(图3-1)对产量的形成关系密切,应当根据地区的具体条件,因地制宜地选择栽插方法。

(1)水平栽插法:薯苗长到25~30厘米以上使用此法较适宜。入土各节平栽在3厘米深的浅土层内,其优点是结薯数多而均匀,但抗旱性能较差。如果水肥条件差,由于甘薯数量多,营养跟不上,也会影响产量。

(2)斜插法:优点是耐旱、操作容易、抗风、早成活、单株薯块较大等,适于短苗栽插。其缺点是薯块数量少。

(3)船底形栽法:苗的基部在浅土层内(2~3厘米),中部各节略深(4~6厘米),沙地深些,黏土地浅些。适于土质肥沃、土层深厚、水肥条件好的地块。由于入土节位多,具备水平插法和斜插法的优点。其缺点是入土较深的节位如管理不当,易成空节。

(4)直栽法:多用短苗直插土中,入土2~4个节位。优点是大

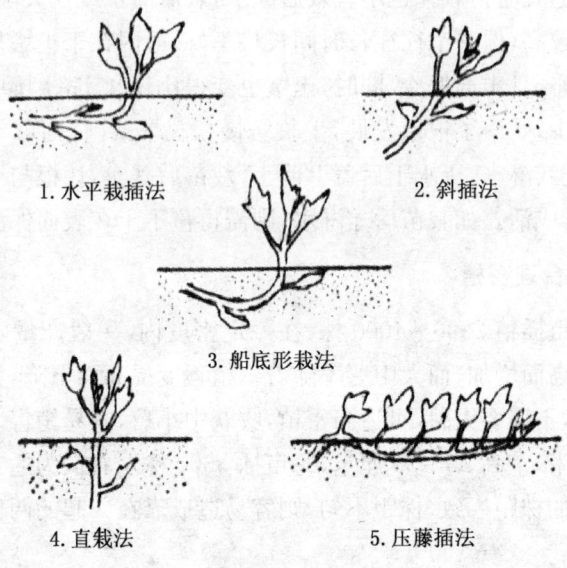

图 3-1　甘薯栽插方法

薯率高,抗旱、缓苗快,适于山坡地和干旱瘠薄的地块。其缺点是结薯数量少,应以密植保证产量。

(5)压藤插法:将去顶的薯苗,全部压在土中,而薯叶露出地表,栽好后用上压实后浇水,其优点是由于插前去尖,破坏了顶端优势,可使插条腋芽早发,节节萌芽分枝。生根结薯,茎多叶多,促进薯多薯大,而且不易徒长。其缺点是抗旱性能差,费工,多采用小面积种植或夏薯种植。

**4. 栽插注意事项**

(1)浅栽:由于土壤疏松、通气性良好、昼夜温差大的土层最有利于薯块的形成与膨大,因此,栽插时薯苗入土部位宜浅不宜深,在保证成活的前提下宜实行浅栽。浅栽深度在土壤湿润条件下以5~7厘米为宜,在旱地深栽也不宜超过8厘米。但在阳光强烈且地旱的条件下,要注意如果过浅栽插,因地表干燥和蒸腾作用强烈,薯苗难长根,茎叶易枯干,导致缺苗,应考虑适当深栽等措施。

(2)增加薯苗入土节数:这有利于薯苗多发根,易成活,结薯多,产量高。入土节数应与栽插深浅相结合,入土节位要埋在利于块根形成的土层为好,因此以使用20～25厘米的短苗栽插为好,入土节数一般为4～6个。

(3)栽后保持薯苗直立:直立的薯苗茎叶不与地表接触,避免栽后因地表高温造成灼伤,从而形成弱苗或枯死苗。

(4)干旱季节可用埋叶法栽插:埋土时,要将尽可能多的叶片埋入土中,埋叶法成活率高,返苗早,有利增产。由于甘薯的叶面积较大,通常需要较多的水分供其生长,特别是薯苗栽插后对水分需求较高。此时如果将大部分叶片暴露在土壤表面,在强烈的阳光照射下需要大量的水分供其生理调节,但刚栽插的薯苗没有根系,仅靠埋入土中的茎部难以吸收足够的水分,结果造成叶片与茎尖争水,茎尖呈现萎蔫状态,返苗期向后推迟,严重时造成薯苗枯死。而将大部分叶片埋入湿土中可有效地解决薯苗的供水问题,叶片不仅不失水,还可从土壤中吸收水,保证茎尖能够尽快返青生长。

## 三、甘薯的大田管理

**1. 甘薯前期管理**

甘薯从栽秧到封垄为生长前期(发根分枝结薯期),春薯栽后60～70天,夏薯栽后40天左右,茎叶进入封垄期,有效薯块数基本形成。田间管理的主攻方向是保全苗、促茎叶早发、早分枝、早结薯,原则以促为主,但也不能施用水、肥过量,以免造成中期徒长,影响块根膨大。

(1)浇发根水:甘薯栽插时,浇小水于栽插穴中,华北地区称"水拉秧",或用人工喷灌每天浇1~2次小水直至成活,是确保成活、全苗、壮苗的重要措施。

(2)查苗补栽,消灭小苗缺株:栽插时在田间地头栽一些预备苗以便补缺。一般在栽后4~5天及时进行查苗,如果发现缺苗时,要及时补苗。补苗时要选用壮苗在下午或傍晚时补栽最好。

(3)浇催苗水:成活后,为促根促长加速分枝速度,早结薯块,每亩浇苗水30立方米即可。可分2次浇,以免造成土壤板结,影响结薯。

(4)早中耕:中耕时间以早为宜,在秧苗成活后封垄前开始进行,春薯可中耕3~5次,夏薯可中耕2~3次。第一次中耕结合施苗肥进行,以后每隔10~15天一次,末次中耕时进行清沟培垄。到封垄时要停止中耕,以免伤害茎叶而造成减产。中耕由深到浅,株旁宜浅,垄脚深锄,杂草多的田块可采用除草剂。培土要注意垄面少培土,以不露薯块及根系为宜。

(5)提苗肥:提苗肥主要是补基肥不足,一般追施速效肥,普遍追施提苗肥最迟在栽后半个月内团棵期前后进行,每亩穴施尿素5~10千克。注意肥地不追,弱苗偏追;小株多施,大株少施。如基肥不足,距薯苗根部15厘米左右条施适量复合肥。

(6)防治地下害虫:地下害虫(蝼蛄、蛴螬、金针虫、地老虎)的防治见本书相关部分。

(7)摘心:摘心管理能控制主要茎蔓生长,促进分枝,使株形分散,改善群体受光条件,增加光和效能。具体做法是:当主蔓长50~60厘米时,摘去顶心,促进地上部三节发芽分枝,待三芽长到三展叶时,二次摘心,促进9个分枝生长,9个分枝三展叶时再摘心。发现薯秧长势过旺时,一次或几次摘心,能控制薯秧徒长。但要注意摘心后应配合浇水施肥,起到促控结合的目的。摘心也应根据苗情,因苗、因地制宜,控制好一定的次数和程度。

(8) 及早化控:水肥地为预防后期旺长,应及早采取化控,封垄时每亩用 15% 多效唑 75 克,加水 50～60 千克,喷洒一次后,隔 10～15 天再喷洒一遍,控制茎叶后期旺长。

## 2. 甘薯中期管理

甘薯生长中期即薯块膨大期,此阶段从茎叶封垄到茎叶生长达到高峰,薯块相应增粗膨大。春薯一般在栽后 60～90 天,夏薯在栽后 40～70 天。这一阶段的生长中心是茎叶,到 8 月中下旬茎叶生长达到高峰。这一阶段正值高温多雨季节,肥料分解快,水分供应充足,容易发生徒长现象,上层叶片乌黑,叶节叶柄较长,叶层厚,叶片相互遮荫通风透光差,下层黄叶、落叶、死茎烂叶多,薯块膨大慢,容易造成秧大薯小而减产。因此这一时期的管理是甘薯高产的关键。

(1) 防旱排涝:这一时期,我国大部分地区高温多雨,甘薯地上茎叶迅速增长,养分向上不向下,这时应注意排水,即雨后及时迅速排除地面积水,控制地上部旺长。对于干旱年份需浇水防旱,使薯块能在不湿不干的土壤里迅速膨大。

(2) 提蔓断根,不翻蔓:在高温多雨季节,土壤湿度过大,某些品种扎根过多,或者高产田肥水大,白根扎得多而深。提蔓可以减少供叶水分和养分,控制茎叶徒长,同时可以晾晒垄土,改善土壤通透性。但伏旱地区或生长后期不能采取此法,以免影响产量。在这期间不能翻蔓,因为翻蔓损伤茎叶,搅乱叶片的均匀分布,影响叶片的光合效能,造成减产。

(3) 多次喷施多效唑:对于徒长地块,每亩使用 15% 的多效唑 50～70 克兑水 50 千克喷雾,一般 2～3 次,效果较好。

(4) 追催薯肥:生长中期注意追肥,主要是钾肥如硫酸钾、草木灰等。因为钾肥能够延长叶龄,还能提高光合效能,促进光合物质的运转,能使钾、氮比值提高,促进薯块迅速膨大。施用硫酸钾,每亩 10 千克；施用草木灰，每亩 100~150 千克。

(5)防治食叶害虫：近年来个别地块甘薯天蛾发生严重，应注意观察，发现后及时防治。幼虫三龄前及时喷洒 2.5% 敌百虫粉，每亩 1.5~2 千克，或用 90% 晶体敌百虫 1500 倍液，或 50% 辛硫磷 1000 倍液，下午 4 时喷洒。

### 3. 红薯后期管理

处暑到红薯收获这段时间称为红薯生长后期，这一阶段气温开始下降，雨量减少，昼夜温差大，红薯的生长中心转向薯块膨大，地上部分茎叶生长缓慢，直至停止，叶色由绿转淡，颜色由深逐渐变浅，呈衰退态势，而薯块的膨大速度加快，故又称薯块迅速膨大阶段。这一阶段薯块增重占全重的 60%~70%，是红薯高产的关键时期。因此，应切实加强栽培管理，保护好叶片，延长其光合作用时间，创造有利于薯块生长的条件。

(1)追施裂缝肥：一般处暑至白露这段时间为薯块膨大期，土表开始出现裂缝，此时部分根系对养分的吸收能力减弱，为了保持养分的合理供应，并防止叶片早衰，应追施裂缝肥。每亩用尿素 4 千克加硫酸钾 5 千克兑水 100 千克追施，或每亩施草木灰水 150 千克。

(2)增施叶面肥：红薯生长后期，根系吸收养分的能力变弱，这时可采用根外追肥，弥补养分的不足。叶面肥种类有：2%~3% 的硫酸钾溶液、0.2% 的磷酸二氢钾溶液或 20% 的草木灰溶液。叶面喷肥从 8 月下旬开始，每隔 10 天喷施 1 次，每亩可增产 10%~15%。

(3)严禁翻蔓：红薯在封垄后要严禁翻蔓，因为翻蔓不仅损伤叶片，影响叶片的光合作用，降低养分的积累，而且还会造成茎蔓损伤，影响薯块增重，所以生产上禁止在薯块膨大期翻蔓。对于长势较旺的薯田，一方面可以采用打蔓尖的方法控长，另一方面可以适度"理藤提蔓",降低纤维根的生成,避免损伤叶片,促进薯块膨大。

(4)抗排涝:红薯生长后期,如出现秋旱,会对薯块增重造成障碍,应及时浇水抗旱,保证薯块发育对水分的需要。

(5)浇水

①发块水:在薯蔓并长后期至薯叶落黄、薯块成长前期灌溉。发块水不宜过大,可每亩浇30立方米水。灌水宜早不宜迟,应掌握在收获前40天左右即停止灌溉。发块水对产量影响较大,一般增产15%以上。秋雨较多的地区,不灌此水。

②裂缝水:茎叶落黄,薯块生长后期,在缺肥少水的田块可灌裂缝水。这次水必须看苗长势决定是否灌水,未到收获预计期呈衰老的田块应灌溉,但水量不宜过大,掌握在每亩20立方米为宜。

(6)适时收获:甘薯块茎没有明显的成熟期,只要气候条件适宜,就能继续生长,也就是生长期越长,营养积累越多,产量就越高。南方气候适宜,产量提高容易。而北方受无霜期的限制,必须做到适时收获。收获早,缩短薯块膨大的时间,产量就会降低;收获迟,因气温下降,茎叶不能进行光合作用,增产效果不明显,而且易受冻害,不利于甘薯的贮藏和加工。甘薯收获的早晚,直接影响其耐贮性。收获过早,产量降低,淀粉含量下降,贮存成本上升,影响经济效益;收获过晚,受低温影响,轻则薯块生活力下降,不耐贮存,重则受冻害,引起烂熟、烂窖。因此各地区的收获适期,除南方秋、冬薯区外,我国多数薯区应以当地平均气温15℃为界,抓紧收获。

①收获时间:甘薯收获期不同,产量、薯块品质、淀粉含量、耐藏性都有明显的差异。但由于轮作倒茬、晒干制粉、食用、留种等不同需求又要求不同的收获时间,因而甘薯收获期应分别对待。

从薯块生长的特点看,9月下旬至10上旬薯块中淀粉积累已达到顶点,鲜薯产量已达到95%。10月中旬至10月下旬产量虽有增加,晒干率却有下降,因而一般正常收获期应在10月初至10月中旬。这个时期气温尚高,晒干快,干质好,所以是春薯晒干淀粉加工用的最好收获期。9月下旬为了腾茬种麦也可将春薯提早收获,但产量要比适期收获减产10%左右。留种用甘薯为了防止早期窖温升高,病害蔓延,可在霜降以前收获(10月24日~25日),个别可在霜降后3天内收完。11月收获的甘薯因经过9℃以下低温就不能作种,贮藏后容易发生腐烂(冷害)。据试验,霜降以后10月27日收获贮藏腐烂率7%,11月5日收获腐烂率21%。由此可见,收获过晚是烂窖的重要原因。立冬前后(11月10日)收获的薯种80%会在贮藏期发生腐烂。

因此,甘薯收获期应根据不同要求而有先有后。腾茬种麦可在9月下旬收获,甘薯虽稍有减产,但对恢复地力,适时种麦有利。晒干与制粉可在10月上中旬收获。留种用可在10月下旬霜降前收获,以便安全贮藏。如果加工淀粉任务大,可以边加工边收获,最迟于11月上旬收获结束。

②收获方法:甘薯块根组织脆嫩,易受机械损伤,伤口一旦形成,又易受病菌侵染造成腐烂,所以收获工作是甘薯生产的重要环节之一。

甘薯收获方法有两种:一是人工收获,二是机械收获。人工收获费时、费工、费力、破碎多、漏薯多,如果机械收获,薯块损伤率可降至3%,能克服人工收获的所有缺点。

收获时应做到轻刨、轻装、轻运、轻放、保留薯蒂,目的是尽可能减少伤口,减少贮藏病害的侵染几率。另外,要注意天气变化,要注意防冻、防雨、边收边贮,不在地里过夜。因为鲜薯在7℃就会受轻微冻害,而且不宜察觉,贮存1个月后溃烂才表现出来,造成人为的损失。不损伤薯蒂,在贮存中可以减少烂薯,做种薯用,薯蒂上的潜伏芽能增加产苗数。

收获后,薯块要选择分类,做好装、运、贮各道工序,即对断伤、带病、虫蛀、冻伤、水浸、雨淋、碰伤、露头青、开裂带部泥土的薯块剔除,以减少薯窖中的病害发生。同时还要注意春、夏薯分开,不同品种分开,大小块分开,种薯单存。为保证来年种薯的质量,种薯应挑选150~250克左右的薯块为宜。

# 第二节　甘薯的地膜覆盖栽培

就我国多数甘薯产区而言,生育期间的低温,特别是栽植时期和生育后期的低温,是甘薯生产上影响产量的重要因素之一。甘薯不耐低温,秧苗在16℃以上才能发根,18~20℃为发根适宜温度,植株在15℃时停止生长,26~30℃茎叶生长旺盛,块根膨大的最适温度为22~24℃,日夜温差大,有利于养分向块根运转,而地膜覆盖栽培,能在甘薯整个生育期内形成田间的土壤小气候和满足甘薯生长发育的环境,使甘薯获得丰产。

## 一、甘薯地膜栽培的优点

**1. 增温保温**

甘薯地膜覆盖后,土壤能更好地吸收和保存太阳辐射能,地面受光增温快,地温散失慢,起到保温作用。我国北方4~5月份的地温、气温较低,且变化较大,一般情况下在此时采取地膜覆盖可比露地地温高3~5℃。由于保温增温效果好,为甘薯生根和生长打下了良好基础。

**2. 增加昼夜温差,有利于光合产物的积累**

甘薯生育期间,特别是进入7月以后,茎叶生长进入盛期,薯块已迅速膨大,此时的昼夜温差大,有利于养分的积累和运转,促进薯块膨大。

### 3. 调节土壤墒情

由于地膜的阻隔,可以减少土壤水分的蒸发,特别是春旱较重的地区,保墒效果更为理想;进入雨季,覆膜地块易于排水,不易产生涝害。遇后期干旱,覆膜又能起到保墒作用。干旱地区由于露地栽培可利用零星小雨,而覆膜地上的水分易于散失,以致墒情有时会低于露地,在旱地覆膜栽培甘薯一定要注重灌水,才能保证丰产。

### 4. 改善土壤物理性质

覆盖栽培土壤表面不受雨水冲击,故土壤始终保持疏松,既有利前期秧苗根系生长,又有利于后期薯块膨大。

### 5. 防治病、草危害

甘薯线虫病是甘薯生产上的一种毁灭性病害,目前药剂防治效果不够理想,而盖膜后可利用太阳辐射能,提高土壤温度,杀死线虫,防病效果好,又不污染环境。同时膜下高温可烫死杂草,减少除草用工,避免杂草与甘薯争夺肥水和空间等。

### 6. 促进各生长期的提前

据调查,覆膜比露地栽培的甘薯缓苗、分枝、薯块形成、茎叶封垄和薯块膨大盛期分别提前 3~6 天、9~16 天、10~14 天、9~14 天和 10~17 天。

### 7. 促进了根、茎、叶的发育

覆膜比露地栽培的甘薯发根早 4~6 天,根系生长快,强大的根系可以从土壤中吸取更多的养分,为植株健壮生长和薯块形成、膨大奠定了基础。覆膜栽培由于条件适宜,长势旺,甘薯的分枝数、叶片数、茎长度、茎叶鲜重均比露地栽培增加50%以上。

**8. 增产显著，品质提高**

甘薯覆膜后，薯秧生长快，夏薯剪秧出售，即可收回地膜成本。薯块平均单株产量比对照多0.7千克左右，总产量提高32.6%，并提高了大薯比率和淀粉含量。覆膜栽培的土壤疏松、易于收刨，降低了收获破损率，提高了收刨质量。

## 二、甘薯地膜栽培的技术要点

选择地力肥沃、有灌溉条件的土壤，深翻整地，春薯地以秋末冬初封冻之前深耕最好；在秋末冬初来不及深耕的，可在来年早春化冻后抓紧进行，如深耕过晚，因春季风多风大雨少，容易跑墒，不利于秧苗成活。

**1. 整地施肥**

甘薯的整个生长期内要求有充足的水、肥、气、热条件，深翻整地，可以使土壤疏松，改善土壤的通透性。通过扩大根系的分布范围，提高水分和养分的供给和吸收能力。为了防止水分的无效大量蒸发，应采取覆膜栽培。在进入适栽季节后，选行灌溉造墒，到土壤适耕的程度时进行耕、翻、耙、压，破碎坷垃，清除石块和残茬，随即起垄或不起垄进行覆膜作业。目前京、津、冀等多采用覆膜、打垄一次性完成的机械作业。

根据甘薯的施肥原则，结合整地亩施有机肥4000千克以上、碳铵20千克、过磷酸钙50千克、硫酸钾8千克或施50千克草木于垄内，用犁翻成底宽85厘米、垄高20厘米的大垄，垄上去掉石块和根茬，打碎坷垃，整平垄面。

**2. 作床**

为了保证甘薯根系层土壤的疏松深厚，多数地区栽植甘薯都采用作床的方式,盖膜种植时的垄距 80 厘米左右、垄高 25～30 厘米,生产上多采用造墒后不翻耕,而是起垄前旋耕。旋耕、起垄及垄面镇压一次完成。

### 3. 喷施除草剂

床做好后,要立即喷洒杀灭杂草幼芽的除草剂。经试验,杀草效果较好的除草剂一般用量为每亩用拉索 200～350 克或乙草胺 90% 浓度的药液 100～130 毫升,50% 浓度的药液用 130～200 毫升或氟乐灵 48% 的药液用 100～150 毫升或杜尔 72% 的药液用 120～130 毫升。

上述药量分别兑水 30～40 升,喷于床上和床沟。如果只喷床上,不喷床沟,用药量可减少 1/4。

### 4. 适时早栽

甘薯适时早栽能延长甘薯的生长期,增加营养物质的积累,提高薯块干物质含量,增加叶片数、分枝数、茎梗长、茎叶重,早结薯,薯块多、大,产量高。早栽虽有上述优点,但不是越早越好,还要根据甘薯的生活习性确定本地区的适宜栽插期,必须在当地气温稳定在 15℃ 以上,浅土层的地温达到 17～18℃ 才能栽插,不能片面地追求早栽,温度条件不具备会造成幼苗生长缓慢,甚至造成死苗缺株,在适时求早的前提下,还应注意好中求早。

薯苗栽得浅,入土各节处在土质疏松、通气性好、昼夜温差大的土层里,适合块根的形成和薯块的膨大。因此,甘薯浅栽,大薯结得多产量高。最适宜的深浅度为薯苗入土 3～5 厘米比较适当,新土或土壤含水多的可稍浅,沙土或土壤含水少的可稍深,应结合当地的具体条件而定。

### 5. 合理的密植

甘薯要获得丰产,必须保证单位面积有一定的株数,合理的利用光能和地力,促使单株结薯多、块大,调整好群体与个体的关系,协调好地上部与地下部生长的矛盾。甘薯密度过大,可能鲜薯略有增长,但薯块变小,晒干率较低,高肥力地块甚至减产。反之,密度过小,单株结薯数和单薯重虽较大,但封垄时间晚,对光能和土地利用率低,群体得不到适当的发展,单位面积上的总薯数减少,产量低。通过调查,在正常情况下,薯块的产量与茎叶产量成正相关,单位面积茎叶产量随着密度的增加而增加。我国甘薯栽培密度每亩 3000～5000 株,与地力(土壤肥力)、品种、栽秧季节与栽秧的方法等都有密切的关系,要因地制宜,根据具体条件,确定合理的密度。

### 6. 科学的封窝盖土

土壤底墒好的地块,栽秧时多采用先插薯苗,后浇小水或不浇水。而对于土壤底墒差的情况,要先浇水且浇水要多。无论哪种情况一定要待水渗完后再封垄盖土,要求封细、封严,防止跑墒、透气死苗。具体做法是先将甘薯苗扶直不倒,把秧苗周围的湿土用双手轻轻填在坑内,使其松而不实;再用双手把周围的细干土盖上,而后压紧,并要求垄面不露湿土;最后用双手轻轻按实抹平,做到"湿土抱苗,干土盖面",覆土达到下松上实,并用细干土松洒在垄面上,利于保墒,严防水未渗完时覆土,避免形成泥团干后成硬土块或封土不严跑墒。

### 7. 盖膜

第 2 天中午过后,趁苗子柔软时盖膜,这样可避免随栽随盖膜易折断秧苗现象。塑料薄膜应选用 90～100 厘米宽,厚度为 0.005～0.008 毫米的超薄膜,每亩用膜 4～5 千克。盖膜后用小刀对准秧苗处割一个丁字口,用手指把苗扶出,然后用湿土把口封严。然后在垄上每隔 2 米压一土堆,防止地膜被风刮起,以后注意检查,发现有被风刮起的或膜面破损的及时用土盖严。

**8. 地膜栽插后的田间管理**

地膜甘薯的栽培管理比较简单,前期的管理以"查"为主,一是检查地膜有无被风刮起,苗眼是否封严,膜面有无孔洞,发现后及时盖上封严;二是栽秧后3~5天,应进行田间检查。如发现缺苗、死苗,立刻补栽,补栽时应选用大苗、壮苗,多浇水,并施少量速效氮肥,确保一次补栽成功。对于田间过于弱小的薯苗,也可将其及早拔掉,补栽壮苗,田间补苗越早越好,有利于实现苗齐。

中期以"水"为主,地膜甘薯在蓄足底摘的前提下,一般整个生育期内不再浇水,但在6月北方正值干旱少雨季节,且又是薯块形成茎叶封垄前后,如遇特别干旱年份应适当浇一次水。在7、8月的雨季,如遇雨水较大,地内较长时间积水,要抓紧排水,否则不但会影响薯块膨大,也会造成晒干率降低,不耐贮藏,严重时会造成薯块在田间土内霉烂。

后期以"防"为主,就是防止茎叶早衰。甘薯进入生长后期,根系吸收能力减弱,叶面喷肥可弥补植株体内矿物质营养的不足,对防止早衰、促进薯块膨大、提高产量具有明显的效果。特别是叶片发黄脱肥地块,在进入薯块膨大期后,每隔7天进行1次叶面喷肥,叶面肥可用0.5%的尿素溶液、5%的草木灰水、0.2%磷酸二氢钾溶液等,喷施时间一般在回秧期前后开始,连喷2~3次,可有效防止甘薯早衰和提高产量,一般亩产量可增加10%~30%。如出现旺长,应适当剪去部分茎蔓,改善通风透光条件。

## 第三节 中棚双覆盖甘薯栽培

中棚双覆盖甘薯栽培是近年在北方新发展的甘薯栽培方式。与露地直播单层膜覆盖相比,具有收获期早、效益高的特点。一般可以在6月上、中旬收获上市。由于弥补了甘薯断档,可以获得较高的价位。每667米可获效益3000元以上。同时,在后茬又可以及时早播夏薯,实现当年双季栽培。目前,在京郊大兴区西南部沙土地区域内形成了较大的种植规模和一套完整的技术。

### 一、中棚双覆盖栽培的优点

(1)不受地块走向限制,为一家一户经营选用地块和轮作倒茬提供了方便。

(2)与日光温室相比,它构造简单,建设费用低,只及日光温室的1/10~1/4,收益还是比较高的。

(3)与塑料大棚相比,它保温性能好,在黄淮地区可以进行冬季生产。

(4)严冬时节揭盖草苫在棚内进行,可改善生产者的劳动条件。

### 二、中棚双覆盖栽培的技术要点

**1. 建造中棚**

覆盖甘薯中棚的跨度,根据甘薯起垄数和塑料薄膜等材料情况确定,一般棚下覆盖3~4垄甘薯,跨度2.6~3米,用4米宽的薄膜,跨度5~5.5米,覆盖6~7垄。甘薯的中棚用7米宽的薄膜。建选中棚,膜的厚度为0.08~0.1毫米,棚的高度以能进入其中进行补苗活动为限,一般0.9~1.5米。支棚材料因地制宜,以木杆、竹竿、竹板等作龙骨,间距1~1.2米,7米膜的棚还要下设木桩支撑龙骨。膜上骨间用铁丝等物绷紧勤实防止风掀。中棚甘薯的栽培顺序是起垄、覆膜和栽秧,然后再扣中棚。由于当时气温较低,必须随着栽秧随着扣棚。

棚的长度根据地块规格确定,一般选南北走向,相邻两棚间距80~100厘米,以利于扣棚作业和放风管理等操作。

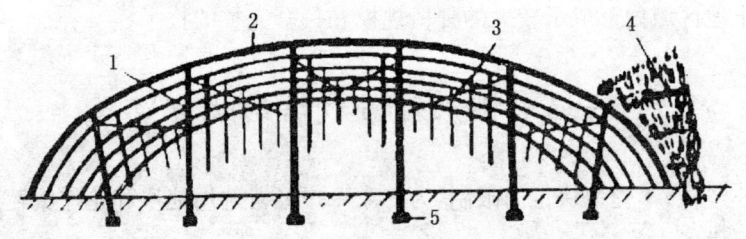

图 3-2 日光温室示意图
1. 立柱;2. 拱杆;3. 拉杆;4. 防风障;5. 立柱底座

## 2. 品种的选择

中棚地膜覆盖栽培甘薯,是为了提早上市,获取高价位。要选用早熟品种,同时考虑品种的耐寒性、高产性和早育苗条件下种薯的萌发性。可选用豫薯10号、冀薯4号、南薯88号、浙薯2号等。

为了保证在提早育苗的条件下,秧苗产量的足质足量,除要提前造火炕、有效加温等措施外,严格挑选种薯也十分重要。一般在3月下旬、4月上旬栽插的中棚甘薯要提前30~40天开始育苗活动。采取火炕与塑膜覆盖相结合的办法,种薯单块重250克左右,且无病虫伤害。

### 3. 旋足底肥，适期早栽

中棚下地膜覆盖的甘薯，是一种快速甘薯早熟栽培，相比常规大田甘薯栽培，生育期相对短，因而任何影响甘薯生长发育的外界条件，都有可能明显延迟甘薯的生长，土壤养分的供应尤其突出。中棚地膜覆盖甘薯要相应增加底肥用量，每亩施用充分腐熟优质有机肥2.5立方米以上，并且适当增加速效氮、磷、钾肥料的用量，结合翻耕起垄一次性施入。

为了确保栽后快速缓苗扎根，可以提前2～3天起垄覆膜，提高地温。多年的实践证明，覆盖地膜后垄床的地温可以提高3℃以上，加之栽后再覆棚膜，一般距地表5～10厘米地温在10～12℃时可以进行栽插，但当日栽插必须当日盖好棚膜，防止夜间降温造成冷害。北京地区3月底4月上旬为适栽期，其他地区可以依次递推早晚。为了充分利用塑膜覆盖的光、热、水、肥资源，适当增加株间密度，每亩定植3300株以上，即可获得更高的经济效益。

### 4. 缓苗后缓放风，晚霜后晚拆棚

甘薯栽植后的10～20天内，是外界温度波动比较大的季节，棚内要以保温为主，提高地温和气温，以促进缓苗发根。缓苗后棚内气温达到30℃以上时开始放风，当温度回落到30℃时及时关闭风口。风口位置不断交错改变，大小随天气和棚内温度情况灵活掌握。以内外空气交换后棚内温度达到30～35℃的相对平稳为最好。如果遇到突然低温的天气过程，不仅要紧闭风口，有条件的棚膜底角要加挡风草帘。

晚霜过后，气温上升很快，将两侧风口逐渐打开的同时，顶部风口也逐渐打开。但暂时不能掀掉棚膜以防意外，只有到5月立夏前后，外界气温稳定升高后，再撤掉棚膜并保护好，以便来年再用。

中棚地膜覆盖甘薯，由于覆膜本身具有除草保墒的作用，加之

平时的管理等,使得土壤疏松、保墒效果较好。管理技术与常规覆膜栽培相同。

**5. 加强病虫防治**

由于中棚加地膜的双层覆盖,棚内地温、气温升高,在促使甘薯生长的同时,也促进了地下病虫害的发生和发育。以地下害虫危害的影响较大,其中尤以金龟子成虫提前出土咬食甘薯幼嫩茎叶,其幼虫蛴螬则在地下咬食根系,不但破坏根系的吸收作用,而且也造成块根的伤痕,还会引起其他病害。对病虫预测和防治应引起重视。具体防治办法见本书第四章。

**6. 适时早收**

中棚甘薯适时早收,不但可以做到抢先上市,获得高效益,而且有利于第二茬的提前种植。其标准是甘薯单块重为 250 克左右,达到上市商品标准,可以根据市场的信息陆续收获,并且在收获后立即整地种植第二季甘薯或其他作物。

## 第四节　甘薯的间作套种栽培

间作套种是充分利用土地光、热、气、肥、空间和时间的综合措施,它可以提高单位面积土地的总产量。我国甘薯生产中各地薯农因地制宜,创造了多种间作套种的方式,其技术和经验已形成了多年的习惯作法。

根据甘薯对肥水需求规律及特点,薯田间作套种要遵循以下几项原则:

①甘薯易与中、高秆作物合理搭配间作套种,如小麦、玉米、幼龄果树等。要注意合理安排共生期。

②甘薯易与空间生长势强的作物合理搭配间作套种,如烟草、棉花等。要注意合理安排公地比例及防治共生病虫。

③甘薯易与蔓生的收获地上果实或其他收获地上部分非蔓生作物合理搭配间作套种,如西瓜、蔬菜等。注意合理安排相互位置关系和共生期。

④甘薯易与对水分比较敏感的作物合理搭配间作套种,如芝麻等。要注意协调供水。

⑤甘薯易与对氮素需求量大的作物合理搭配间作套种,如玉米等。要注意肥料的合理搭配。

⑥甘薯易与相互共生期短的作物合理搭配间作套种,如西瓜等。要注意相互位置关系和共生病虫害防治。

搞好薯田间作套种,一定要结合本地实际,确定最适合本地的种植模式,真正达到高产的目的。现介绍几种全国各地较为成功的间作套种模式,供择优选用。

# 一、果薯间作套种模式

### 1. 果薯间作模式的优点

果薯间作适用新植未结果或结果初期的幼龄果园,因果树种植密度小,行间大,空闲土地多,利于间作套种。实行果薯间作,可使同等条件下的水、肥、光、热资源利用充分,病虫杂草防治得到互补优化。对果树的水肥高投入,也提高了甘薯的产量和品质。甘薯的栽培特别是保护地甘薯栽培,抑制了果树地内杂草的生长,利于果树地保水保肥。

### 2. 果薯间作模式的技术要点

(1)果薯占地的合理分配:根据果树树龄和长势,合理安排果薯用地比例,以5米×3米规格果梨为例,新植果园1～3年果树行除去水渠及人行道以外,4米行间,按 80～100 厘米起垄,种 4～5 沟甘薯,随树冠发育逐年缩小甘薯用地,不同树势 6～7 年为适套期,速生果树品种如桃、杏、李等株行距小,封行早,应减少甘薯行数。成年果树进行高枝换代时,因种植规格不同,适当将甘薯行距减少到 70 厘米,适套期 3～5 年。

(2)深耕地、浅作沟、多施肥:在果树根系区域外,适当增加耕地深度 0.3 米,并增加基肥用量,在每亩施 1～2 立方米优质有机肥的基础上,另外加 50 千克复合肥。甘薯垄高 20～25 厘米,垄顶可以适当加宽,利于果树根系发育。

(3)适当提高密度:通过稳定行距,缩小株距(20～23 厘米),增加甘薯栽插密度 8%～10%,发挥匍匐生长与直立生长的相互协调关系,协调两者地上与地下高度不同的空间关系和生长高峰不同的时间关系,实现双高产。

(4)地膜覆盖技术:年生产单季薯采用单层覆盖,用(800～900)毫米×(0.05～0.08)毫米规格地膜全沟覆盖。地膜覆盖不仅利于保墒,缓解地下水源紧张的矛盾,而且利于对病虫杂草的综合防治,是果薯间作套种的重要技术环节。

(5)合理的品种布局:选择速生早熟品种为主,如豫薯 10,减少共生期和甘薯生育期。中晚熟栽培和树龄较小的,以优质高产品种为主,如"遗 138"。特殊栽培依用途不同,分别选用烤食型、水果型、淀粉型、保健型、饲料型等几大类的不同品种。

(6)适时收获:甘薯作为商品生产,除根据市场信息及时收获外,还要注意适时早收。适时早收可以减少对果树枝条、叶片、根系的损伤,对果树起到养护作用。

## 二、地膜西瓜套种甘薯模式

**1. 地膜西瓜套种模式的优点**

采用甘薯与地膜西瓜接茬套种的种植方式,不但可以在地上、地下获得双高产,而且能实现一膜双用,降低成本,减少白色污染;可充分利用西瓜肥水投入大,剩余肥力充足的优势,使甘薯创造高产、高效益。地膜西瓜采用高畦,实行小拱棚育苗移栽或改良式地膜覆盖直播,与甘薯套种的西瓜农事安排及栽培技术与一般瓜田完全相同。

**2. 地膜西瓜套种模式的技术要点**

(1)甘薯的品种选择:为了充分发挥瓜田水肥充足的优势,搭配的甘薯选用生长势好,产量潜力大的品种,如京薯2号、京薯4号、遗138等。自育或购入的薯秧应苗壮、整齐、无病伤,炼苗时间较长,为4~7天,栽前进行挑选,分级定植。

(2)密度:地膜西瓜套种甘薯的密度受西瓜行距大小影响较大,每行西瓜套种一行甘薯,由于西瓜行距较大(1.5米左右),为了保证甘薯的密度,可适当缩小株距(15~20厘米),保证密度在每亩2000~2500株。

(3)薯苗的栽插:甘薯秧栽插在西瓜床顶端薄膜覆盖的范围内,距西瓜苗30~35厘米,按合理密度计算好株距开穴栽秧,内浇足水,待水渗完覆土。瓜田墒情不足时可先覆土压好膜,结合西瓜浇水而甘薯浸浇暗水。甘薯的栽秧时间不十分严格,一般在瓜秧"搭沟"前栽上即可,西瓜旺盛生长期正是甘薯的缓苗期,适当地遮荫,有利于甘薯缓苗。

(4)管理:甘薯与西瓜共生期间,在自然条件下与西瓜没有干扰,除了西瓜防治病虫和水肥管理外,甘薯无需另行管理。西瓜收获后立即铲除瓜秧、保护薯苗,同时中耕锄草松土,注意保护地膜完好。因甘薯耐旱不耐涝,随着雨季的到来,注意排水防涝。甘薯封垄后15天左右,提秧1~2次,防止节间发生不定根争夺营养,同时注意蝗虫、菜青虫等害虫的危害,并适时用杀虫剂防治。

(5)适时收获:进入8月下旬后,甘薯可依据市场行情随时抢先收获上市。但由于瓜田套种甘薯后期生长环境尚好,薯块膨大的块,后期增重比例较大,为了争取优质高产,应在地表5~10厘米的地温降到15~16℃,或初霜期之前收获。瓜田套种的甘薯,由于瓜茬剩余肥力比较充足,加上瓜垄较低,肥位深,结薯位置较深,薯块较大,收获时要适当深刨,防止丢失或机械损伤。

## 三、麦薯套种模式

### 1. 麦薯套种模式的优点

麦薯套种是夏薯区栽培制度的一项改革,使得甘薯栽种期提前20天。具有增产显著、错开农活、方法简单、易于推广等优点。

(1)套种夏薯增产突出:由于套种实现了夏薯早栽(一般可提早1个月左右),既促使甘薯早发、早结薯,又延长了生长期,从而达到高产、优质的目的。据生产示范调查,麦垄套种甘薯比麦后抢栽的一般增产30%左右,切干率提高3%,出粉率提高2%。

(2)提高了甘薯的成活率和抗旱能力:套种甘薯因有小麦的遮荫挡风,薯苗不受日晒和风吹,成活率高,在伏旱来临之前,套栽甘薯进入甩蔓期,根系已形成,避免伏旱影响。

(3)可以调剂农活,减轻三夏大忙季节劳力紧张的矛盾。

(4)栽种期长,有利于旱地雨后趁墒栽种。

(5)套栽甘薯可早种早收,一般可提前20天收获,不仅甘薯早上市经济效益高、而且腾茬早,减轻甘薯茬口晚对下茬作物的影响。

（6）方法简便易行，不需投资，群众易于接受。

**2. 麦薯套种模式的技术要点**

（1）预留套栽行：即种麦前打好甘薯埂，或留好栽种甘薯的行，来年春季立夏前后在预留行（埂）栽甘薯。或根据地力可以采用以下3种套种模式。

①三一式旱地套种模式：即3行小麦套栽1行甘薯。小麦行距20厘米，每隔3行留26~30厘米的空挡。这种模式适合中低产旱地。

②二一式水浇地套栽模式：即2行小麦套种1行甘薯。小麦行距16.2厘米，每2行小麦33~40厘米的空挡。这种模式适用于中高产田。有利于小麦通风透光，增加边行优势，还有利于甘薯早套栽、早缓苗、早结薯，缓解小麦与甘薯共生期间争光、争水、争肥的矛盾，实现小麦、甘薯双丰收。

③三一式水浇地套栽模式：种麦时，种1垄麦，留1个大背垄，麦垄宽20~22厘米，垄背宽40厘米，来年春季立夏前后在垄背上栽种1行甘薯。这种模式适合中高产田采用。

（2）选用中短蔓优良新品种：淀粉加工区选用高产多抗品种，高淀粉且抗糖化品种，食用及商品用薯区选用优质红肉薯品种。

（3）早育苗，做好早套的准备工作：一般育苗时间与春薯基本相同，3月中旬采用双膜阳畦育苗，稀排种，育壮苗，5月上旬开始育苗。

（4）施基肥：在小麦播种前，除给小麦施足底肥外，再增施有机肥2~3立方米、过磷酸钙40千克、硫酸钾15千克，随小麦底肥一起施到地里。

（5）套种时间：适时早栽是麦薯套种高产的关键。小麦每亩产量400千克以上的田块，套栽适宜期为5月8日~5月25日，最佳时期为5月10日左右;小麦单产300千克左右的中产田块,适宜套栽期为5月1日～5月10日,最好为5月5日前后;小麦低产田从谷雨到5月25日有墒即可套种。足墒套种是保证甘薯全苗的关键。旱地在下透雨以后才能套栽,水浇地可以和浇麦结合起来,浇后3天即可套栽。

(6)套种方法:用竹竿制成的三角形分行器(用两根竹竿或木棍长2.5米左右,一端固定一起成尖形,另一端分开,宽50厘米)将麦行分开,用带尖木(铁)棍在预留行里斜扎深4厘米的洞,然后把甘薯苗放进洞里(入土2～3节),最后用脚踏实即可。一般套种时间应在5月15日前完成,过晚则增产不显著。

(7)套种密度:套种比夏栽密度应大些,每亩可增加500株左右,一般套种密度为3500～4000株。

(8)田间管理:甘薯套栽10天左右进行查苗补栽。麦收后要及时深中耕、灭茬,麦茬就地覆盖,根据苗情、地力进行追肥。一般小麦亩产250千克以上的田块不宜过多施用氮肥,亩施甘薯专用肥20～30千克即可;亩产250千克以下的地块应亩施碳铵30千克或尿素10千克、磷肥20千克;高肥地应以施用磷钾肥为主,亩施磷肥和硫酸钾各20～30千克,或亩穴施磷酸二氢钾1.5～2千克,对水在薯块膨大期灌根。还应保持田间无杂草,结合中耕追肥及时进行防旱排涝。

(9)适时收获:进入8月下旬后,甘薯可依据市场行情随时抢先收获上市。

## 四、小麦、烟、薯间套模式

### 1. 小麦、烟、薯间套模式的优点

一般是以烟叶为主间作甘薯,甘薯在地面生长,烟叶向空中发

展,互相影响小。

**2. 小麦、烟、薯间套模式的技术要点**

(1)分带轮作:按 110 厘米等距划带,秋季播 3 行小麦,行距 20 厘米,占地 40 厘米,空当剩 70 厘米,空当中间起 33 厘米宽、10 厘米高的埂。翌年春季畦上种烟前,可先在埂上栽种越冬蔬菜,如菠菜或蒜苗。待菜收后,每亩施硝酸磷肥 15 千克,复合肥 15 千克。配方施肥时,要特别注意施足钾肥,为栽种烟苗打基础。钾肥避免施用氯化钾,最好用草木灰。

(2)搞好烟苗、甘薯移栽:4 月中、下旬将烟移栽到畦埂上,株距 50 厘米,每亩栽苗 1200~1300 株。烟苗移栽 7~10 天后开始追肥。5 月上旬,在小麦两侧距麦根 10 厘米处种一行甘薯,株距 40 厘米,每亩 3000 株。

(3)加强田间管理:待小麦收获后,及时中耕灭茬,追肥浇水,促使薯苗、烟苗健壮生长。前期以防烟草病虫害和烟叶的适时采收为主,后期以防甘薯病虫害与促控结合。既要防止甘薯茎叶徒长,又要防止其早衰,从而达到地上地下部分协调生长,利于薯块膨大之目的。

(4)搞好带行轮换:烟、薯收获后,及时整地、施肥,错行划带,安排好下一年的种植。

## 五、春薯、玉米间作模式

**1. 春薯、玉米间作模式的优点**

这样的搭配有利于田间通风透光,提高甘薯茎叶光合效率。前期玉米植株较小,有利于发挥期生长快的优势,达到壮蔓盖地。玉米抽雄后,甘薯正处于控上、促下的生育中期,当玉米于 8 月上旬收获后,甘薯茎叶仍稳长而不衰,又利于多结薯、结大薯,夺取高产。

### 2. 春薯、玉米间作模式的技术要点

(1)选用良种,合理搭配:玉米直选用早熟、矮秆的品种,甘薯选用短蔓豫薯 10 号、豫薯 8 号为宜。这样的搭配有利于田间通风透光,提高甘薯茎叶光和效率。

(2)确定带距,合理密植:按 120 厘米一带定线打畦埂,埂底宽 70 厘米、顶宽 50 厘米、高 10 厘米,两埂底边沿相距 50 厘米。畦埂打好后,在埂面上按 35～40 厘米的行距栽 2 行甘薯,株距 30 厘米,每亩保持 3500 株左右。在畦内点种 2 行玉米,相隔行距 30 厘米,株距 27 厘米,密度保持在每亩 3700 株左右。

(3)适时早栽、早种:在华北地区中南部甘薯于 4 月中旬移栽,玉米于 5 月上旬种上。其他地区按季节差北晚、南早地推算。

(4)搞好"两早"、"两巧"、"两防"管理措施:"两早"是指早查苗、剔稠补稀,确保苗全、苗齐、苗匀;早中耕松土,控上促下培育壮苗。"两巧"是指巧施玉米攻秆攻穗肥,一般小喇叭口期追碳酸氢铵 25～30 千克,在喇叭口期追碳酸氢铵 30～35 千克,攻穗增粒;巧施甘薯裂缝肥,一般玉米收获前后,每亩用磷酸氢钾 100～150 克加水 50 千克进行叶面喷肥 1～2 次,玉米收获后抢时顺裂缝每亩追甘薯专用肥 20～25 千克,对落黄早的地段,每亩补充碳酸氢铵 6～8 千克防早衰,促进薯块膨大。"两防"是指搞好防旱防涝。

(5)及时收获:收获早不影响下茬种植。

## 六、小麦、蔬菜、西瓜、甘薯、玉米间套模式

### 1. 小麦、蔬菜、西瓜、甘薯、玉米间套模式的优点

小麦、蔬菜、西瓜、甘薯、玉米间套模式,主要是保持了西瓜早熟、高产的特点,尤其是通过对蔬菜的水肥管理,又为西瓜培肥了

地力,有利于西瓜高产。同时,西瓜采取起垄覆膜栽培,收获后垄上套种甘薯,给薯块的膨大创造了肥沃的土壤条件。再者,甘薯的光和能力强,较耐遮荫,西瓜收后套种玉米,又可截获较多的光能,达到粮经双丰收。

**2. 小麦、蔬菜、西瓜、甘薯、玉米间套模式的技术要点**

(1)规格套种好小麦:麦播前按照东西向200厘米宽定线打畦,在靠畦埂的北侧播种小麦3行,占地40厘米。早茬地播麦,每亩播量2~3千克;晚连地播种麦,每亩播量3~4千克。

(2)规格套种好冬菜:在麦田留的空当里,栽种大蒜7行,并混种菠菜,有条件的地方,可扣上拱膜,力争蔬菜快长早上市。

(3)规格套种好西瓜:3月下旬,选用新红宝西瓜品种,实行营养钵覆膜育苗,4月下旬收菜腾茬整地,把原来的畦垄加宽到20厘米、高15厘米,保持垄顶宽35厘米。拍光垄面,按株距40厘米、每亩栽西瓜830株左右,栽后盖好地膜,随即破口把瓜苗露在膜外,并用湿土封好膜口。为防止瓜蔓爬上麦棵,按"V"形压蔓。

(4)规格套种好甘薯:麦收后于6月20日前后,在垄膜上西瓜的株间用及厘米粗的铁棍进行插孔,把薯苗插栽于孔内,并浇水压根。每亩栽薯苗1200株左右,收瓜后薯块开始膨大,每亩追施硫酸钾20千克,单株薯种可达3千克。

(5)规格套栽好玉米:麦收后,在西瓜畦的中间按行距35厘米、株距15厘米点种竖叶型玉米2行,每亩定苗4000株左右。为防病虫鼠害,播前进行药剂拌种。为减轻玉米对甘薯的影响,抽雄期要采用隔株去雄,授粉后要把雄穗全部剪去。

## 七、其他间作模式

### 1. 甘薯间作芝麻模式

春、夏薯地里都可以间作芝麻,以甘薯为主,芝麻为辅。4月下旬栽种甘薯3行,占地宽80厘米,留空当60厘米。6月上旬在空当内种芝麻1行,株距20厘米,芝麻品种以豫芝7号为主。每亩可产甘薯2000千克,芝麻50千克左右。

### 2. 小麦、玉米、甘薯间作模式

小麦、玉米、甘薯间作模式按160厘米带距定线打畦,畦埂底宽60厘米,畦埂面宽50厘米,埂高10厘米,畦埂两边相距100厘米,留空60厘米,也即埂所占位置。冬季可在畦埂上种植菠菜。到来年4月中、下旬,蔬菜收后及时整地,在畦埂上按行距50厘米、株距40厘米种2行甘薯。到5月中旬,在麦垄内套种2行玉米,行距40厘米,株距27厘米,玉米行距埂底边30厘米。这样玉米宽行为120厘米,甘薯宽行为120厘米,即有利于发挥玉米边行优势,又有利于为甘薯提供良好的光温条件。

### 3. 小麦、油菜、玉米、甘薯间套模式

小麦、油菜、玉米、甘薯间作套种模式按150厘米宽定线打畦,畦埂宽50厘米,畦沟宽100厘米。秋播时,在畦沟内播种6行小麦,行距20厘米。小麦三叶期后,在畦埂上按株距20厘米移栽1行早熟油菜,油菜收后及时整理畦埂,并在畦埂上移栽1行甘薯,株距30厘米;并于麦垄内套种2行玉米、行距40厘米。

### 4. 小麦、花生、甘薯间套模式

小麦、花生、甘薯间套模式按160厘米一带走线打畦,畦埂底宽60厘米,畦埂顶宽50厘米,高10厘米,畦沟宽100厘米。秋播

时,在畦沟内种 6 行小麦,行距 20 厘米;待来年 4 月下旬,在埂面点种 2 行花生,行距 40 厘米、株距 20 厘米。待麦收后施肥整地起第二埂,埂顶宽 60 厘米,埂高同第一次埂。埂整好后,在埂上移栽 2 行甘薯,行距 50 厘米、株距 40 厘米。这样小麦便于集中施肥。花生播种在畦埂上,操作方便,能减轻荫蔽,有利于花生荚果发育,提高花生单产。甘薯栽种在埂上加厚了活土层,有利于提高地温,防止水浸,一定程度地抑制了茎蔓的不定根形成,从而促使薯块膨大,提高甘薯产量。这种形式一般适于耕地较多、土壤瘠薄、小麦单产不高的丘陵地区。

### 5. 小麦、大蒜、棉花、甘薯间套模式

小麦、大蒜、棉花、甘薯间套模式带宽 200 厘米,秋播种 6 行小麦,占地宽 100 厘米,留空当 100 厘米。在空格内种 1 行大蒜,株距 10 厘米。第二年 4 月在大蒜两侧各移栽 1 行棉花,麦棉间距 27 厘米,蒜棉间距 23 厘米,每亩 2900 穴。于 5 月中、下旬麦垄栽种或麦收后整地起垄栽种 1 行甘薯,穴距 30~33 厘米,每亩 1000 穴。据试验表明,该种植模式每亩产小麦 380 千克、皮棉 90 千克、甘薯 780 千克。

### 6. 烟叶、甘薯套种模式

耕地前每亩施粗肥 2500 千克、普磷 50 千克。做垄时再施碳酸氢铵 15~20 千克或尿素 5~7 千克,做成的垄呈梯形,上顶宽 60 厘米、下底宽 80 厘米,垄中心线相距 90 厘米。

垄起好后,烟叶单垄单行种植。在垄中间按株距 35~40 厘米移栽烟苗每亩栽 2000 株左右,每隔 1 棵烟苗种 2 棵薯苗,再隔 1 棵烟苗种 1 棵薯苗,每亩栽种薯苗 3000 株左右。适时培育壮苗,早栽。4 月中旬移栽烟叶,要选择生长健壮、须根多、大小一致、真叶 6~8 片的粗壮烟苗,选阴天带土移栽,及时浇好穴水。甘薯需要烟叶成活后套栽,一般在 4 月下旬进行,所栽薯苗要符合壮苗

标准。

加强田间管理，普遍中耕2～3遍。特别注意做好锄草培垄工作，对同垄双苗薯的地方追施"偏心肥"，以保证薯苗均衡一致生长，防止大苗欺小苗。当上部烟叶达到采收标准时立即摘叶，收获完烟叶后及时拔除烟棵，以利甘薯正常生长。

**7. 甘薯套种马铃薯模式**

春薯套种马铃薯，马铃薯植株较小，生育期又短，甘薯和马铃薯共生期间相互影响不大，且马铃薯对温度要求不严，可以比甘薯早播30天左右，能充分利用甘薯封垄前的空间和地力。具体做法是，选择土质疏松、地力较肥并具有水浇条件的田块，施足磷钾肥，于早春整地起埂，在沟里种马铃薯，谷雨到立夏在埂顶栽甘薯，马铃薯在6月下旬收获，对甘薯影响不大，可多收一季马铃薯。

总之，甘薯和其他作物的套种方法还有很多，各地农民也都有一些创造，但在间套时必须是以甘薯为主，或以损失少量甘薯产量为代价来换取间套作物更大的效益为原则，增加总体效益。否则会得不偿失。

# 第四章　甘薯的病虫害识别与防治技术

甘薯的主要病害有甘薯黑斑病、紫纹羽病、根腐病、茎线虫病、软腐病、枯萎病、斑点病、疮痂病、丛枝病、干腐病等。甘薯的主要害虫有象鼻虫、蛴螬、地老虎、甘薯麦蛾、甘薯天蛾、红蜘蛛、蝼蛄、跳盲蝽、肖叶甲、白羽蛾、茎螟、斜纹夜峨、金针虫等。甘薯病虫害的防治，坚持以防为主，目前主要以象鼻虫危害最大。

## 第一节　甘薯病虫害综合防治

病虫害是甘薯减产和商品品质降低的一个主要因素。种植者可针对当地重点发生的病虫害采取"预防为主，综合防治"的植保方针，坚持"以农业防治、物理防治、生物防治为主，化学防治为辅"的无公害化原则。

**1. 农业防治**

(1)针对主要病虫控制对象，因地制宜选用抗(耐)病优良品种，建立无病留种地(包括大田栽植)。

(2)使用不带病毒、病菌、虫卵的健康种薯育苗。

(3)选择健康的土壤，实行轮作倒茬，应种在3年内未种过甘薯的生茬地上。

(4)增施磷、钾肥,增施充分腐熟的农家肥,适时适量施用化肥,促进甘薯植株健康生长,抑制病虫害的发生。

(5)用健苗栽植。

(6)合理密植,起垄种植,加强中耕除草和清洁田园等田间管理,降低病虫源数量。

(7)以防为主,尽量少用农药,根据病情及时用药。

(8)及时发现中心病株并清除。

(9)施用净肥与净水灌溉,预防病害。

(10)适时收获,防止薯块受冻、破伤。

(11)保持贮藏窖温 11~14℃,不低于 9℃。

## 2. 生物防治

利用 16000 国际单位/克苏云金杆菌可湿性粉剂即 B.t 生物制剂 500~1000 倍液,每亩用量 60~75 升,叶面喷洒,防治鳞翅目幼虫。利用 0.38%苦参碱乳油 300~500 倍液防治蚜虫以及金针虫、地老虎、蛴螬等地下害虫。利用白僵菌防治蛴螬等,每亩用量 2 千克,穴施后封土,严防日晒。

## 3. 物理防治

利用温水(51~54℃)浸种 10 分钟,高温(35~38℃,3~4 天)催芽育苗和控制贮藏窖温(11~14℃),防治甘薯黑斑病。

## 4. 检疫措施

严禁调运病薯、病苗,发现甘薯茎线虫病、甘薯极腐病、甘薯黑斑病、薯瘟病、蔓割病等病薯、病苗,立即加以处理,禁止栽植。

## 5. 药剂防治

农药施用严格执行《农药安全使用标准(GB4285—84)》和《农药安全使用准则(GB/T8321)》的规定。应对症下药,适期用药,轮换交替使用不同的适用药剂,运用适当深度与药量,合理混配药剂,并确保农药施用的安全间隔期。

禁止施用高毒、剧毒、高残留农药及其混配农药。其品种有:甲胺磷、甲基对硫磷、对硫磷、久效磷、磷胺、甲拌磷、甲基异柳磷、特丁硫磷、甲基硫环磷、治螟磷、内吸磷、克百威、涕灭威、灭线磷、硫环磷、蝇毒磷、地虫硫磷、氯唑磷、苯线磷、六六六、滴滴涕、毒杀芬、二溴氯丙烷、杀虫脒、二溴乙烷、除草醚、艾氏剂、狄氏剂、汞制剂、砷制剂、铅制剂、氰化物类、磷化物类、敌枯双、氟乙酰胺、毒鼠强、毒鼠硅、氟乙酸钠、三氯杀螨醇、五氯硝基苯、五氯酚、稻瘟醇、薯瘟锡、稻瘟净等农药。

## 第二节　甘薯主要病虫害的识别与防治

### 一、甘薯主要病害

**1. 黑斑病**

甘薯黑斑病是由甘薯长喙壳菌侵染引起的一种重要病害,发生普遍,我国各甘薯生产区均有发生。地势低洼、阴湿、土质黏重利于发病。该病随种薯、种苗调运而远距离传播,在育苗、大田生长和贮藏过程中均会传播,已列为国内检疫对象。

【为害症状】

甘薯在幼苗期、生长期和贮藏期均能发病,主要为害块根及幼苗茎基部,不侵染地上的茎蔓。育苗期染病,多因种薯带菌引起,种薯变黑腐烂,造成烂床,严重时,幼苗呈黑脚状,枯死或未出土即烂于土中。病苗移栽大田后,生长弱,叶色淡,茎基部长出黑褐色椭圆形或菱形病斑、稍凹陷、初期病斑上有灰色霉层,后逐渐产生黑色刺毛状物和粉状物,茎基部叶片变黄脱落,地下部分变黑腐烂,严重时幼苗枯死,造成缺苗断垄。

块根以收获前后发病为多,病斑为褐色至黑色,中央稍凹陷,上生有黑色霉状物或刺毛状物,病薯变苦,不能食用。

【防治措施】

(1)农业防治

①坚持与玉米、小麦、豆类等作物轮作,力避连作或与番茄、辣椒、马铃薯等作物连作。

②建立无病留种田,精选无病块根做种薯。

③增施有机肥料与钾肥,加强田间管理。

(2)化学防治

①用50%多菌灵800~1000倍液浸种10分钟即可排种,或排种后再用50%多菌灵800倍液均匀地喷洒苗床防治,或用80%"402"抗菌剂1000倍液浸种薯5~10分钟。

②用51~54℃的温水,浸种10~15分钟,可杀死瓜种表面附着的病菌,但要注意受过冷害的薯种不能浸种,以免加重腐烂。

③在用火炕育苗的地区,排种后3~4天内床温要保持35~38℃(瓜种底部土壤温度),这样既可催芽,又能杀死黑斑病菌。

④药剂浸苗消毒,用85%甲基托布津800倍液或50%多菌灵250~300倍药液,浸蘸苗基部深6~10厘米,2~3分钟。

⑤用3000倍96%天达恶霉灵药液浸苗、灌根、处理土壤和苗床,防治甘薯黑斑病效果特好。

**2. 紫纹羽病**

甘薯紫纹羽病主要分布于浙江、福建、江苏、山东、河北、河南等地。由甘薯紫卷担子菌引起,除为害甘薯外,还侵染马铃薯、棉花、大豆、花生、苹果、梨、桃等多种作物。秋季多雨、潮湿年份发病重。连作地、沙土地、漏水地发病重。

【为害症状】

主要发生在大田期，为害块根或其他地下部位。病株表现萎黄，块根、茎基的外表生有病原菌的菌丝，白色或紫褐色，似蛛网状，病症明显。块根由下向上，从外向内腐烂，后仅残留外壳，须根染病的皮层易脱落。

【防治措施】

(1) 农业防治

①清除田间及四周杂草，集中烧毁；深翻地灭茬、晒土，促使病残体分解，以减少病、虫源。

②选用地势高燥、排灌方便的田块，起垄栽培，达到雨停无积水，大雨过后及时清理沟系，降低田间湿度，这是防病的重要措施。

③和非本科作物实行 4～6 年轮作；育苗的营养土要选用无菌土，用前晒三周以上。

④选用优质、抗虫、抗病、无伤疤、无菌的种薯。

⑤扦插前应穴施一次稀薄而腐熟的粪水，扦插浇定根水时，水中加入 0.3% 的磷酸二氢钾，返青后，再浇灌一次稀薄而腐熟的粪水。

⑥地膜覆盖栽培；及时清除重病株、病叶、严重虫伤株，集中烧毁，病穴施药。

⑦底肥提倡施用酵素菌沤制的或充分腐熟的农家肥，不用未充分腐熟的肥料；科学施肥，增施磷钾肥；重施基肥、有机肥，加强管理，培育壮苗，有利于减轻虫害。

⑧收薯后及时清洁田园，减少越冬病原和虫口基数。

⑨发病初期在病株四周开沟阻隔，防止菌丝体、菌索、菌核随土壤或流水传播蔓延。

⑩在病根周围撒培养好的木霉菌，如能结合喷洒杀菌剂效果更好。

(2)化学防治:隔 10 天左右喷淋或浇灌 1 次,连续防治 2~3 次,注意喷匀喷足。

①播种与扦插:种薯播后用药土覆盖(也可穴施药土),扦插前喷施一次除虫灭菌剂,或用 50%杀螟松乳油或 50%辛硫磷乳油 500 倍液浸湿薯苗 1 分钟,稍晾即可栽秧;这是防虫的关键。

②熏蒸剂:甘薯进窖前,把薯窖用硫磺熏蒸一昼夜(15 克/平方米)。

③种薯进窖前或播种前浸泡药液 5 分钟:50%多菌灵可湿性粉剂 1000 倍液;70%甲基托布津(甲基硫菌灵)可湿性粉剂 1500 倍液。

④薯苗扦插前浸泡药液 10 分钟:50%多菌灵可湿性粉剂 1000 倍液;70%甲基托布津(甲基硫菌灵)可湿性粉剂 1500 倍液(药液浸至苗的 1/3~1/2 处);50%苯菌灵可湿性粉剂 1500 倍液。

⑤病害严重地区扦插前穴施药土:70%甲基托布津或 50%多菌灵或好速净或杀毒矾或恶霜灵或 70%代森锰锌可湿性粉剂 1 份+5%菌毒清可湿性粉剂 1 份+粉状杀虫剂 1 份+干细土 20 份混匀。

⑥喷施剂:36%甲基硫菌灵悬浮剂 500~600 倍液;50%多菌灵可湿性粉剂 600 倍液;70%甲基硫菌灵可湿性粉剂 1000 倍液加 75%百菌清可湿性粉剂 1000 倍液;30%绿叶丹可湿性粉剂 600 倍液;80%喷克可湿性粉剂 600 倍液;50%苯菌灵可湿性粉剂 1500 倍液;75%百菌清可湿性粉剂 700 倍液;40%多硫悬浮剂 500 倍液。

**3. 根腐病**

甘薯根腐病又称烂根病,是近年发生较重的一种病害,山东、河南、河北、江苏、安徽、陕西等地发生较重。由甘薯腐皮镰孢菌引起,除为害甘薯外,还为害牵牛花、田旋花等旋花科植物。该病发生和流行与品种、茬口、土质、气象密切相关,温度27℃左右,土壤含水量在10%以下时易诱发此病,连作地、沙土地发病重。

【为害症状】

苗床、大田均可发病。苗期染病病薯出苗率低、出苗晚,在吸收根的尖端或中部出现黑褐色病斑,严重的不断腐烂,致地上部植株矮小,生长慢,叶色逐渐变黄。大田期染病受害根根尖变黑,后蔓延到根茎,形成黑褐色病斑,病部表皮纵裂,皮下组织变黑,发病轻的地下茎近地际处能发出新根,虽能结薯,但薯块小;发病重的地下根茎大部分变黑腐败,分枝少,节间短,直立生长,叶片小且硬化增厚,逐渐变黄反卷,由下向上干枯脱落,最后仅剩生长点2~3片嫩叶,全株枯死。

【防治措施】

(1)选用抗病良种如南薯88号、济薯2号、济薯10号、烟薯3号、徐薯2号、徐薯18号等抗病品种。

(2)严格植物检疫,不从疫病区调运种薯、种苗,培育无病种苗。

(3)轮作重病田实行3年以上轮作,可与花生、芝麻、棉花、玉米、谷子等作物轮作。

(4)加强栽培管理春薯适当早栽,有灌溉条件的地方应在栽植返苗后普浇1次水,以提高抗病力。夏薯在麦收后力争早栽,并及时浇水。深耕翻土,增施有机肥,不施带菌肥。

(5)清洁田园,将病残株带出甘薯地块后深埋。

**4. 茎线虫病**

甘薯茎线虫病俗称糠心病、空心病、糠裂皮,也是苗期烂床的病害之一。由毁灭茎线虫引起,除为害甘薯外,还为害马铃薯、蚕豆、小麦、玉米、蓖麻、小旋花、黄蒿等作物和杂草。

【为害症状】

甘薯茎线虫病主要为害甘薯块根、茎蔓及秧苗。秧苗根部受害,在表皮上生有褐色晕斑,秧苗发育不良、矮小发黄。茎部症状多在髓部,初为白色,后变为褐色干腐状。块根症状有糠心型和糠皮型。糠心型,由染病茎蔓中的线虫向下侵入薯块,病薯外表与健康甘薯无异,但薯块内部全变成褐白相间的干腐心;糠皮型,线虫自土中直接侵入薯块,使内部组织变褐发软,呈块状褐斑或小龟裂。严重发病时,两种症状可以混合发生。

**【防治措施】**

(1)农业防治

①选用抗病品种:即在引种时,应选择适合本地种植的抗病、脱毒优良品种。如适合中原地区种植且抗茎线虫病的优良品种有济薯10号、豫薯13号、苏薯8号、北京553等。

②培育无病壮苗:每平方米苗床撒施3%呋喃丹微粒剂60克,然后盖土;在种薯上炕前用52~53℃温水浸种10分钟,可杀死种薯表皮下7毫米深处的线虫;采完第二茬苗时,再撒一次呋喃丹微粒剂(施后浇水)。由于秧苗基部茎线虫多,可采取高剪苗,即采苗后,将秧苗根部剪去3~5厘米,然后用50%辛硫磷浸苗30分钟。

③建立无病留种田:即用无病地块作为留种田,并严格选用种薯、种苗。夏薯要从苗圃采苗或从春薯地剪蔓头栽植在无病地里留作下年作种用。

④消灭虫源:每年育苗、栽植和收获时,要清除病薯块、病苗和病株残体,集中晒干烧掉或煮熟作饲料。病薯皮、洗薯水、饲料残渣、病地土、病苗床土都不要作沤肥原料,若作肥料时要经50℃以上高温发酵。

⑤轮作倒茬:重病地块应实行轮作,红薯与小麦、玉米、谷子、棉花、烟叶互相轮作,隔3年以上不种红薯,能基本控制茎线虫病的发生危害。

⑥调整种收时间：重病地，改春薯早栽推迟到5月中旬栽植，提前到9月底或10月初收获，以避开线虫危害盛期，并及时切片晒干后作酿造原料或煮熟后作饲料。

⑦加强检疫：即实行严格的检疫制度。严禁病薯、病苗跨区调运，以防止疫区扩大。

(2)化学防治

①药液浸苗：可用50％辛硫磷，将剪下待栽的幼苗基部3寸左右浸入药液内10分钟即可栽植。

②毒土穴施：用5％茎线灵颗粒剂1~1.5千克，加细干土30千克拌匀，制成毒土，栽苗时每穴施毒土10克，然后灌水、栽苗、盖土。

**5. 软腐病**

甘薯软腐病为甘薯贮藏期的主要病害之一。分布广泛，全国各甘薯生产区均有发生，由黑根霉菌引起，能为害多种作物。

【为害症状】

其病菌侵染薯块后使薯块变软腐烂，在床土上面覆盖着一层灰白色的病菌，床土也稍凹陷。主要由薯种在贮藏期或育苗期受到冷害或碰伤破皮引起的。当温度在15~23℃时，病菌最容易侵染受伤的薯种，侵入后，虽在较低的温度下，薯块仍继续腐烂。

【防治措施】

(1)农业防治

①清除田间及四周杂草，集中烧毁；深翻地灭茬、晒土，促使病残体分解，以减少病、虫源。

②选用地势高燥、排灌方便的田块，起垄栽培，达到雨停无积水，大雨过后及时清理沟系，降低田间湿度，这是防病的重要措施。

③和非本科作物实行4~6年轮作；育苗的营养土要选用无菌土，用前晒三周以上。

④选用优质、抗虫、抗病、无伤疤、无菌的种薯。

⑤扦插前应穴施一次稀薄而腐熟的粪水,扦插浇定根水时,水中加入0.3%的磷酸二氢钾,返青后,再浇灌一次稀薄而腐熟的粪水。

⑥地膜覆盖栽培;及时清除重病株、病叶、严重虫伤株,集中烧毁,病穴施药。

⑦底肥提倡施用酵素菌沤制的或充分腐熟的农家肥,不用未充分腐熟的肥料;科学施肥,增施磷钾肥;重施基肥、有机肥,加强管理,培育壮苗,有利于减轻虫害。

⑧收薯后及时清洁田园,减少越冬病原和虫口基数。

⑨适时收获:一般在寒露至霜降之间,具体时间以当地日平均气温在15℃左右为宜。若收获过晚,薯块容易遭受霜冻,利于病菌侵入。收获后要用50%纯晶多菌灵浸沾后在院内或晒场上晒2～3天,使薯块伤口干燥,可抑制薯块病菌侵入。也可先在屋内干燥处晾放10～15天(堆0.3～0.7米即可),渡过薯块旺盛呼吸阶段,迫使薯块进入休眠状态,然后再入窖。

⑩科学贮藏:甘薯贮藏期窖温要控制在12～15℃之间,如果温度低于9℃,甘薯易受冻害,诱发病菌或其他病害。若温度高于17℃,甘薯极易在发芽生根,且利于病菌的发生。观察窖温的方法是:用细绳将温度计从井眼控气孔伸入井底,10分钟后拉出观察,当温度低于9℃时,减少通风孔口,高于17℃时,扩大通风量,每隔15天观察1次。

(2)化学防治:隔10天左右1次,防治1次或2次。

①播种与扦插:种薯播后用药土覆盖(也可穴施药土),扦插前喷施一次除虫灭菌剂,或用50%杀螟松乳油或50%辛硫磷乳油500倍液浸湿薯苗1分钟,稍晾即可栽秧。这是防虫的关键。

②熏蒸剂:甘薯进窖前,把薯窖用硫磺熏蒸一昼夜(15克/平方米)。

③种薯播种前浸泡药液 5 分钟：50％多菌灵可湿性粉剂 1000 倍液；70％甲基托布津（甲基硫菌灵）可湿性粉剂 1500 倍液。

④薯苗扦插前浸泡药液 10 分钟：50％多菌灵可湿性粉剂 1000 倍液；70％甲基托布津（甲基硫菌灵）可湿性粉剂 1500 倍液（药液浸至苗的 1/3～1/2 处）；50％苯菌灵可湿性粉剂 1500 倍液。

⑤病害严重地区扦插前穴施药土：70％甲基托布津或 50％多菌灵或好速净或杀毒矾或恶霜灵或 70％代森锰锌可湿性粉剂 1 份＋5％菌毒清可湿性粉剂 1 份＋粉状杀虫剂 1 份＋干细土 20 份混匀。

⑥喷施用药：3％恶霉·甲霜（广枯灵）水剂 800 倍液；37％多菌灵草酸盐（枯萎立克）可溶性粉剂 400 倍液；30％绿叶丹可湿性粉剂 800 倍液；50％苯菌灵可湿性粉剂 1500 倍液；36％甲基硫菌灵悬浮剂 500～600 倍液；50％多菌灵可湿性粉剂 600 倍液；70％甲基托布津（甲基硫菌灵）可湿性粉剂 1500 倍液。

### 6. 病毒病

甘薯病毒病又称甘薯花叶病，是近年来国内甘薯生产中逐渐发展危害较重的一大类病害。自 20 世纪 80 年代以来发生呈上升趋势，目前在广东、福建、江苏、四川、北京、山东等地均有发生，以江苏、四川、山东等省市发生较重。

由于甘薯为无性繁殖作物，感染病毒后，病毒在甘薯体内代代相传（薯块、薯苗），病毒逐年积累，使甘薯严重退化，危害逐年加重，表现为结薯量少，薯块小，牛蒡根增多，一般可减产 20％～50％。

【为害症状】

我国甘薯病毒病症状与毒原种类、甘薯品种、生育阶段及环境条件有关，可分 6 种类型。

（1）叶片褪绿斑点型：苗期及发病初期叶片产生明脉或轻微褪

绿半透明斑,生长后期,斑点四周变为紫褐色或形成紫环斑,多数品种沿脉形成紫色羽状纹。

(2)花叶型:苗期染病初期叶脉呈网状透明,后沿叶脉形成黄绿相间的不规则花叶斑纹。

(3)卷叶型:叶片边缘上卷,严重时卷成杯状。

(4)叶片皱缩型:病苗叶片少,叶缘不整齐或扭曲,有与中脉平行的褪绿半透明斑。

(5)叶片黄化型:形成叶片黄色及网状黄脉。

(6)薯块龟裂型:薯块上产生黑褐色或黄褐色龟裂纹,排列成横带状或贮藏后内部薯肉木栓化,剖开病薯可见肉质部具黄褐色斑块。

【防治措施】

(1)农业防治

①选用抗病毒病品种及其脱毒苗如徐薯18号、鲁薯3号、鲁薯7号、北京553等。

②用组织培养法进行茎尖脱毒,培养无病种薯、种苗。

③大田发现病株及时拔除后补栽健苗。

④加强薯田管理,提高抗病力。

(2)化学防治:发病初期开始喷洒10%病毒王可湿性粉剂500倍液或5%菌毒清可湿性粉剂500倍液或83增抗剂100倍液或20%病毒宁水溶性粉剂500倍液或15%病毒必克可湿性粉剂500~700倍液,隔7~10天1次,连用3次。

### 7. 枯萎病

甘薯蔓割病又叫甘薯蔓割病、甘薯萎蔫病等,分布广泛,全国各甘薯生产区均有发生。由甘薯镰孢菌引起,除为害甘薯外,还为害烟草、马铃薯、番茄、棉花、玉米、大豆等多种作物。

【为害症状】

侵染茎蔓、薯块。苗期发病,主茎基部叶片先发黄变质。茎蔓受害,茎基部膨大,纵向破裂,暴露髓部,剖视维管束,呈黑褐色,裂开部位呈纤维状。病薯蒂部常发生腐烂。横切病薯上部,维管束呈褐色斑点。病株叶片自下而上发黄脱落,最后全蔓枯死。

【防治措施】

(1)农业防治

①选用抗病品种,如金山247、南薯88号、徐州18等。严禁从病区调运种子、种苗。

②提倡施用酵素菌沤制的堆肥或腐熟有机肥。

③重病区或田块与水稻、大豆、玉米等实行3年以上轮作。发现病株及时拔除,集中深埋或烧毁。

(2)化学防治:隔10天左右1次,防治1次或2次。

①可用70%甲基硫菌灵可湿性粉剂700倍液浸种。

②必要时喷洒30%绿叶丹可湿性粉剂800倍液或50%苯菌灵可湿性粉剂1500倍液。

### 8. 斑点病

斑点病又称时斑病或叶点病,我国南北甘薯种植地区都有发生,是甘薯叶部常见的一种病害。由甘薯叶点霉菌侵染所引起。发生严重时叶片局部或全部枯死。

【为害症状】

主要为害叶片。叶斑圆形至不规则形,初呈红褐色,后转灰白色至灰色,边缘稍隆起,斑面上散生小黑点,即病原菌分生孢子。严重时叶斑密布或连合,致叶片局部或全部干枯。

【防治措施】

(1)农业防治

①收获后及时清除病残体烧毁。

②重病地避免连作。

③选择地势高燥地块种植,雨后清沟排渍,降低温度。

(2)化学防治:发病初期用65%代森锌可湿性粉剂400~600倍液,或70%甲基托布津可湿性粉剂1000倍液喷雾防治,每隔5~7天喷1次,共喷2~3次。

### 9. 疮痂病

甘薯疮痂病俗称"缩芽病"、"狗耳病",1933年在我国台湾省首次发现,20世纪50年代在广东、广西和福建也有报道。目前此病在两广、福建和浙江南部产区发生相当普遍,个别地区为害严重,发病株率常达50%以上,除造成产量损失外,病薯中淀粉含量减少,品质降低。

【为害症状】

主要为害嫩梢、叶片、茎蔓,也可为害薯块。叶片多嫩叶发病,多是叶背粗,细叶脉初时出现棕红色稍透明的小斑点,后病斑逐渐扩大,病斑表面组织木化、粗糙、突起、状如疮痂、呈灰白色至黄白色。受害叶脉弯曲,叶片皱缩、卷曲。茎蔓和叶柄发病,形成圆形或长圆形疮痂状病斑,严重时连合成大疱。病茎蔓皮层粗糙,木化,失去柔性,以致病蔓先端硬化僵直,不再伏地蜿蜒。嫩梢发病,产生密集淡紫色病斑,嫩梢皱缩不能生长,称之缩芽。薯块染病,芽卷缩,薯块表面产生暗褐色至灰褐色斑点,干燥时疮痂易脱落残留疹状斑或疤痕。病薯小而多变形。

致病菌田间常见的是其无性世代,为甘薯痂圆孢。病菌分生孢子梗着生于孢子盘上,短小,不分枝,圆筒形,顶端较尖细,其上生分生孢子。分生孢子单胞,无色,长椭圆形。

【防治措施】

(1)农业防治

①选用抗病品种。

②重病田与粮食作物进行4~6年轮作。

③施足腐熟粪肥,防止偏施氮肥,增施磷、钾肥。合理灌水。雨后排水,降低田间湿度,抑制病害蔓延。

④早期发现病株,及时拔除。收获后彻底清除田间病残体,并深翻土壤。

(2)化学防治:隔10天左右1次,防治1次或2次。

①药剂浸苗消毒:用70%托布津或50%多菌灵可湿粉1000倍液浸薯苗5分钟。

②栽前薯苗用70%甲基托布津1000倍液浸苗5分钟。

③苗床或大田发病初期喷布药剂防治,药剂可选用70%甲基托布津可湿性粉剂1000倍液,或50%多菌灵可湿性粉剂500倍液,或80%代森锌可湿性粉剂600倍液,或80%新万生可湿性粉剂600倍液,或30%绿叶丹可湿性粉剂600倍液。

### 10. 丛枝病

甘薯丛枝病俗称"薯公"、"藤鬼",是由类菌原体引起的一种重要薯病。结薯前发病的不结薯,结薯后发病对产量影响亦大。

【为害症状】

主蔓萎缩变矮,侧枝丛生,叶色浅黄,叶片薄且细小、缺刻增多。侧根、须根细小、繁多。苗期染病结薯小或不结薯;中后期染病薯块小且干瘪,薯皮粗糙或生有突起物,颜色变深,病薯块一般煮不烂,失去食用价值。

【防治措施】

(1)农业防治

①选用较抗病的品种。

②播种前,清除田间及四周杂草,集中烧毁或沤肥;深翻地灭茬,促使病残体分解,减少病原和虫原。

③选用排灌方便的田块,开好排水沟,降低地下水位,达到雨停无积水;大雨过后及时清理沟系,防止湿气滞留,降低田间湿度,

这是防病的重要措施。

④施用酵素菌沤制的堆肥或腐熟的有机肥,不用带菌肥料,有机肥中不得含有大麦病残体;采用配方施肥技术,适当增施磷钾肥,加强田间管理,培育壮苗,增强植株抗病力,有利于减轻病害。

⑤及时喷施除虫灭菌药,防治好蚜虫、灰飞虱等害虫,断绝虫害传毒、传菌途径;防止病菌、病毒从害虫伤害的伤口进入而危害植株。

⑥高温干旱时应经常灌水,以提高田间湿度,减轻蚜虫、烟粉虱危害与传毒。严禁连续灌水和大水漫灌。

⑦选育抗病耐病品种,实行4年以上大面积轮作,严防病土转移或扩散。

⑧及时防治粉虱、蚜虫、叶蝉等传毒昆虫,以利灭虫防病。

⑨加强检疫,截住病源,控制疫区,严防该病传播蔓延。

(2)化学防治

①防治蚜虫、飞虱、叶蝉用药:50%抗蚜威可湿性粉剂2500～3000倍液;25%阿克泰水分散粒剂6000～8000倍液;70%艾美乐水分散粒剂10000～15000倍液;20%康福多浓可溶剂5000～6000倍液;15%金好年乳油1500倍液;75%稻虱净可湿性粉剂800～1000倍液;10%吡虫啉可湿性粉剂800～1000倍液;5%锐劲特悬浮剂2000倍液;5%啶虫咪乳油2500～3000倍液;也可在扦插浇灌定根水时加入适量上述药液。

②防治病毒用药:10%病毒王可湿性粉剂500倍液;3.95%三氮唑核苷·铜·锌(病毒必克)水乳剂600倍液;24%混脂酸·铜(毒消)水乳剂800倍液;20%吗啉胍·乙铜(毒尽、病毒特)可湿性粉剂500倍液;20%病毒K可湿性粉剂1200～1400倍液;5%菌毒清250倍液;20%病毒A可湿性粉剂500倍液。

### 11. 干腐病

甘薯干腐病,是甘薯贮藏期的主要病害之一。江苏、浙江、山东等省发生普遍。由甘薯尖镰孢菌引起,严重时全窖发病,损失严重。

【为害症状】

侵染薯块,发生于收获初期和整个贮藏期。发病初期,薯皮不规则收缩,皮下组织呈海绵状,淡褐色;后期薯皮表面产生圆形病斑,黑褐色,稍凹陷,轮廓有数层,边缘清晰。剖视病斑组织,上层为褐色,下层为淡褐色糠腐。

【防治措施】

(1)农业防治:适时收获,适时入窖,避免霜害。

(2)化学防治

①清洁薯窖,消毒灭菌。旧窖要打扫清洁,或将窖壁刨一层土,然后用硫磺熏蒸(每立方米用硫磺15克)。

②种用薯块入窖前用50%甲基托布津可湿性粉剂500～700倍液,或用50%多菌灵可湿性粉剂500倍液,浸蘸薯块1～2次,晾干入窖。

## 二、甘薯主要虫害

### 1. 象鼻虫

象鼻虫又称甘薯蚁蟓或甘薯小象甲,属鞘翅目,蚁象虫科,是热带和亚热带地区甘薯生产上的一种毁灭性害虫,通常使甘薯减产20%～50%,损失严重,甚至绝收,是甘薯生产的主要限制因素之一。分布于长江以南各省,全年发生6～8代,成虫寿命长,世代重叠。从甘薯幼苗到收获,象鼻虫幼虫和成虫均能为害甘薯,而以幼虫蛀食薯蔓和薯块为主,使茎叶生长缓慢,同时,大量幼虫蛀入薯块,使薯块变黑,气味辣臭,人和家畜均不能食用。

【为害症状】

成虫啃食甘薯的嫩芽梢、茎蔓与叶柄的皮层,并咬食块根成许多小孔,严重地影响甘薯的生长发育和薯块的质量与产量。幼虫钻蛀匿居于块根或薯蔓内,不但能抑制块薯的发育膨大,且其排泄物充塞于潜道中,助长病菌侵染腐烂霉坏,变黑发臭。是我国南方薯区主要害虫。

**【防治措施】**

(1)农业防治

①严格检疫,防止扩散。

②甘薯收获后,清除有虫薯块、茎蔓、薯拐等,集中深埋或烧毁。

③实行轮作,有条件地区尽量实行水旱轮作。

④及时培土,防止薯块裸露,注意选用受害轻的品种和地块。

(2)化学防治

①药液浸苗:用50%杀螟松乳油或50%辛硫磷乳油500倍液浸湿薯苗1分钟,稍晾即可栽秧。

②毒饵诱杀:在早春或南方初冬,用小鲜薯或鲜薯块、新鲜茎蔓置入50%杀螟松乳油500倍药液中浸14~23小时,取出晾干,埋入事先挖好的小坑内,上面盖草,每亩50~60个,隔5天换1次。

## 2. 蛴螬

蛴螬是金龟子的幼虫,属鞘翅目金龟甲科。其种类有40余种。为害甘薯的主要有华北大黑鳃金龟、东北大黑鳃金龟、铜绿金龟子、黑皱金龟子、黄褐金龟子、豆形绒金龟子等。

**【为害症状】**

成虫、幼虫均能危害,而以幼虫(蛴螬)危害最严重。幼虫栖息在土壤中,取食种薯萌发的新芽,造成缺苗断垄;咬断根茎、根系,使植株枯死,且伤口易被病菌侵入,造成植物病害。成虫取食寄主幼芽嫩叶,影响产量与品质。

【防治措施】

(1)农业防治

①清除田间及四周杂草,集中烧毁;深翻地灭茬、晒土,促使病残体分解,以减少病、虫源。

②选用地势高燥、排灌方便的田块,起垄栽培,达到雨停无积水,大雨过后及时清理沟系,降低田间湿度,这是防病的重要措施。

③和非本科作物实行4～6年轮作。

④育苗的营养土要选用无菌土,用前晒3周以上。

⑤选用优质、抗虫、抗病、无伤疤、无菌的种薯。

⑥扦插前应穴施一次稀薄而腐熟的粪水,扦插浇定根水时,水中加入0.3%的磷酸二氢钾,返青后,再浇灌一次稀薄而腐熟的粪水。

⑦地膜覆盖栽培;及时清除重病株、病叶、严重虫伤株,集中烧毁,病穴施药。

⑧底肥提倡施用酵素菌沤制的或充分腐熟的农家肥,不用未充分腐熟的肥料;科学施肥,增施磷钾肥;重施基肥、有机肥,加强管理,培育壮苗,有利于减轻虫害。

(2)化学防治:幼虫危害时,喷淋根际周围;成虫危害时,喷施整个植株。

①播种与扦插:种薯播后用药土覆盖(也可用浸种剂或拌种剂灭菌),扦插前喷施一次除虫灭菌剂,或用50%杀螟松乳油或50%辛硫磷乳油500倍液浸湿薯苗1分钟,稍晾即可扦插;这是防虫的关键。

②倍乐斯本:在红薯生长发育期间,必须每10～15天叶面喷洒一次1000倍乐斯本水溶液,均匀喷湿所有的叶片,以开始有水珠顺着茎叶流向根部为宜,连续喷洒3～5次。乐斯本是种渗透性很强的杀虫剂,它会通过藤蔓传导到地下部,将地下害虫杀死,保

护地下薯块。

③淋茶麸液：在红薯迅速膨大期间，每7～10天根部淋施一次40～50倍茶麸水溶液，连续淋施2～3次，每次每平方米淋10～15千克。茶麸液能够将地下害虫杀死，并能及时补充优质的有机肥料，促进薯块膨大，增加淀粉积累，明显提高产量和改善品质。

### 3. 地老虎

地老虎属鳞翅目夜蛾科，幼虫俗称土蚕、地蚕、切根虫。杂食性强，除为害甘薯外，对棉花、玉米、高粱、烟草等都有严重为害。

【为害症状】

地老虎主要以1代幼虫危害春播作物的幼苗，造成缺苗断垄，甚至毁种。危害时初孵幼虫多取食幼苗嫩叶、叶肉，残留表皮。2龄后，昼伏夜出，把叶片食成孔洞或缺刻。4龄以上幼虫，可咬断幼苗基部嫩茎，有时把幼苗拖入穴中。

【防治措施】

(1) 农业防治

①清除田间及四周杂草，集中烧毁；深翻地灭茬，促使病残体分解，以减少病、虫源。

②选用地势高燥、排灌方便的田块，起垄栽培，达到雨停无积水，大雨过后及时清理沟系，降低田间湿度，这是防病的重要措施。

③和非本科作物实行4～6年轮作。

④育苗的营养土要选用无菌土，用前晒3周以上。

⑤选用抗病、优质、无伤、无菌的种薯，种薯播后用药土覆盖（也可用浸种剂或拌种剂灭菌），扦插前喷施一次杀虫灭菌剂，这是防病的关键。

⑥扦插前应穴施一次稀薄而腐熟的粪水，扦插浇定根水时，水中加入0.3%的磷酸二氢钾，返青后，再浇灌一次稀薄而腐熟的粪水。

⑦地膜覆盖栽培;及时清除重病株、病叶、严重虫伤株,集中烧毁,病穴施药。

⑧用泡桐树叶诱杀,采新鲜的泡桐树叶,用水浸泡后,每亩50~70张,于傍晚放在被害田里,次日清晨人工捕捉叶下幼虫杀死。

(2)化学防治

①药剂诱杀:用90%敌百虫50克,均匀拌和切碎的鲜草30~40千克,再加少量的水,傍晚撒在田间附近诱杀幼虫。

②喷施剂(危害时喷施地面):40.7%毒死蜱乳油1000倍液;2.5%溴氰菊酯乳油3000倍液;10%溴马乳油2000倍液;3.3%天丁乳油1000~1500倍液;5%百事达乳油1000~2500倍液;18.1%富锐乳油2000~3000倍液。

③药土:3%米乐尔颗粒剂2~5千克+干细土20千克;5%紫丹颗粒剂2千克+干细土20千克;10%克线丹颗粒剂4~5千克+干细土20千克;3%护地净颗粒剂3~4千克+干细土20千克;3%呋喃丹颗粒剂1.5千克+干细土20千克;90%晶体敌百虫1.5千克+干细土20千克;严重发生地区,在播种薯或定植时穴施,可兼灭其他地下害虫;幼虫危害幼苗时,撒施于根际周围。

### 4. 甘薯麦蛾

甘薯麦蛾又叫甘薯卷叶蛾,屑鳞翅目麦蛾科。分布广泛,全国各甘薯生产区均有发生。除为害甘薯外,还为害蕹菜、牵牛花等旋花科植物。以幼虫吐丝卷折红薯叶片,并栖居其中取食叶肉,只留表皮,发生严重时,大量薯叶被卷食,严重影响产量。

【为害症状】

主要以幼虫吐丝卷叶,在卷叶内取食叶肉,留下白色表皮,状似薄膜,幼虫还可危害嫩茎和嫩梢,发生严重时,大部分薯叶被卷食,整片呈现"火烧"现象。危害严重时,仅剩叶脉和叶柄。

**【防治措施】**

(1)农业防治

①清除田间及四周杂草,集中烧毁;深翻地灭茬、晒土,促使病残体分解,以减少病、虫源。

②选用地势高燥、排灌方便的田块,起垄栽培,达到雨停无积水,大雨过后及时清理沟系,降低田间湿度,这是防病的重要措施。

③和非本科作物实行4~6年轮作;育苗的营养土要选用无菌土,用前晒3周以上。

④选用优质、抗虫、抗病、无伤疤、无菌的种薯。

⑤扦插前应穴施一次稀薄而腐熟的粪水,扦插浇定根水时,水中加入0.3%的磷酸二氢钾,返青后,再浇灌一次稀薄而腐熟的粪水。

⑥地膜覆盖栽培;及时清除重病株、病叶、严重虫伤株,集中烧毁,病穴施药。

⑦收薯后及时清洁田园,减少越冬虫口基数。

(2)化学防治:应掌握在幼虫发生初期施药,喷药时间以下午4~5时为宜,此时防治效果较好。首选药剂以48%乐斯本乳油1000~1500倍液喷雾防治,防效可达90%以上。此外,甘薯田可选用40%氧化乐果乳油1000~1500倍液喷雾防治;蕹菜上选用20%除虫脲悬浮剂1500~2000倍液、B.t乳剂(100亿孢子/毫升)400~600倍液、40%乐果乳油1000~1500倍液喷雾防治,效果均较好。特别强调的是蕹菜上在施用48%乐斯本乳油和40%乐果乳油防治时,应在施药7天后方可采收食用。

### 5. 甘薯天蛾

甘薯天蛾又名旋花天蛾,属鳞翅目天蛾科。分布广泛,全国各甘薯生产区均有发生。主要为害甘薯,也取食牵牛花等旋花科植物。幼虫食害甘薯的叶和嫩茎,严重时能把叶吃光,影响产量甚大。

【为害症状】

主要以幼虫食害叶片和嫩茎,严重时吃光叶片,仅剩叶柄,严重影响产量。

【防治措施】

(1)农业防治

①冬、春季多耕耙甘薯田,破坏其越冬环境,杀死蛹,减少虫源。

②早期结合田间管理,捕杀幼虫。

③利用成虫吸食花蜜的习性,在成虫盛发期用糖浆毒饵诱杀,或到蜜源多的地方捕杀,以降低田间卵量。

(2)化学防治:每亩用2.5%敌百虫粉或1.5%1605粉1.5～2千克喷粉;或用90%晶体敌百虫;或80%敌敌畏乳剂2000倍液喷雾;或20%B.t乳剂500倍液喷雾。

6. 红蜘蛛

红蜘蛛又名火龙虫,是一种螨类害虫。以口针吸食汁液为害甘薯的叶、枝,其中以叶片为害最重。被害叶片常呈许多灰白色小斑点,失去固有光泽,从远处看呈一片粉绿色。为害严重的使叶片脱落。

【为害症状】

以成螨、若螨聚集在叶背面,刺吸汁液,并吐丝结网。受害叶片的正面呈现黄白色似针尖状斑点,危害严重时叶面出现红点,并且红点范围逐渐扩大,最后变成锈红色,严重时大面积受害,叶片焦枯脱落,甚至整株枯死。

【防治措施】

(1)农业防治

①清除田间及四周杂草,集中烧毁;深翻地灭茬、晒土,促使病

残体分解,以减少病、虫源。

②选用地势高燥、排灌方便的田块,起垄栽培,达到雨停无积水,大雨过后及时清理沟系,降低田间湿度,这是防病的重要措施。

③和非本科作物实行4~6年轮作;育苗的营养土要选用无菌土,用前晒3周以上。

④扦插前应穴施一次稀薄而腐熟的粪水,扦插浇定根水时,水中加入0.3%的磷酸二氢钾,返青后,再浇灌一次稀薄而腐熟的粪水。

⑤地膜覆盖栽培;及时清除重病株、病叶、严重虫伤株,集中烧毁,病穴施药。

⑥收薯后及时清洁田园,减少越冬虫口基数。

(2)化学防治

①播种与扦插:种薯播后用药土覆盖(也可穴施药土),扦插前喷施一次除虫灭菌剂,或用50%杀螟松乳油或50%辛硫磷乳油500倍液浸湿薯苗1分钟,稍晾即可栽秧;这是防虫的关键。

②拌种剂:50%辛硫磷乳油50~100倍液,再加入适量防病药剂拌种薯。

③喷施剂:10%扫螨净2000倍喷雾;70%克螨特乳油2000倍液;20%双甲脒乳油1000~1500倍液;20%螨克乳油2000倍液;20%甲氰菊酯乳油2000倍液;41%金霸螨乳油2000倍液;8%中保杀螨乳油2000倍液,或9.8%螨即死乳油3000倍液;25%洗螨脱可湿性粉剂3000倍液;1.8%虫螨克乳剂4000倍液;2.5%天王星乳油2000倍液;21%灭杀毙乳油2500倍液;5%卡死克乳油2000倍液;50%马拉硫磷乳油1000倍液;40%乐果乳油800倍液;1.8%阿维菌素3000倍液;73%克螨特乳油1500倍液;2.5%功夫乳油2000倍液。

**7. 蝼蛄**

蝼蛄营地下生活,咬食薯苗根部,对幼苗伤害极大,是重要地下害虫。

**【为害症状】**

在土中取食种芽、幼芽或将幼苗咬断致死,受害的根部成乱麻状,由于蝼蛄的活动,将表土窜成许多隧道,使苗根脱离土壤,致使幼苗失水而枯死,严重时造成缺苗、断垄。

**【防治措施】**

(1)农业防治

①根据蝼蛄的趋光性,可用灯光进行诱杀。此法必须大面积使用,方能收到较好的效果。小面积使用能将蝼蛄招来,反而加重危害。

②人工捕杀。掌握蝼蛄的产卵期,铲去表上层,找到洞口,顺洞口控下去,发现成虫和卵加以消灭。

(2)化学防治

①毒饵诱杀:可用50%辛硫磷乳油100毫升或90%晶体敌百虫50克,对水1~1.5千克稀释,再与2.5~3千克炒香的豆饼或麦麸拌匀制成毒饵。每亩地用毒饵2~3千克,傍晚时均匀洒在播种沟或播种穴里。

②毒谷诱杀:每亩地用于谷子0.5~0.8千克、90%晶体敌百虫50克,先将干谷子煮成半熟,捞出晾至半干;敌百虫用少量水化开,再将谷子和药拌匀,晾至八成干,播种时撒入播种沟或播种穴里。

### 8. 跳盲蝽

甘薯跳盲蝽属半翅目盲蝽科,别名小黑跳盲蝽、花生跳盲蝽,俗称甘薯蛋。

**【为害症状】**

成虫和若虫在寄主作物的成长叶片上刺吸汁液,刺吸处留下灰绿色小点。产卵于叶脉两侧组织内,有些外露,卵盖上覆盖粪便。

**【防治措施】**

(1) 农业防治

①因地制宜选用抗虫品种。

②生物防治：利用天敌，卵寄生蜂有蔗虱缨小蜂，寄生率13%；盲蝽黑卵蜂，寄生率也较高。

(2) 化学防治：辛硫磷、乐斯本、乐果、敌百虫对其毒力较强，24小时后85%以上死亡。生产上可用50%辛硫磷乳油1500倍液、90%敌百虫结晶1200倍液，或50%辛硫磷乳油、10%吡虫啉可湿性粉剂、25%喹硫磷乳油1500倍液，或50%马拉硫磷乳油1000~1500倍液，或2.5%功夫乳油、20%灭扫利乳油2000倍液，或1%7051杀虫素乳油2000~2500倍液喷雾，防效可达85%~90%，隔10天左右1次，连防2次即可。采收前7天停止用药。

### 9. 肖叶甲

别名甘薯金花虫。国内有两个亚种，分布偏南，长江以南常见。

**【为害症状】**

成虫为害甘薯、蕹菜幼苗顶端嫩叶、嫩茎，致幼苗顶端折断，幼苗枯死。幼虫为害土中薯块，把薯表吃成弯曲伤痕，影响其生长发育。

**【防治措施】**

(1) 农业防治

①利用该虫假死性，于早、晚在叶上栖息时，捡入塑料袋内，集中消灭。

②利用黑光灯诱杀成虫。

(2) 化学防治

①在甘薯栽秧前用50%杀螟松乳油500倍液浸苗后晾干，然

后栽种,可防治苗期受害。

②田间撒施毒土:整地时用3%呋喃丹乳剂1000克/亩与细土拌匀,撒施土面,然后做垄,对防治幼虫起到了良好效果。

③喷药杀除成虫:成虫发生时,用40%乐果乳剂1000~1200倍液喷在薯田和薯株上,连续喷2~3次。此药剂对防治甘薯麦蛾也非常有效。

**10. 白羽蛾**

别名白鸟羽蛾。分布在中国东南、华南、台湾等地。

【为害症状】

幼虫取食甘薯藤蔓嫩叶,但不潜入未展开嫩叶内危害,食痕成网状小孔或造成叶片穿孔或干枯,影响生长发育。

【防治措施】

喷洒5%氟虫腈悬浮剂1500~2000倍液,防效优异,并可兼治甘薯麦蛾、甘薯绮夜蛾幼虫。

**11. 茎螟**

别名甘薯蠢野螟、甘薯蠢蛾、甘薯藤头虫。分布福建、台湾、海南、广东、广西。

【为害症状】

甘薯茎螟是华南地区重要的甘薯害虫,偶见加害砂藤。幼虫蛀入薯茎内危害,被害薯茎因连续受到刺激,逐渐膨大,形成木质化中空、纵形隆起的虫瘿。猖獗发生地区的薯株受害率可高达80%~90%。同时因虫瘿大多在藤头,虫瘿上部容易折断,造成缺株。部分幼虫也会在外露的薯块或从薯蒂侵入薯块,蛀食成隧道,影响薯块生长。

【防治措施】

(1)农业防治

①收薯后及时清洁田园,减少越冬虫口基数。

②轮作。

(2) 化学防治

①剪苗栽插前 1～2 天，用 40％乐果乳油 1000 倍液或 90％晶体敌百虫、80％敌敌畏乳油 800～900 倍液进行苗床喷雾或用乐果药液浸苗 1～2 分钟后扦插。

②在成虫羽化高峰后 5～7 天，喷洒上述杀虫剂。

**12. 斜纹夜蛾**

别名莲纹夜蛾。分布极广，我国几乎遍布各省区，以长江流域及以南地区受害重。

**【为害症状】**

幼虫食叶为主，也咬食嫩茎、叶柄，大发生时，常把叶片和嫩茎吃光，造成严重减产。

**【防治措施】**

(1) 农业防治

①注意清除田间及地边杂草，灭卵及初孵幼虫。

②利用其对黑光灯和性引诱剂的趋性，在田间设胡萝卜、甘薯、豆饼发酵液加少量红糖和敌百虫诱集成虫。

③人工采卵或捕捉低龄幼虫。

(2) 化学防治：应抓住幼虫低龄阶段进行药剂防治。可用 90％晶体敌百虫 1000 倍液，25％西维因可湿性粉剂 200 倍液，2.5％功夫乳油 3000 倍液，5％抑太保乳油 1500 倍液喷雾。

# 第五章 甘薯收获与贮藏

薯块是营养器官,无严格的成熟期,常以茎色变深、叶色发黄、脱落叶片增多、切开块根时切口处很快愈合干燥等作为收获适期的标志,这表明茎叶生长和薯块膨大均已基本停止,即可开始采收。一时不能运走的商品薯和种薯需入窖贮藏,贮藏期间,注意通风换气和防止染病腐烂。

## 第一节 商品甘薯的贮藏

随着我国人民生活水平的提高和对甘薯食品营养作用的进一步认识,以及对甘薯保健功能的进一步了解,当今人们食用甘薯不再只是为了充饥,主要是为了调剂营养、增进健康。

食用鲜薯除了城市这个公认的大市场外,尚有广大农村的非甘薯产区。我国直接吃自种甘薯的农民有2亿~3亿人,其他非甘薯产区的农民吃甘薯须靠市场供应。

经贮藏保鲜的甘薯,除了供应城乡居民直接食用外,还可用于薯脯、薯条、熟制小薯干、甘薯粉条等食品加工。今后,随着甘薯食品的进一步开发,对鲜甘薯原料的需求量也将日趋增加。

随着商品甘薯贮量的增加和市场的扩大,甘薯运销业也随之兴起。由众多运输户组成的运销队伍,架起了甘薯生产、贮藏与城镇市场以及甘薯产地与非产地之间的桥梁。贩运甘薯者,为生产、贮藏者找到了销路,满足了城乡人们对甘薯消费的需求,同时也为自己找到了一条致富的门路。

由此看来,甘薯保鲜贮销业有着很大的市场,是一个值得重视和投资的产业。

# 一、商品甘薯的基本要求

### 1. 国际市场对鲜甘薯的要求

在国际市场上,食用甘薯首先要求颜色、味道、外形好,薯肉黄至红色,而且商品价值高。如美国将甘薯的外观质量分为10级,1级商品性最好,薯块长8～23厘米、粗5～8.8厘米,薯形好,薯块完整无瑕疵;而若薯块长度、粗度、块重等项均高于1级和2级薯块标准指标,但仍符合市场需求的为大薯,商品性则属等外品。薯块品质评价每项指标也分为10级,10级为最高级,6级或低于6级为差。

美国人偏爱薯肉深红色、肉质甜新细腻、纤维少的品种。日本对食用甘薯外观质量要求类似于美国,市场偏爱皮色紫红、薯皮光滑、薯形规格基本一致、细长(长10～20厘米,粗4～8厘米)的薯块,品质方面喜欢肉色黄而均匀、口感粉甜、纤维少的品种。

### 2. 国内市场对商品鲜薯的要求

目前国内中、高档食用鲜甘薯生产经营者,根据市场的需求对甘薯内在质量和外观质量提出了一些食用标准。这些标准各地因开发的产品和市场需求不同而有较大差异。

(1)外观质量:不同类型的甘薯,对其外现质量要求有一定差异,但在多数方面大体一致,归纳起来有以下几点。

①无病虫害:要求包装的甘薯不带黑斑病、软腐病、茎线虫病和黑斑病,无水浸、无受冻、无虫眼等。带有极小黑斑、病斑和少量

黑斑病的薯,可作为低档商品薯进行包装。病斑明显的不能作为商品薯包装出售,可改为饲用或切晒薯干用。

②表皮光滑度:各类商品薯通常要求薯形为纺锤形或长纺锤形,两端较钝,皮色鲜艳,表皮光滑,无横沟,无纵沟,根眼浅,以利于食用或加工时削皮。

③皮色及表皮完整度:在包装同一品种甘薯时,要挑选皮色一致的薯块。无论哪种品种,都要求皮色要鲜润。各类商品薯对表皮的要求,都是要最大限度地保证表皮的完整。薯块表皮的完整度与薯皮色的鲜艳度有着密切关系,因为表皮损伤后,裸露部分甘薯组织中的酚酶会发生酶促反应,这部分甘薯组织表面变成褐色。甘薯表皮创伤后渗出的细胞汁液成了各种病菌的培养基,在温度、湿度满足的条件下会滋生霉菌,使薯皮颜色变成灰、黑色等。因此,表皮的完整度越高,薯块外观质量越高。在包装时,薯块表皮的完整度是确定商品薯等级的主要依据,在薯块无病、大小适中的前提下,薯块表皮完整度达到98%以上、薯皮色鲜如初的为精品。

④块重:一般食用型甘薯薯块以重200～500克的中型为好,而"迷你甘薯"在50～100克为好,用作薯脯、薯干、糕点等食品加工的商品薯则要求以大型薯块为主,因大的薯块削皮省工。薯块的长粗比例要适当。同一等级、同一包装内薯块大小要基本整齐一致。

⑤净度:薯块中间不夹杂残留茎叶、细根、土、石块等。薯块表面无泥土,必要时进行洗涤。

(2)内在质量:不同类型的商品薯,对其内在质量要求的标准不同。在确保符合国家卫生安全指标的前提下,不同的用途对其内在质量又有不同的要求。例如,作为烤薯专用的,要求薯肉为黄色或橘红色,糖分含量高,水分含量稍大,待烤熟后水分散失约30%左右,食之软、面、甜、香,这时的软硬程度正适合人们的口感需要。如果作为蒸煮用的食用薯,薯肉色应以黄色、橘红色、浅黄色为主,也可以是白色,水分含量要求比烤食型的要小些,因蒸煮后薯肉水分散失很少,水分过大的品种,食之不面。熟食味道要纯正,粉质适中,口感香、甜、糯、软,或有栗子口味,纤维少、干物率、淀粉含量特别高的品种,除用作加工淀粉外,也可用于薯泥、薯酱等甘薯食品的加工。因为高淀粉的甘薯制品得率高,熟制薯干、薯脯、薯条要求甘薯含水量中等偏高,色泽以黄、红为主。水果型的甘薯要求水分含量大,色泽黄、红,糖分及维生素含量高,生食脆甜,水果味好。提取色素专用型甘薯,要求薯肉色素含量要高。生产和包装时,要针对不同的销售目的,选用不同类型的甘薯品种。

## 二、鲜薯贮藏技术

鲜甘薯的体积大、含水量多,组织细嫩、皮薄,容易破皮受伤,又易受冷、怕热、怕干、怕湿、怕闷,如果管理不好,很容易出现烂窖现象。因此,要保管好甘薯,使之安全贮藏,保证其不烂或少烂是至关重要的。

### 1. 甘薯贮藏窖的形式

甘薯贮藏窖的窖型,可根据各地的具体地形、水位、建筑材料、投资能力等来确定。如丘陵地区可利用土崖挖窑洞建土窑窖,平原地区可建棚窖,地下水位深的地区可建地下式窑窖、改良式井窖,地下水位浅的地区可建半地下式窖或地上部砖券窖、屋窖等,贮量小的可建小屋窖或使用加气眼的改良井窖,贮量大的可建造大屋窖、大窑窖,有投资能力的可建永久式砖券窖,资金不足的可就地取材建造不同类型的简易窖。此外,还可利用旧砖窑、旧土窑、旧地道、旧仓库等设施改建成甘薯贮藏窖。不管采用哪种窖型,建窖时要考虑到有利于贮藏前期通风散热、后期保温防寒,坚固、不漏雨、不渗水。

窖容根据贮量大小而定。散装甘薯每立方米空间可容纳500千克甘薯,薯窖利用率按60%计算,建窖容积应是计划贮薯量所占空间的1.4~1.6倍。例如,每贮藏10吨鲜薯,需窖容33立方米左右。井窖散热性差,容量不可过大,一般以每窖容1~1.5吨为好。小屋窖可贮藏2~4吨。一个改造后的旧砖窖,可贮藏140~250吨。大型屋窖可贮藏500~1000吨。

(1)高温大屋窖(图5-1):高温大屋窖贮藏量大,有加温设备,可进行高温灭菌,对防治黑斑病及软腐病有较好的效果,进出薯容易,管理方便。大屋窖可分为地上式及半地上式两种。地上式墙从地面修建,按贮藏量多少可分为两间、三间不等。墙高2.5米,屋顶三草三泥,前后墙留对口窗,东山墙建一耳房,为出入窖门及管理室。在管理室入窖门处挖坑修建煤火灶,修为道直通窖内。窖内火道设在中间偏后,高、宽各33厘米,坡度2%~3%。回火道在墙基部,无坡度,烟囱设在墙外。

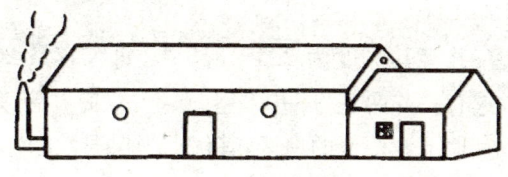

图5-1 大屋窖示意图

(2)小屋窖:一般每窖可贮1500~3000千克,可选择院内或宅旁背风向阳处,也可选择在两座房的夹道中,长度可根据需要而定。一般长2~3米、宽2~2.3米,如修建半地下式可向下挖0.7~1米。再垒墙,地下墙厚0.2米。如修建地上式可自地面向上垒墙,地上墙厚0.7米。可垒成双层墙,中间填土或碎草,墙高2米,门留在南边或东边,瓦顶或草顶皆可,顶厚0.3~0.5米,三草三泥,房沿结合严密,不要留缝,以利保温。前后墙对口窗。房建好后可在室内建回龙火道,进火口要与地面平,伸到后再返回前墙,出火口要高出地面0.7~1米,通至室外并修烟囱,高出屋顶。火道高、宽各0.3米,三面散热,坡度为3%。甘薯入窖前在窖内所铺卧砖上铺荆笆或高粱秆,使薯块不直接接触地面,以利加温后温度保持一致。薯堆中间要隔1米放一个通气笼或高粱秸把。堆高1.3~1.7米,上留0.3~0.5米的空间。薯堆四周不可直接靠墙。室外在进火口处修建煤火灶,炉膛要大,进火口坡度为30%,以利热气进入火道。

小屋窖管理的前期窖内应保持在10~13℃,如窖温高可在晴天开窗散热,待窖温稳定在12℃时就应注意保温。入窖后1个月,外面气温下降到0℃以下,即加挂门帘,并堵死出气口,使窖温不低于10℃。如窖温低于9℃即应加温并在薯上盖干草保温。立春以后天气回暖,在晴天可适当开窗通气,但不要使窖温降至9℃以下。在整个贮藏期要每隔2~3天检查1次窖温,尤其应注意小屋窖西北角下部容易出现低温,应随时采取有效措施。小屋窖贮藏损耗率约在1%以下。

(3)井窖:井窖其深度为2.5~3.5米,每窖容量2000~5000千克。其形式有一井两室、一井多室、双室、双筒井窖及改良井窖等。井窖适宜地下水位低的地区,其优点为保温性能好,贮后薯块新鲜;缺点是散热慢,因不能高温处理,容易发生病害,需采取一系列防病措施,控制适宜温度,才能达到安全贮藏的目的。

①普通井窖:井筒深3~4米,井窖深度超过4米,保温虽好,但散热慢,容易发生高温。2米深的井窖易受地面低温的影响,不易保温,常遭冻害。井筒上口直径约0.8米,下口直径约1米。有利保温。窖内挖2个洞,洞宽1.7米、高1.7~1.9米、长2.6~3米,洞顶半月形,洞门宽约0.8米、高约2米,2个洞可贮藏薯种3000千克左右。为了便于通气,在井窖两边各设通气洞1个,通气洞沿井筒壁垂直开沟挖成,然后用瓦和泥涂严井筒壁。通气洞上口15~20厘米见方,下口23~27厘米见方,出地面30~60厘

米,如温度下降即可堵死。

②改良井窖:先挖成与普通井窖规格一样的井筒,由筒底向一个方向打 0.8 米宽的走道,在走道的另一侧每隔 1.3~2.7 米挖 1 个贮藏洞,在走道和贮藏洞的上方均可挖气眼,以利通风换气。

(4)棚窖:在地下水位较高,不宜打井窖的地区常用棚窖。棚窖一般贮藏量为 1500~2500 千克,也有高达 5000 千克以上的。

浅棚窖适宜地下水位高、土壤不太坚实的地方采用。优点是建窖省工,薯块取存方便;缺点是保温差,易受冷害。浅棚窖的窖温主要靠呼吸作用放出的热量来维持,所以贮藏量不能太少(不得少于 2500 千克),太少窖温低。窖上搭棚架盖草和土。现以单室浅窖为例说明其构造。

选择避风向阳、地势较高的地方建造。挖深 2 米、宽 1.7~2 米、长 4~5 米、四角为弧的方坑。坑上用木料架起,用高粱秸搭棚盖好,窖初期为了散热,窖顶可覆盖一层薄土,立冬后气温下降覆土层加厚,到冬至前后,覆土厚可达到 1 米左右。在窖的一头留一个人能上下的窖口,另一头可设一个高出地面的气孔(可测窖温)。窖的四周可挖排水沟,防止雨水流入窖内。为了防止冷空气进入窖内,可在窖的一头离窖 0.7~1 米远的地方挖一直径 0.7 米与窖一样深的窖筒,筒底下向窖内建一个人可以弯腰出入的窖门,检查薯块时可以由此洞出入。棚下留的窖口要封严。棚窖前期不易出现高温,但薯堆不易过大,为了使薯堆中温度易于消散,可在薯堆中每隔 0.7~1 米放 1 个高粱秸把。入窖 1 个月内,因薯块呼吸旺盛,窖温较高,窖顶常有水珠下滴,堆顶常因湿度过大而发生软腐病。为了降低薯堆上层湿度,可在薯堆上盖干草,隔几天将湿草换掉拿出晾干。入冬以后往往会出现低温,应注意封严窖门并加厚窖顶,使温度始终保持在 11~13℃。棚窖保温性能差,应注意保温,特别是窖顶覆土不能过薄,并注意检查有无透风洞。冬至以后如窖温不足 10℃,要用煤火加温,雨雪后要扫去窖顶附近积雪,以免浸漏到窖内。井窖及棚窖都要有适当的贮藏量,每窖适宜贮量以占窖室体积的 3/4 为宜,留出一定空隙,以利散热。贮藏过满,薯量过大,容易积累大量的热量而使窖温急剧增高,造成病害迅速蔓延。

(5)拱形大窖:拱形大窖的优点是坚固耐用,贮藏量大,前期有利于降温散湿,后期有利于保温防冻,只要贮藏量适当,不需人工加温即可保证安全贮藏。拱形大窖的形式很多,这种窖的特点是四周墙和顶部加土厚,各洞都有气眼,通风保温好,管理方便。根据贮藏洞排列方式分为半非字型和非字型两种。

①半非字型拱形窖:由贮藏洞、走廊、门窗、气眼、窖顶、管理室等部分组成。整个大窖最好采用半地下式,由地面向下挖 1 米深处建窖,这样便于保温。如果建在地面上,整个大窖东西侧墙要加厚并砌成梯形墙。

a. 贮藏洞:南北向,东西排列。洞的大小和多少可以根据贮藏量决定,一般洞宽 2.5~3 米,高 2.5~2.9 米,长 8~10 米。每洞可贮藏 25 000 千克左右。四周砌石墙,厚度除南墙 0.8 米外,其余的均为 0.5 米。洞顶用砖砌成,走廊设在南边,距南墙 1.5 米,高为 2.5~2.9 米。

b. 门窗:在走道的东端留一门,与管理室相通作为内门,在每个贮藏洞距南墙 1.5 米处设一个宽 2 米、高 1.5 米洞门。每个贮藏洞的南墙上各留一宽 60~80 厘米、高 40~80 厘米的双层玻璃窗,以利透光和保温。

c. 气眼:在每个贮藏洞的顶部留一二个气眼,高出地面 50 厘米,直径为 25~30 厘米。

d. 窖顶:用砖或石头砌成,并在窖顶及四周覆土 1.5 米左右,以利保温。

②非字型拱形窖(图 5-2):由贮藏洞、夹墙、走廊、气眼、窖顶、管理室等部分组成。

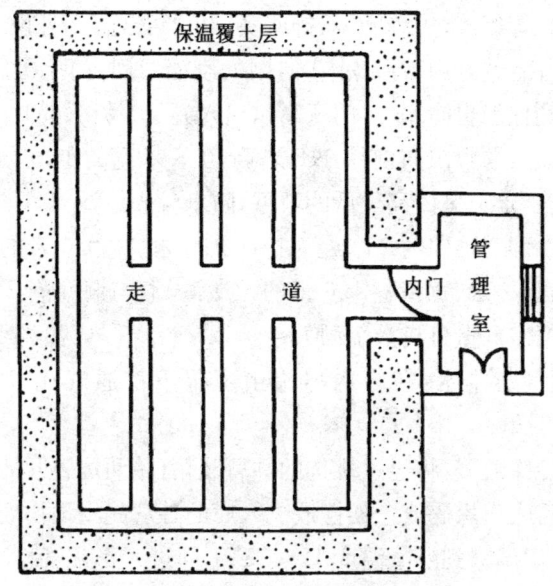

图 5-2 非字型拱形窖示意图

a. 贮藏洞：东西向，南北排列，分两排位于走廊的两侧，洞口相对，洞多少可根据贮藏量多少而定。一般洞宽 2～2.5 米、高 2.5～3 米、长 5 米，每洞可贮藏薯种 7500 千克左右。

b. 夹墙：在窖南面距贮藏洞 1 米处另砌一外墙，两墙之间用土填实，以利保温。外墙高出窖顶 2 米，以挡窖顶覆土。

c. 走廊：位于中央，南北向，宽 2 米、高 3.5～4 米，南端在墙外处留门与管理室相通作为内门，在内门上方装一宽 1.7 米、高 1.2 米玻璃，以利透光。

d. 窖顶：用砖或石头砌成，窖顶及四周均覆土 1.0 米，以利保温。

（6）崖头窖：这种窖适于丘陵地区，可充分利用地形、利用山坡或崖头建窖，省工、省料、贮藏量大，在选址时应注意选择土层厚而坚实的地方以防止塌方，窖形与拱形窖相似，由窖门、走道、贮藏间、通气孔等组成,可单排、双排或多排,也可在窖门外设工作室。

①窖门:选好山坡崖头,在向阳处砌墙留门,门上土层厚2米以上,即利保温也防塌方,门宽高以出入方便、易堵、易封为标准。

②走道:顺窖门向内挖1.8米高、0.8米宽的走道,走道因贮藏量而定。走道呈内高外低的坡型,防水流入。

③贮藏洞:推门内2米处先挖高1.6米、宽0.6米的洞门,而后扩大为深2米、宽高各1.6米的贮藏洞,洞与洞间隔2米,以此类推,根据需贮量可掏数个洞。

④通气与排水:在窖内尽头由上至下挖通气孔,四周挖排水沟。

(7)冷库贮藏:将经过挑选的甘薯装箱(箱两边各开2个孔)或装筐,然后入库垛码或上架摆放。入库的甘薯先经预伤处理,预伤后迅速将库温降到贮藏温度12~15℃,即进入正常管理阶段。注意预伤时,要洒水增湿,湿度达90%~95%,正常管理时要通风降湿,湿度保持在85%~90%。贮藏期为5~7个月。贮藏中如发现病薯应立即拣出,防止蔓延。

**2. 薯窖消毒**

甘薯入窖之前,应对窖内进行消毒。在收获前半个月,打开窖门通风,然后将窖内四壁和地面的旧土铲除一层。薯窖消毒一般按每立方米体积用硫磺50克,点燃,封闭窖门、窗,熏蒸3天3夜,也可在入窖前用2%福尔马林或1%~2%硫酸铜喷洒消毒;为了预防病害,甘薯在入窖前可用50%代森铵稀释200~300倍,或50%甲基托布津,或25%多菌灵稀释500~1000倍浸薯10分钟,晾干入窖可防黑斑病。对茎线虫病严重的甘薯,收垄后,三垄合一垄,在田间用稀释400~500倍辛硫磷喷洒薯块,然后晾干贮藏,对杀死薯块表面线虫有良好的效果。

### 3. 适时收获

根据甘薯的生长规律，一般气温低于18℃，茎叶停止生长，10厘米地温低于20℃，块根重量反而减轻。华北地区有"寒露早，立冬迟，下霜前，正适时"的谚语，即一定要在霜降前，气温在10℃以上收获完毕，保证甘薯不在田间受冷害。

收获时选择无风的晴天，做到当天收获，当天入窖，不要让薯块在地里过夜。甘薯收刨时要做到"三轻"、"五防"。"三轻"即：轻刨、轻运、轻入窖。"五防"即：防霜冻、防雨淋、防过夜、防碰伤、防病害。

甘薯含水量高达70%以上，皮薄、重量大，而贮藏期的病害又大部分是薯皮碰伤所引起的，所以收刨甘薯时防碰伤就成了保证甘薯贮藏的先决条件。因此，要轻刨，不要碰伤薯皮。运输时车上先垫草或用筐装车，有条件者最好装入筐中直接入窖，减少装卸碰伤。卸车要轻放，用筐入窖。这些要求虽然人人皆知，但严格做到却是一件不容易的事。收刨甘薯时要注意收听天气预报，应在霜冻前收获，以避免薯块受冻。要防雨淋，雨天不能收获甘薯，收出的甘薯也不能受雨淋。要做到当天收，当天运，当天入窖，不能在地里过夜。因甘薯遇7℃以下气温就会受轻微冷害，而这种轻微的冷害又难以发觉，只有入窖后1个月才开始腐烂，所以收刨甘薯时不能让甘薯在地里过夜。入窖时要剔除破伤及病害薯块，否则就难以保证安全贮藏。甘薯安全贮藏就是要使甘薯在整个贮藏期间不坏、不烂、不受冻、不发病。经过贮藏安全过冬育苗时要有足够的薯种。

### 4. 入窖及预伤处理

甘薯贮前需要进行愈伤处理。因为甘薯在收获时皮薄而脆，很容易脱皮和发生断折损伤，这是采收和搬运过程中难以避免的。愈伤对于甘薯贮藏非常重要，特别对于那些收获时或收获后短时间受冷的甘薯更为重要。经过愈伤的甘薯可以增强对黑斑病和软腐病的抵抗能力。

愈伤处理的具体做法是，采收后立即在温度为 30～35℃、湿度为 90%～95% 的条件下，处理 4～6 天，失水率 2%～6%，这样可使甘薯被破坏的表面保护结构得以恢复。如果愈伤时温、湿度高于或低于上述条件，愈伤进行得缓慢或根本不能愈伤。愈伤处理应在甘薯采收后立即进行，从采收到处理相隔时间越短越好。愈伤期间还要注意保证足够的通风，防止 $CO_2$ 积累或缺 $O_2$，或产生凝结水。愈伤应在贮藏室或窖内进行，愈伤一旦完成即应改为正常贮藏的温、湿度条件，以后不再搬动，防止造成新的创伤。

### 5. 窖期管理

甘薯贮藏管理是一项非常复杂的工作，技术性较强，要求管理人员责任心强，对工作细心认真。整个贮藏过程中做好每一个环节的工作，要勤检查，发现烂薯及时清除，发现问题及时解决，保证鲜薯安全贮藏越冬。

(1) 甘薯贮藏中易发生的问题：甘薯在贮藏期间主要易发生的问题是发生冷害、发芽和腐烂。甘薯性喜温怕寒冷潮湿，贮藏适温 10～14℃，相对湿度 80% 左右。低于 10℃ 易发生冷害，表皮出现凹陷斑块，煮不烂，出现异味，结果导致腐烂。

甘薯无生理休眠期，贮藏期间温度较高（15～20℃ 以上），湿度高（85% 以上），通风不好，会随时发芽。发芽消耗内部营养，不能食用。

甘薯表皮薄，收获时易受破伤，受伤的薯块，易受病菌侵染，贮藏时破伤染菌的薯块，遇高温多湿，极易变质腐烂。15～25℃ 时易发生软腐病，23～27℃ 时易发生黑斑病。

(2) 容量：窖内不要装得太满，一般只装 1/2，最多不要超过 2/3，以利于通风换气。

(3)温度管理:甘薯窖温度管理可分前、中、后三期进行。

①前期:入窖20～30天为前期。此期有加温设备的大屋窖、小屋窖、大窑窖以及棚窖均可采用高温处理,以防止黑斑病及软腐病的危害。据调查,经高温处理的薯块,贮藏65天后黑斑病的发病率只有1.3%,而未经高温处理的发病率为73.6%,高温处理的防病效果达90%以上。已发病的薯块高温处理后病斑逐渐萎缩;有些病斑脱落,产生木栓组织。此外,高温处理对软腐病也有较好的防病效果。据调查,高温处理的薯块完好率为90%,未经处理的大部分发生软腐病。高温处理:分3个阶段,即升温、保温、降温。在升温阶段,从烧火加温到薯堆温度达到35℃需1～2天。加温要猛,温度上升要快,待气温上升到36℃时停火,使温度逐渐达到上下一致,最后使温度稳定在35～37℃。加温期温度上升快,薯块呼吸作用旺盛,每隔1小时测量1次薯窖各部位的温度。第二段为保温阶段,使35～37℃的温度保持4昼夜。如温度下降到35℃以下,可烧小火提温。第三个阶段为降温阶段,当高温保持4昼夜后,应打开全部门窗散热,降温要快,1～2天以内窖温降至15℃左右,以后即进入常温管理。无加温设备的井窖、棚窖及其他窖型,甘薯入窖后可利用薯块呼吸时放出的热量进行伤口愈合,使窖温保持在15～18℃。但要注意高温期不能保持过长,一般5～7天即可,时间过长容易发生病害,并注意不要使温度上升到20℃以上。

②中期:入窖1个月至次年立春为中期。这个时期主要做好防寒保温工作。不管哪一种贮藏方法,窖温都应保持在10～13℃。如窖温降低在10℃以下,就应采取措施加温。大屋窖可适当加温或窖中生煤火。棚窖、井窖应检查窖口是否封严,并将窖口覆盖物加厚。棚窖也可在窖内生火升高温度,或在薯堆加盖干草。总之,中期以保温为主,注意窖温稳定,避免波动太大。

③后期:立春以后为后期。此时气温逐渐回升,但窖温仍应维

持在10～13℃。晴天可适当打开窖门通风换气。为了准确地了解窖温变化，每个薯窖中都应安放温度计。入窖后初期温度变化大，应每天观察1次，中后期2～3天观察1次。高温与低温都会发生烂窖，但高温、低温所引起的烂窖现象有明显的区别，因而正确地判断高温和低温烂窖是十分必要的。高温是指在高温处理后窖温仍在18℃以上。如果窖温在20℃以上而时间又长，湿度又较大，就容易引黑斑病及软腐病迅速发展，以致造成烂窖。黑斑病的发病期大多在入窖初期。高温也使软腐病发生，湿度越大，软腐病发生越快。高温的另一个特征是部分薯块有萌芽现象。薯窖温度在7℃以下就是低温。低温可使薯块受冷而引起冷害，其发生时间多在1～2月。在7℃薯块可受轻微冷害，从受冷到发生腐烂要1个月左右；3～5℃时2～5天即受冷害，从薯块受冷到发生腐烂要20～30天；1～2℃低温1～2天即发生冷害，从受冷到发生腐烂需10～15天。冷害发生后先是薯块断面汁液减少，继而有黑点出现。冷害发生过程比较缓慢，如果入窖后短期发烂窖，是收获时受冻或水涝造成。开春后腐烂多半是入窖后冻害引起的，贮藏期冷害多发生在薯堆表面、窖门附近、通气洞处。

**6. 甘薯贮藏期间异常现象的诊断(表5-1)**

要安全贮藏好商品甘薯，必须严格把好入窖关，根据商品薯的贮藏特性，对薯窖进行科学管理，发现问题及时解决。

表5-1　甘薯贮藏期间异常现象的诊断

| 症　状 | 发生原因 |
| --- | --- |
| 薯皮点片色发暗，薯肉呈水浸状、发软，不流乳汁，薯肉出现褐色斑点，称为"串皮"，蒸煮时硬心 | 冷害。入窖前后温度长时间低于9℃ |

续表

| 症　状 | 发生原因 |
| --- | --- |
| 薯皮上生疱疹突起,有时爆花现象,糠心,重量变轻 | 热害,温度长时间高于18℃,且湿度小 |
| 薯块发芽 | 温度高,湿度大 |
| 薯块皮上有青黑色斑块,其中心有黑色刺毛,味苦 | 黑斑病 |
| 皮粗糙,有龟裂,有圆形黑褐色小斑,无苦味 | 根腐病(烂根病) |
| 薯状软化腐烂,有灰白色菌丝、黑色孢子,有酒味(后变酸霉味),干缩成僵块 | 软腐病 |
| 皮色正常或发暗,内部褐白相间成糠心或花瓤 | 茎线虫病(糠心病或油梆子甘薯) |
| 薯肉色褐,干腐,薯块纵皱,最后干缩成僵块 | 干腐病 |
| 薯皮先产生黑褐色小斑,后发展成为圆形凹斑,上长粉红色或灰白色霉层,干腐,后干缩成僵块 | 镰刀菌干腐病 |
| 薯块首部先腐烂 | 收刨晚,露出地面部分易受冻 |
| 薯块尾中部先腐烂 | 收刨前遇雨带水浸所致 |
| 窖内薯堆黑斑病块多 | 薯块带病菌入窖,杀菌不彻底,窖温高于15℃ |
| 薯堆带有褐色凹陷斑点的薯块多,内部有黑心 | 整个窖温低,受冷害。9℃以下温度时间长 |
| 靠近窖口处的薯堆,有褐色凹陷斑点的薯块多 | 盖窖口晚,或窖口未盖严 |

续表

| 症　状 | 发生原因 |
| --- | --- |
| 窖内酒味大,大部分腐烂 | 装窖过满或封窖过早,缺氧引起腐烂 |
| 薯堆薯皮湿 | 低温、高湿,通气不良 |
| 薯堆上层局部腐烂 | 窖顶滴水长时间滴在一个地方,造成湿害 |
| 井窖薯堆下层腐烂 | 窖内渗水或灌水 |
| 薯堆中间零星腐烂 | 主要是收刨运输时受机械伤感病 |
| 高温屋窖薯堆下层黑斑病多 | 高温处理时,下层温度低,没有调节好上层温差 |

## 三、包装

对鲜甘薯进行科学包装,是甘薯实现商品化的重要措施。甘薯包装后,不仅有利于贮藏运输、方便搬运和采购,而且可大幅度提高鲜甘薯自身的价值,增加投资者的效益。

长期以来,我国对上市鲜甘薯的包装未引起重视,多数都是散装运输,裸露销售,或是用非常简单粗放的包装如麻袋包装等运销。甘薯水分大,皮薄,极易擦伤,一旦表皮损伤,不仅使外观质量下降,而且病菌容易侵入,会大大缩短商品薯的存放期。以前的市售甘薯,多数外观形象不佳,档次偏低,包装保护不好是主要原因之一。

随着我国经济的迅速发展和消费者购买力水平的提高,人们不再满足于甘薯裸露销售采购的粗放模式,对甘薯品种品质、商品包装、采购方便以及安全卫生等提出了更高的要求,加强对鲜甘薯商品的保护和科学包装已是势在必行。

**1. 甘薯包装的种类**

(1)阶段包装:鲜甘薯在不同阶段的包装,分为贮藏期包装和销售期包装。贮藏期包装,主要是指由田间收刨后往贮藏窖运输及贮藏期使用的包装,这类包装要求要有利于搬运,有利于透气和堆放,一般以采用大孔网袋为宜。对于精品甘薯,则需透气塑料集装筐运输存放。销售期包装是指对准备开始向市场流通的商品薯的包装,这类包装包括丝袋包装、礼品袋包装、礼品箱包装和大袋包装。

(2)包装重量

①每包装甘薯重20千克以上的称为大包装,如用大孔网袋大型袋或大编织袋,每袋重一般35~40千克,用麻袋包装的重量更大。实践证明,过大的包装搬动比较费力,不易做到轻搬轻放,会加重对商品薯的损伤,最好不予采用。大包装以每袋鲜薯重不超过25千克为宜。

②每包装甘薯重10~20千克为中型包装,这类包装以中型塑料编织袋为主。

③每包装甘薯重10千克以下的为小包装,如用丝袋、礼品箱、花篮等,每包装甘薯重5千克;用彩色小塑料袋包装的,每袋薯重500~1000克。

(3)档次包装:根据商品薯品质优劣和包装的精细程度,将对甘薯的包装分为低档包装、中档包装和高档包装。低档包装多采用大麻袋、普通编织袋或大孔网袋,甘薯为普通型甘薯,多为白色薯肉品种和一股红色薯肉品种。中档包装多采用彩色编织袋、普通纸箱等,甘薯一般经过挑选,品种、品质多为优质的。高档包装多采用礼品箱、礼品袋或礼品篮包装,品种多为彩色甘薯,薯形规范,大小一致,包装精美。

(4)层次包装:中高档商品薯的包装分为外包装和内包装。外包装包括包装箱、包装袋等,内包装包括每块甘薯表面的包裹物、箱内的填充物、纸隔板和网格板等。

**2. 甘薯包装方法**

(1)收运及贮藏期内的包装:甘薯由田间直接到薯窖的包装方法,有网袋包装和塑料集装筐两种。

①网袋包装:在田间将甘薯刨出后,就地将符合商品薯的薯块装入网袋,运至贮藏窖,经药剂处理后放入窖内贮存,大袋每袋约40千克,小袋每袋约25千克,用网袋贮运。

②塑料集装筐:在田间将收获筛选符合高标准的薯块,装入透气塑料集装筐,每筐重20~25千克,薯块不能超过筐的上口平面,运回后经灭菌连筐垛入窖内。用此类包装的薯块,主要是供出售时搞精品包装用。

除了上述两种包装方法外,还有一种方法是农户常用的散装、散运、散贮。此种方法装运及入窖、出窖费工,易加重薯皮的损伤。

有的在贮藏期用普通密织塑料编织袋包装堆放,这样很不安全。因这种袋一般比较密实,透气性及散热性较差,袋内小气候与散装、网袋装的差别很大,很容易因温度升高、病害加重而危及贮藏安全。此类包装在贮藏期不宜采用。

(2)销售期的甘薯包装:从甘薯入窖结束到以后的几个月的时间里,贮藏的商品甘薯除贮量小的会一次出售外,多是分批包装、分批出售,出售前对甘薯进行科学包装是提高商品价值的重要环节。

①对包装物的要求:用普通编织袋包装的,应用质地柔软的新编织袋,在袋上印上商标、重量、生产厂家、联系电话、出厂日期等。普通或低档甘薯若用旧编织袋包装,应以袋的原包装物对人体无

害为前提条件,如可用面粉、淀粉、大米等包装编织袋。包装前用清水将袋洗净晾干,然后再用。

普通商品薯若是贮藏期采用网袋保存的,出窖时,袋装甘薯保存完好率在98%以上的,可就原包装运销,若完好率较低的,应经挑选后重新装入新的包装袋。

若用纸箱作包装材料的,应选用经蜡浸或树脂涂浸后的瓦楞纸硬纸板制成的纸箱。这类纸箱可防潮湿,而且强度大,运输方便,有时还可重复利用。箱两端要各留2个孔洞,以利于通风换气。

普通纸箱及外表加塑膜的纸箱包装甘薯要慎用,因薯块水分含量较大,呼吸作用较旺盛,呼吸作用放出的大量水汽容易使纸箱受潮湿而降低纸箱强度,而且箱内湿度大薯块容易霉烂。若要使用,必须加大或增加这类包装的孔洞,并且要注意做到随装、随运、随销。一般情况下不宜使用。

②对包装地点的要求:甘薯地应选择在离薯窖较近的地方,尽量缩短出窖后的搬运时间,以免薯块受冻。包装后暂未来得及运走的,要存入室温不低于10℃的库房内,必要时库房内也须增加保温设施,以免在包装过程和存放过程中使商品薯遭受冻害。

③对包装操作的要求:商品薯的出窖、搬运、包装、存放及装运过程,要轻装、轻运、轻拿、轻包装、轻存放,最大限度地减少在此过程中人为造成对薯块的损伤。甘薯的表皮特别"娇嫩",在挑选薯块和包装过程中,只要指甲轻轻触碰薯块,就会造成表皮损伤,因此搬运人员及包装人员在操作前要戴上柔软的手套,避免碰伤薯块。

④包装的方法:不同的包装物,包装方法也各不相同,归纳起来主要有袋子包装法和纸箱包装法。

a. 袋子包装法:所用包装材料主要是普通编织袋和小型大孔网袋。将出窖的甘薯逐一挑选分级,将挑选好的薯块,经计量,按个头大小,分别装入袋内。为减少薯块之间的摩擦,将每个薯块套上一个泡沫网套。在袋子直立状态下,薯块以竖装为好。当第一层装完后再装第二层,第二层薯块的一端对应上层薯块的空隙,以此类推。装满后将袋口扎紧,袋口越紧越能减少运输过程中的摩擦。每袋重可分别为 5 千克、7.5 千克、10 千克、15 千克。

b. 纸箱包装法:将挑选好的薯块经过计量,逐一用泡沫网套套好,整齐排实平放在蜡浸或树脂浸的瓦楞纸或硬板纸箱内,第一层排放好后再放第二层,第二层与第一层交错排放,上平面不宜超过纸箱高度。每箱甘薯重以 5 千克左右为宜。若是彩色甘薯集装箱,可将与薯肉颜色近似的泡沫网袋套在相应的薯块上,以利于消费者辨识和准确取用。

如果没有泡沫网套,可用经灭菌后的干净锯末、纸条等辅放于薯块各层及填充薯间空隙,既可起到减震防摩擦的作用,又可起到一定的保温防冻害作用。

⑤产品说明:无论是袋装或是纸箱装,除了包装上必印的产品名称、鲜薯净重、出厂日期、厂家地址、联系电话等信息外,还应加印产品说明或产品提示。

鲜甘薯对低温比较敏感,只要低于 9℃时间稍长,就易遭受冷害,这在北方寒冷的冬季,使商品流通过程做到商品环境温度始终不低于 9℃显然是非常困难的。更难办的是部分经营者和多数消费者对甘薯不耐低温这一特性并不很了解,很容易将购回的鲜甘薯视同白菜、萝卜、马铃薯等农产品一样在同样的自然环境里暂存。其结果在冬季有的买回整袋、整箱的鲜薯,食用不到一半就因薯块遭受冻害而烂坏扔掉了。也有的经营者由于不懂甘薯贮藏特性,在寒冷的冬季购进一批甘薯,在自然温度下堆放缓慢销售,没等到卖完就坏掉了。如果甘薯遇上 −2℃以下的气温,很快就会腐烂。为了消费者和销售商的利益,必须在包装物上进行提示,如应印上"本产品(鲜甘薯)在运输、销售、存放过程中应保持 10~

15℃,低于9℃时易受冷害"的提示,以提醒人们引起注意,在甘薯尚未出现冷害症状之前,就将其售完或消费完。

有的彩色甘薯集装箱里装有多种类型的甘薯,这些不同类型的甘薯食用方法也不同。如北京553等黄肉或红肉品种,适于烤食,若要煮食则口感欠佳。有的品种适于烤食或蒸食,而不适于煮食。例如,紫薯肉品种烤、蒸后给人以美感,但若做粥煮食用,会使大量紫色素溶于粥中,使粥看起来似乎有剩饭的感觉,在一定程度上会影响人们的食欲。因此,须在包装上予以简明提示,如说明哪种品种或哪种颜色薯肉的薯块适合哪种食用方法,以便人们将购买到的优质食用薯,分别采用最佳的制熟方法,分别享受各类甘薯最佳的美味。

## 四、运输

甘薯的运输和销售是甘薯贮销业的重要环节,安全运输、科学销售,是提高贮销业经济效益的基本保证。

**1. 甘薯运输**

甘薯从产地或贮藏地到销售地,都要经过一定的运输,如何将完好的商品薯安全地运到销售地就显得极为重要。

(1)运输方式:甘薯运输的方式多用公路运输,公路运输可减少许多中间环节,机动灵活,运输时间短,已成为我国甘薯运输的主要方式。

(2)甘薯运输的安全保护:甘薯运输要实现安全运输,需解决两个方面的问题。一是如何在途中不使甘薯受低温影响,二是如何减少甘薯在途中因颠簸摩擦造成的机械损伤。若在寒冷冬季用汽车运输,使甘薯环境温度不低于10℃几乎是不可能的,但短时间低于9℃对甘薯影响不大,1~3天内最低温度不能低于6℃。

一般情况下，只要采取保温措施，国内甘薯运输，通过高速公路1～2天基本都可运到。

在甘薯运输时，不仅要尽量注意选择晴暖天气，还要注意运输目的地的天气变化，以运到后当地气温在9℃以上，最低不低于6℃为好。

装车前，先用帆布篷衬在车底和车厢四周，再在车底及车厢四周衬上1～2层草苫或稻草、谷草等秸秆，然后再装薯。若是袋装甘薯，最好是每装2～3层放一层草苫。每层要整齐排实，装满后表面再放1～2层草苫，草苫上再盖一层帆布篷，用绳固定好即可。若用厢式货车运输比较理想，可省去帆布篷保护层，但必须加衬草苫保护层。

经上述保护处理，既可保证运途不致温度下降过低，还可减少汽车颠簸引起的震动摩擦。

**2. 甘薯销售**

甘薯运到目的地后，到鲜薯售出这一段时间，仍要加强对甘薯的安全保护。如果当地气温在8℃以上，就可直接批发、销售；如果低于6℃时，应将薯堆用草帘、帆布盖严，在1℃，2天内批发完。二级经销商也要力争在1℃，2天内售完。若直接零售，短时间内售不完，则须将甘薯放入室温10～15℃的库房保存。

## 第二节　薯种的贮藏

**1. 适时收获**

甘薯收获过早，产量较低，收获过晚，易受冻，影响贮藏。所以，一般最好在气温为18℃时开始收获，气温在10℃以上时收获完毕。

**2. 精选瓜块**

在收获选留甘薯种时,一定要精心刨割,避免外伤。为了多出苗、出壮苗和降低成本,应选块根150~200克的薯块作种。所选的薯块要无病、无涝害,还要具有本品种的典型特征。收获时,最好早晨割秧,上午收刨,下午入窖。

**3. 入窖贮藏**

留种种薯数量,一般每栽亩春薯要留种60千克,单窖单放或和商品薯同窖单独堆放,不可与商品薯混放,同时不同品种要分别存放。

# 第六章　甘薯的加工与利用

　　甘薯的食用方法很多,按其形式来分,可分为主食、副食两种类型。甘薯作为主食,除可直接食用鲜薯或薯干外,也可与大米、玉米面等掺在一起,做成煎饼、馒头、面条等食品;作为副食,主要是经过简单加工可以制成各种食品及食品添加剂。据研究,甘薯粉可以添加到面包中,以增加面粉中维生素及钙的含量,使面包营养成分更加完善。甘薯淀粉制品,包括淀粉、粉条、粉丝、粉皮等。其中淀粉、粉条、粉丝总称为甘薯"三粉"。用甘薯制成果脯,不但软甜可口,而且物美价廉,成本仅为其他果脯的 1/3。甘薯渣可制成酱油、醋等产品。用鲜甘薯做成的薯泥已经成了一道名菜,曾被各大饭店采用;拔丝甘薯也是宴会桌上常见的菜肴之一。以甘薯为原料制成的饴糖可与高粱饴媲美,甘薯糖水罐头在有些国家也很畅销。甘薯还可以经过简单加工而成为速煮甘薯和脱水甘薯,其风味不变,可以作为旅行食品。

　　总之,甘薯经过简单加工,不但可以提高甘薯的经济价值,也大大提高了甘薯的适口性,从单一食物变为丰富多彩的各种食品以及调味营养品。但甘薯一次不宜食用过多,以免发生烧心、吐酸水、肚胀排气等不适;胃溃疡、胃酸过多、糖尿病患者不宜食用。另外红薯忌与柿子、西红柿、白酒、螃蟹、香蕉同食。

# 第一节 甘薯淀粉的加工

甘薯淀粉加工,实际上就是利用人工或机械的方法,把薯块粉碎磨细,使淀粉从被破坏的细胞中解脱出来进行分离的过程。淀粉加工有传统方法和工业化方法的不同。

## 一、甘薯传统淀粉加工方法

传统淀粉加工方法以鲜薯为原料,因受季节和贮运的限制,多属小型工业生产或手工生产。

**1. 工艺流程**

原料选择→水洗→破碎→磨碎→筛分→兑浆→撇缸和坐缸→撇浆→起粉→干燥。

**2. 生产过程**

(1)原料选择:由于红薯品种不同,其品质与淀粉含量也不同,即使同一品种,在不同产地,其品质也有很大差异。要选择好加工淀粉的品种,要求淀粉含量高,带病的红薯不仅不适合做淀粉加工原料,而且在贮藏中会传染给别的薯块,易发生腐烂造成损失,因此要把病薯剔除干净。

(2)水洗:将鲜薯倒入缸中加上清水,用人工进行翻洗,洗完后取出,沥去余水。

(3)破碎:沥水后的鲜薯用破碎机打成碎块,块的大小为2厘米以下,以利于入磨。

(4)筛分:将粉碎后的薯浆,先用60～80目的粗筛第一次分离,再用120～180目的细筛第二次分离,除去细小的薯渣。

(5)撇缸和坐缸:经过滤得到的淀粉乳放入大缸中,在15～18℃的温度下,静置沉淀8～10小时,淀粉沉底后,将上层褐色水及蛋白质、纤维和少量淀粉的混合液取出,留在底层的为淀粉。在撇缸后的底层淀粉中加水混合,调成淀粉乳,使淀粉再沉淀,时间为24小时,天热可相应缩短一些时间。

(6)起粉:淀粉沉淀后,上层液体为小浆,撇去小浆后,在淀粉表面留有一层灰白的油粉,系含有蛋白质的不纯淀粉。油粉可用水从淀粉表面洗去,底层淀粉用铲子取出,淀粉底部可能有细沙黏附,应将其刷去。

(7)干燥:传统淀粉加工方法多采用自然干燥法。自然干燥是利用日光的蒸发作用和自然环境中空气流动作用,使湿淀粉水分散失达到含水量标准的过程。淀粉自然干燥是最传统的一种干燥方法,它包括吊包控水和粉块(粉团掰成小块)晾晒两个步骤。

①吊包控水:淀粉可装入1米见方120目尼龙筛网做成的粉兜内,挂吊起来,自然流水24小时,不流水后可将粉团取下暂存于室内,或直接进入晒场。每个粉团一般重30～40千克。

②粉块晾晒:晾晒前要选好场地。晒场一般以光洁的水泥地或平房顶为好。若在非水泥场晾晒时,下面要铺席、布单或塑料农膜。晒场周围应保持洁净,无残叶飞尘,无烟尘污染,且背风向阳,以免在晾晒过程淀粉被尘沙污染。在淀粉晾晒时,要尽量选择晴暖微风天气,避开大风天气。

晾晒时,先用手将粉团掰成小块,或用刀切成小块,再将小粉块立放于晒场上。每小块湿粒重约100克。如果粉块过大,则风干时间过长;粉块过于碎小,则不利于失水,且脱水后湿干不匀。小粉块逐渐脱水后,形成无数类似晶体状的干淀粉颗粒后,晒干的淀粉用手握有响声,用手捻呈粉末状。晒干的淀粉即可用加衬内膜的塑料编织袋或布袋包装,每袋重可为25千克或50千克,然后入库。

自然干燥晾晒淀粉的方法优点是适合于农村千家万户,节省机械干燥时所需的能源,并可在本地加工后就近晾晒。缺点是受天气影响,若遇连续阴雨天气则无法干燥;在晾晒过程,淀粉中极易混入尘沙及残叶碎片等杂质,造成二次污染。

## 二、工业化淀粉加工方法

工业化淀粉加工方法以薯干为原料,属工业化生产。除原料薯干外,还需备用石灰水,以维持整个生产过程中的pH在8.6~9.2,这样可以提高淀粉的产出率和质量。

**1. 加工工艺**

甘薯干→预处理→浸泡→破碎→筛粉→流槽分离→碱处理→清洗→酸处理→清洗→离心分离→干燥→成品淀粉。

**2. 生产过程**

(1)预处理:目的是清除原料中的杂质,有干选、湿选两种方法。干选是用筛选、风选及磁选等设备清除杂质;湿选是用洗涤机械或洗涤槽清除杂质。

(2)浸泡:用pH 10~11之间的浸泡液,保证35~45℃的温度浸泡12小时,浸泡后使甘薯片含水量为60%,然后用水淋洗,洗去色素和尘土。

(3)粉碎:粉碎是甘薯淀粉的主要工序,粉碎的好坏直接影响产品的质量及数量。浸泡后的薯片随水进入压式粉碎机进行粉碎,像磨面一样经两次粉碎过筛。第一次粉碎为3~3.5波美度,第二次破碎为2~2.5波美度。

(4)筛分:经过粉碎所得的甘薯粉,经粗细两种分离筛,在过筛过程中不断淋水,淀粉随水进入存浆池,而筛上薯渣从筛尾排出,此两次筛均采用 80 目尼龙布筛,然后将淀粉浆再用 120 目尼龙筛进一步分离洗渣。为保证不受薯浆中果胶等胶质物质的堵塞,应经常清洗筛面以保证筛面畅通。

(5)流槽分离:经筛分所得的淀粉,输入沉淀流槽,相对密度大的淀粉沉入槽底,蛋白质等胶质物质随汁水流出至芡粉槽,沉淀的淀粉用水冲洗入漂洗池,从而将蛋白质、可溶性糖类、色素等杂质清除。

(6)碱酸处理和清洗:为进一步提高淀粉的纯度,还需对淀粉进一步地清洗,在清洗过程中对淀粉进行碱酸处理。

淀粉的碱酸处理都是在清洗和漂洗的过程中进行的。首先用碱处理,目的是除去淀粉中碱溶性蛋白质和果胶等杂质。其方法是将 1 波美度的稀碱液缓慢加入到淀粉乳中,使 pH 为 10~12。同时启动搅拌器,以 60 转/分的速度搅拌 30 分钟,充分混合均匀后,将搅拌机挂起,待淀粉沉淀后将上层废液排出,注入清水 2 次,使淀粉浆接近中性即可,在此过程中可加入 35 波美度的次氯酸钠强氧化剂,对淀粉漂白和杀菌。

酸处理的目的是溶解淀粉中的钙、镁等金属盐类。淀粉乳在碱处理过程中增加了这类物质。如不用酸处理,淀粉中的含钙量会超过粗淀粉中原来的含量,用无机酸溶解后,再用水洗涤,便可得到灰分含量低的淀粉。

酸处理所用的酸多为工业盐酸,处理时将工业盐酸缓慢倒入淀粉中充分搅拌,防止局部酸性过强造成淀粉的损失。控制淀粉的 pH 为 3 左右,搅拌 30 分钟后停止。待沉淀后排出上层废液,加水清洗,待淀粉呈微酸性,pH6 左右为宜。此时耐贮、耐运。

(7)离心脱水:清洗后得到的湿淀粉含水量达 50%~60%,用离心脱水,使含水量降低到 38%左右。

(8)干燥:湿淀粉经烘房或带式干燥机干燥,即为成品淀粉。

(9)包装:当淀粉干燥至含水量 14%以下时,用加衬内膜的塑料编织袋或布袋包装,每袋重可为25千克或50千克。注明生产日期、重量、等级、生产厂家等。供应城乡居民家庭消费的食用淀粉,可用小塑料袋包装,每袋重500克或1000克。

## 第二节 甘薯类食品的加工

以甘薯淀粉为原料可制出宽窄不同、色泽不同、味道鲜美的多品种粉条、粉丝、粉皮等各种食品,深受人们喜爱。加工技术不断增加科技含量,也使品种越来越多,产品越来越精。在确立甘薯的保健作用后,甘薯淀粉的利用率和经济效益日益提高,使其更具开发潜力。

### 一、甘薯冻粉条的加工

**1. 工艺流程**

淀粉→打芡→揉面→漏粉条→冷却、漂白→挂粉条→冷冻→干燥→成品。

**2. 生产过程**

(1)打芡:即按加工粉条的种类分别称取一定数量的淀粉和明矾,置于大盆中,用开水调成稀乳状即成芡。制芡的关键是淀粉同明矾的比例和兑水适宜温度,水温不低于98℃。三者的比例是:每漏100千克干淀粉的粉条,需用0.3千克明矾,沸水35升。淀粉的数量因粉条的种类不同而异,加工100千克宽粉需3.5千克淀粉,细粉条需3.2千克淀粉,汤粉条需2.7千克淀粉。具体制芡的方法是先将明矾研碎,用少许开水化开,再对芡乳,加入滚开水边冲边搅拌,直到冲熟为半透明似大米粥状为止。制芡是漏粉的关键环节,除了用料比适当外,还必须达到粉白、干、净、质量好,操作要认真。

(2)揉面:将芡晾晒一会儿即可将加工的淀粉倒入盆内,充分混匀后再搅拌搓揉至无疙瘩、不粘手、能拉丝的软粉团即可。

(3)漏粉条:漏粉用口径 75 厘米以上大锅,锅内烧开水后,将和好的面团装入漏粉瓢,漏粉人右手不停的捶打瓢沿,使粉瓢不停的均匀地震动,使瓢内面团徐徐漏入开水中,煮熟后即成粉条。因粉条种类不同,操作中的水温、瓢距水面高度、移动速度都直接影响粉条的质量,应在实践中掌握调整技术。一般漏粉时需要 2 人,另一个人要不断搅动漏下的粉条,以防粘在一起。待粉条成熟后迅速捞入冷水池中冷却。

(4)倒粉:粉条迅速冷却,一是要及时对冷水,使池内水温保持在 25℃以下。倒粉就是抓住"粉头",理顺后套在 70 厘米长直径 2 厘米的粉杖上,然后架在室内汲水,要求杖上粉条长短均匀、整齐。

(5)冷冻:将沥净水的粉条移到冷室内,排好、架好,仅防漏风,以防烧条(即粉条康白、变脆)影响品质。一般在零下 15℃低温冷冻两夜,冻透即可。

(6)淋浇、晾晒:粉条冻透后,将粉条上的冰打掉,然后用温水(不冰手即可)将粉条上的残余冰霜搓洗掉,在室内沥净水后移到晒场上晾晒,晾晒时应将粉丝轻轻抖开,使之均匀干燥,干燥后即可包装成袋。成品甘薯粉丝应色泽洁白,无可见杂质,丝干脆,水分不超过重 2%,无异味,烹调加工后有较好的韧性,不易断,具有甘薯粉丝特有的风味。

常年加工粉条的工厂都靠机械冷冻,否则只能生产风粉。风粉的制作是去掉冷冻环节,将倒完的粉条冷却沥干后,再放入水池中搓洗开粘连的粉条,然后在晒场上晒干即可。

## 二、精白甘薯粉丝的加工

这种粉丝是应用食品流变学原理,采用生物技术、微细化技术、复压挤薯等高新技术和独特的工艺制作而成。

**1. 生产工艺流程**

甘薯清洗去皮→打浆→淀粉提取→微细化处理→漂白处理→脱水→混合→复压处理→挤丝→预煮→冷却、老化→烘干→包装→成品入库。

**2. 生产配方**

甘薯97%,明矾1.5%,单甘酯0.05%,石灰水0.1%,食盐2.7%。

**3. 生产过程**

用含淀粉量高的品种,选用新鲜无腐烂的甘薯,未成熟或贮存过久,可溶性糖含量高和淀粉低的甘薯不能用。

(1)清洗去皮:用清洗机清洗泥沙,滚动去皮。

(2)打浆:将洗净的甘薯送入磨浆机中磨浆。

(3)淀粉分离:可采用酸浆沉淀法,即在淀粉中酸浆水搅拌沉淀,蛋白质因比重不同浮在淀粉之上,沉淀后除去上层的薄水和蛋白质,加清水搅拌过筛,自然沉淀。

(4)微细化处理:将分离出的淀粉泵入胶体磨中进行微细化处理,得到细度均匀的淀粉。

(5)漂白处理:向淀粉浆中加入适量的碱,除去淀粉浆中的色素及杂质;再加入酸除去浆中的蛋白质,并中和碱处理时残留的碱,抑制褐变;最后加入生物活性物质酶,使其分解淀粉液中的杂质,除去浮在上面的渣子,得到洁白如玉、无杂质的甘薯淀粉。

(6)脱水：将沉淀后的淀粉取出烘干脱水，使含水量降到35%左右。

(7)混合：取总量的3%~4%，先用少量40~50℃的混水搅拌均匀，冲入沸腾的开水，并迅速搅拌至透明糊状。然后将明矾、单甘酯等食品添加剂溶液与剩下的97%左右的淀粉及芡糊倒入混合机中搅拌混合均匀，混合温度为30~40℃，得到淀粉团。

(8)真空处理：将混合好的淀粉团投入真空搅拌机中抽真空搅拌，去掉绝大部分空气。

(9)漏粉、煮粉：将真空处理好的粉团投入漏粉机中漏粉，采用不同的漏勺漏出不同形状的粉条，并通过调节漏粉机与煮锅的高度来调节粉条的粗细，煮锅内的水沸腾后开始漏粉。

(10)冷却、老化：将煮熟的粉条从煮锅内捞出后即放入冷水中冷却定型，然后剪成规定的长度，送入冷库中冷冻12~18小时，温度为－18℃，最后取出，送入干燥机中干燥成规定的含水量(13%~14%)，然后包装好即为成品。

## 三、甘薯全粉的加工

甘薯粉可用来作为食品原料，制作多种食品，如甘薯饼、甘薯糕、甘薯花卷、甘薯面包等，制作方法蒸、煮、油炸均可。

**1. 工艺流程**

原料甘薯清洗→去皮→切片→干燥→粉碎→包装。

**2. 生产过程**

(1)清洗：把甘薯清洗干净。

(2)去皮：用刀将甘薯的外皮去净，尤其是甘薯表皮凹陷部分。

(3)切片：将去皮后的甘薯用切片机切成一定规格的薯片。

(4)干燥：用烘干设备干燥，以保证产品的卫生，并注意温度，一般在 45～50℃之间,干燥时间可根据薯片的大小确定,使最终水分在 6%以下。

(5)粉碎、包装:将干燥后的甘薯,用锤片式粉碎机粉碎,使甘薯粉的细度在 80 目左右。

## 四、熟红薯片的加工

熟红薯片色泽浅黄,有韧性,耐咀嚼,自然风味浓厚,甘甜清香,耐储存,加工简单。

**1. 工艺流程**

选料→漂洗→煮制→浸泡去皮→切片晾晒→捂霜→验质→包装。

**2. 制作方法**

(1)选料:选用白皮白瓤、块头大、块形端正,尤虫蛀、硬伤和黑斑,含糖量较高,含淀粉少的红薯。小块红瓤品种不宜使用。

(2)漂洗:将选好的薯块倒入大缸或大盆里,用清水洗 2～3 遍,把泥土洗干净,去掉须根。

(3)煮制:将干净红薯块放入锅内,加水。煮到八九成熟时,火势放小,直至煮熟而不煮烂。如煮制过软或煮烂则不易加工。

(4)浸泡去皮:将煮好的红薯放在冷水缸或盆里浸泡降温,用手将薯皮全部揭掉,勿损伤红薯肉。

(5)切片晾晒:先在案板上将煮熟去皮的红薯切成 1 厘米厚的片(厚度要均匀,不能薄厚不均)。将切好的熟薯片摆放干净的物品上晾晒,每天翻动 2～3 次,不能被雨水浇淋,以防发霉变质,也要注意防风沙。直至晾晒到水分适宜(含水分 16%～18%),手感有韧性则可。

(6)捂霜:将晾晒好的薯片放在清洁房间或暖窖里,用洁净被褥或草帘等苫盖住捂霜,待熟红薯片表层出现白色糖粉面,则为成品。

(7)验质

①质量标准:外型端正,表面平整,去皮干净,肉色浅黄,无白心,软硬适度,有韧性,清洁卫生,无霉斑,无异味,无杂质。

②规格标准:外型均匀,无破片、碎片,片长不小于7厘米,宽不小于4厘米,厚度0.6~0.7厘米,水分适中(手感有韧性)。

(8)包装:根据销售需要,装入不同大小的无毒塑料袋中,再装入纸箱封牢,储存时要防潮和风干。

## 五、甘薯粉皮的加工

甘薯粉皮味道纯正,风味特殊,深受消费者欢迎。

**1. 工艺流程**

调糊→上旋蒸糊→冷却→干燥→成品。

**2. 生产过程**

(1)调糊:先将甘薯淀粉用冷水拌好,再慢慢加水调成稀糊,用水量约为淀粉量的2.5~3倍。然后把事先配好的明矾水加入,不断搅拌均匀,调至无粒块为止。每100千克淀粉加明矾300克。

(2)上旋蒸糊:用粉勺取调成的粉糊60克左右,放入旋盘内,旋盘为铜或白铁皮制的直径约20厘米的浅圆盘,底部略微外凸。将粉糊加入后,即将盘浮于锅中的开水上面,并拨动使之旋转,使粉糊受到离心力的作用随之由底盘中心向四周均匀地摊开,同时受热而按旋盘底部的形状和大小糊化成型。待粉糊中心没有白点时,即连盘取出,放入清水中冷却。在蒸糊操作时,调粉缸中的粉糊需要时时搅动,使稀稠均匀。此道工序是制作粉皮的关键,必须动作敏捷,熟练,浇糊量稳定,旋转用力均匀,才能保证粉皮厚薄一致。

(3)冷却:将烫熟的粉皮,投入冷水中片刻,捞出沥干水分即可。

(4)干燥:将粉皮摊在竹帘上晾晒,翻转一次,待干燥为16%~17%含水量时,即可收藏包装。

## 六、甘薯果脯的加工

**1. 工艺流程**

原料清洗→去皮切块→糖煮→浸渍→控糖→烘烤→整形包装→成品。

**2. 生产配方**

薯块5千克,白糖16~20克,蜂蜜1.6千克,柠檬酸100克,水75千克。

**3. 生产过程**

(1)清洗:选择成熟无变质、直径5厘米以上的鲜薯,洗净后用刀将伤、烂斑剔除。

(2)去皮切块:用手工或机器去掉约0.1厘米的表皮后,切成不同形状的、不超过5厘米的小方块,切后用清水洗去表面淀粉。

(3)糖煮:切好的薯块加水、白糖、蜂蜜、柠檬酸,放入不锈钢锅中旺火煮30分钟,以熟而不烂为宜。

(4)浸渍:将煮后的薯块用糖水浸渍24小时,然后捞出单层摆放在笼屉上控去糖液。把笼屉放入烘箱中烘烤,温度在60~70℃之间,连续烘烤12小时,使薯块含水量降至16%~18%时出箱。

(5)整形包装:去掉碎屑及未成型的薯块,用塑料袋包装即可。

## 七、甘薯饴糖的加工

甘薯饴糖是简易深加工,用途广,可直接食用,味甘适口,营养丰富,也可用于糕点类、糖果类等多种食品加工业,味道醇厚,成本低廉。

**1. 工艺流程**

选料→清杂→蒸煮→捣浆→调浆→糖化→过滤、脱色→去炭渣、熬糖→切块→成品。

**2. 生产配方**

主料是鲜甘薯或薯干,副料是大麦粉或谷芽粉及脱色粉。

**3. 生产过程**

(1)选料:选无病、无斑、无腐烂的鲜甘薯或无霉变的薯干。

(2)清杂:鲜薯清洗净,薯干冲洗过筛去杂。

(3)蒸煮、捣浆、调浆:把蒸煮熟透的鲜薯或薯干人工或用打浆机捣烂成浆。将原浆加水1.5倍成水浆,可用食碱调浆液pH为6.2~6.4之间。

(4)糖化:调整后的浆水在60℃左右,拌入大麦芽粉或谷芽粉6%~10%,入缸发酵,温度保持55~60℃,糖化3~4小时停止,搅拌均匀。

(5)过滤、脱色:用纱布包经糖化的浆液,挤压过滤除渣,再加少量水,搅拌均匀后挤压,反复数次直至滤液呈淡黄色、透明、无杂质的液体,再放入锅内加热到80℃,加入原甘薯重2.5%的活性炭,充分搅拌后继续加温至100℃,保持恒温30℃,使糖液完全脱色为透明白色。

(6)去炭渣、熬糖:脱色后糖浆趁热入布袋过滤,去掉加入糖液中的活性炭杂质,然后将糖液入清洁的锅中熬煮,使水分蒸发即为纯糖。

(7)切块、包装。

## 八、甘薯发酵产品的加工

**1. 甘薯渣制白酒**

(1)加工工艺:原料准备→蒸煮→发酵→蒸馏→白酒。
(2)生产过程
①原料准备:薯渣要新鲜、干净、干燥、无霉变,用前呈粉状。
②蒸煮:在粉碎薯渣中加入85~90℃热水,搅拌均匀,以薯渣吸足水分不流浆为好。薯渣与水比例100:70为宜,然后入甑蒸熟,蒸煮时间为80分钟,蒸熟后出甑加冷水,渣水比为100:(26~28),充分混合均匀。
③发酵:以100:(5~6)的比例将蒸熟的薯渣加曲,搅拌均匀后入池发酵,入池前温度为18~19℃,发酵期间温度控制在30~32℃,发酵周期为4天,取料出池,料温不得低于25~26℃。
④蒸馏:将发酵好的料加入甑斛,经过蒸馏即可得到白酒。操作时注意,要装料松、动作快,颜料不宜太厚且要平整,上气要均匀,盖料要准确。为了充分利用原料,蒸馏后原料可再发酵蒸馏,一般可进行1~2次。

**2. 鲜薯制黄酒**

(1)生产工艺:清洗原料→蒸煮→加曲配料→发酵→过滤榨油→沉淀贮存→成品。
(2)配料:鲜薯50千克,大曲7.5克,花椒、茴香、竹叶、陈皮各100克。
(3)生产过程

①选料蒸煮:选择无病的鲜甘薯,洗净后蒸熟或煮熟。

②加曲配料:将熟甘薯倒入缸内倒烂,然后用上述配料加水22.5千克熬成配料水,待料温下降到25℃时,再将压碎的曲粉均匀地倒入缸内,用木棍搅成糊状。

③发酵:将处理好的料缸用料布盖严,然后放置在25~28℃的发酵室中发酵,发酵前先在缸内加入1.5~2.5千克白酒,发酵期间每隔1~2天搅动1次,直到有浓厚的黄酒味,浆料上出现清澈的酒汁时发酵完成。然后移至室外冷却到0℃左右为宜。

④过滤渣酒:将洗净拧干的布袋中装上发酵好的浆料,架在容器上压榨出酒,50千克鲜薯可出酒35千克。

⑤沉淀贮藏:榨出黄酒沉淀澄清后,即可装入坛中或瓶中封口、贮藏或出售。存贮不宜过长,以防变质。

**3. 鲜薯制食醋**

(1)生产工艺:原料处理→发酵→下盐→淋醋→陈酿→杀菌装坛。

(2)配料:鲜薯或薯干、麦曲等。

(3)生产过程

①原料处理:将洗净的薯块切片、蒸熟,冷却到25℃。

②发酵:将捣碎后的料拌入50%的细谷糠并加入麦曲,含水量达到60%~65%,然后入缸发酵,入缸温度25~27℃,保持37~38℃,醋醅升到38~40℃需倒醅一次,使温度下降到35℃以下。

③醋化:糖化后转入醋化阶段,保持42~43℃1周后温度下降到35℃,醋化结束。

④杀菌:拌入1%的食盐,抑制醋酸菌的生长,每天倒一次,3日后即淋醋,陈酿时间夏季1个月、冬季2个月,陈酿后醋中加0.1%~0.15%的苯甲酸钠以免生霉。

**4. 薯干制酱油**

(1)生产工艺:蒸煮→加曲→配料→摊晾→发酵→配色→包装。

(2)配料:薯干、麦麸、豆饼等。

(3)生产过程

①蒸煮:将 100 千克薯干放入甑内蒸煮 2 小时,然后向薯干洒水至薯干湿润均匀,接着再蒸 1 小时。

②加曲:取出蒸好的薯干摊平 4～5 厘米厚冷却,当温度降至 40℃ 左右时即加入黄酶曲和 20 千克麦麸及 20 千克豆饼,混合均匀扒平约 4 厘米厚,夏季放 4 天,冬季放 6～7 天,即成酱醅。

③发酵:将酱醅捣成粉装入布袋发酵,温度达到 50℃ 时按每 100 千克酱醅用 70℃ 热水 50 千克的比例渗入后搅拌分缸装好,在料面上撒 1.5 厘米厚的食盐,将酱缸放进 70℃ 的温室中保温发酵。24 小时后按每 100 千克酱醅加 160 千克盐水(盐水中有 13 千克食盐)的比例加入缸内拌匀,仍在 70℃ 的温室中保温发酵,经 48 小时后即可得到无色酱油 160 千克。在 100 千克无色酱油中加入 16 千克红糖或适宜的酱色,即成为带色酱油。

## 第三节 甘薯饲料的加工

**1. 青贮饲料**

甘薯青贮饲料是将薯块、茎叶或工业副产品等为原料压在不透气的环境里,通过乳酸细菌的发酵作用,制成具有酸香味、黄绿色的多汁饲料。

青贮不仅可以防止饲料腐败,还可长期保存,并可避免营养成分的大量损失,尤其是蛋白质和胡萝卜素损失极少。青贮饲料具有特殊的香味,牲畜爱吃,并易吸收消化,可增强牲畜的体质和提高产品的质量,还可节省精料的喂量。青贮方法有窖贮和袋装贮两种。大型畜牧场或饲养专业户需要量大,宜采取挖窖青贮,这样可以贮备大量的青饲料;个体户宜采取袋装青贮,以便经常喂用青贮饲料。

### 2. 混合饲料

根据不同牲畜的畜龄、种类、饲养目的,可配合成各种营养成分的饲料。其方法是:一般将鲜薯、茎叶、薯干或甘薯加工后的副产品与其他精饲料按适当比例混合,并加入少量食盐、贝粉等,经简单加工后即可饲喂。其优点是营养丰富,可随配随喂,并可充分利用各种加工副产品。

混合饲料不但营养完全,而且配合比例适当,可提高饲料利用率,弥补饲料成分单一之不足;饲喂混合饲料的家禽生长发育快,畜禽健壮,肉蛋产量高。混合饲料是今后饲料发展的方向。

### 3. 发酵饲料

所谓发酵饲料,就是将甘薯干、茎叶或薯干粉碎,加入适量的酵母菌或曲霉菌使其发酵,在发酵过程中由于酵母菌或曲霉菌的作用,可产生大量的蛋白质、维生素,把不能利用的粗纤维分解,变成猪爱吃且易消化吸收的饲料。

发酵饲料可提高饲料的营养成分,其营养成分的含量比一般饲料高 3~4 倍。青饲料、干粗饲料、曲子比例为 10:(2~3):(0.3~0.5),经 2~3 天发酵即可。

# 下篇

# 马铃薯高产栽培与加工

# 第一章 马铃薯概述

马铃薯又名土豆、地豆、地蛋、土卵、山药蛋、番芋、洋芋、洋山芋、阳芋等,是茄科、茄属多年生草本植物,作一年生或一年两季栽培,以地下块茎供食用。

马铃薯最早传入我国的时间是在公元1573—1619年,现今,马铃薯在全国遍布各个省、区,已列入分布最广泛的农作物之一。近年来,随着育种技术、栽培技术、留种技术的发展,过去认为不适宜种植的地区也开始大面积栽培马铃薯。

马铃薯的产量很高,增产潜力大,是其他粮食作物所不及的;其营养含量丰富,又是多种蔬菜所不及的;马铃薯的用途广泛,不仅是粮,是菜,是好饲料,还是制造淀粉、糊精、葡萄糖和酒精的主要原料。近年来,马铃薯的油炸食品、脱水制品、膨化食品、冷冻食品等加工业也在迅速发展;马铃薯在作物栽培中是良好的前茬,又是间作、套种的作物,所以说,马铃薯在粮食、蔬菜栽培中,以及农业经济、人民的日常生活中占有重要的地位,已成为农民调整种植业结构、增加收入、奔小康的致富项目之一。

## 第一节 我国马铃薯的分布和种植制度

我国幅员辽阔,自然条件各异。马铃薯栽培遍及全国,在千差万别的自然条件下,各地通过长期的生产实践,形成了与当地自然特点和生产条件相适应的栽培类型,从而构成了不同的栽培区。

影响马铃薯栽培类型的主要外界条件是光照和温度条件,而影响光照、温度的地理因素主要是纬度和海拔高度。所以,马铃薯依据纬度和海拔划分为4个区域。

**1. 北方和西北一季作区**

本区包括东北地区除辽东半岛以外的大部地区,华北地区的河北北部、山西北部、内蒙古全部及西北地区陕西北部、宁夏全部、甘肃全部、青海东部和新疆的天山以北的地方。

本区的气候特点是:无霜期短,110~170天。年平均温度在-4~10℃间。大于5℃的积温在2000~3500℃间。年降雨量50~1000毫米,分布不均匀。由于本区气候凉爽,日照充足,昼夜温差大,故适于马铃薯的生长,因而栽培面积较大,约占全国总面积的50%左右。

本区栽培马铃薯基本上是一年一熟,为春播秋收的农作类型,一般4月初~5月初播种,8月底~10月上旬收获。多为垄作或平播。适宜的品种以中熟和晚熟为主,并要求休眠期长,耐贮藏,抗逆丰产。

**2. 中原二作区**

本区包括辽宁、河北、山西、陕西四省南部,湖北、湖南二省的东部,河南、山东、江苏、浙江、安徽、江西六省全部。

本区无霜区较长,在180~300天。年平均温度10~18℃,大于5℃积温在3500~6500℃间。年降雨量在500~1750毫米。本区因夏季长,温度高,不利于马铃薯生长,故行春、秋二季栽培。春季2月下旬至3月上旬播种,5月下旬至6月上中旬收获,以生产商品马铃薯为主。秋季8月份播种,11月份收获,以生产下一年春季的种马铃薯为主。

本区栽培面积约占全国的7%左右。品种以早熟和中熟为主。

### 3. 南方二作区

南岭、武夷山以南的各省区,包括广西、广东、海南、福建、台湾等省、区。本区无霜期在300~365天以上,年平均温度18~24℃。大于5℃的积温在6500~9500℃间。年降雨量在1000~3000毫米,但因马铃薯在本区系冬作,恰逢旱季,故必须灌溉。

本区大多属海洋性气候,夏长冬暖,四季不分明。主要在稻作后,利用冬闲地栽培。因其栽培季节多在冬、春二季,与中原春、秋二季不同,故称南方二作区。本区栽培面积约占全国的5%左右,其主要品种类型为早熟或中熟,且为最好抗晚疫病和青枯病的品种。本区面积小,收获时属全国马铃薯生产淡季,对市场供应及出口意义重大,且利用冬闲田,茎叶可作绿肥,故具有很好的经济效益。

### 4. 西南单、双季混作区

本区包括云南、贵州、四川、西藏等省区,及湖南、湖北二省的西部山区。本区多为山地和高原,区域广阔,地势复杂,海拔高度变化很大,故气候的垂直变化显著。因此,马铃薯生产在本区内有一季作、二季作等不同的栽作型交错出现的局面。

在高寒山区,气温低、无霜期短、四季分明、夏季凉爽、云雾较多、雨量充沛,多为春种秋收一年一作。在低山河谷或盆地,气温高、无霜期长、春早、夏长、冬暖、雨量多湿度大,适于二季栽培,与中原或南方二季作相同。本区栽培面积约占全国的38%左右。

## 第二节 马铃薯种植的价值

马铃薯是最有发展前景的高产经济作物之一,同时也是十大热门营养健康食品之一。马铃薯是仅次于水稻、玉米、小麦的重要粮食作物,由于它高产稳产、适应性广、营养成分全和产业链长而受全世界的高度重视,马铃薯的种薯及各种加工产品已成为全球经济贸易中的重要组成部分。

### 一、经济价值

马铃薯产量高、营养丰富,是粮、菜、饲、工业原料兼用的农作物。在我国东北的南部、华北和华东地区,马铃薯作为早春蔬菜成为农村致富的重要作物;在华东的南部和华南大部,马铃薯作为冬种作物与水稻轮作,鲜薯出口可以获得极大的经济效益;在西北地区和西南山区,马铃薯作为主要的粮食作物发挥着重要的作用。

近几年来,马铃薯食品加工、淀粉加工业迅速发展。在食品加工业中,以马铃薯为原料,可加工成各种速冻方便食品和休闲食品,如脱水制品、油炸薯片、速冻薯条、膨化食品等,同时其还可深加工成果葡糖浆、柠檬酸、可生物降解塑料、粘合剂、增强剂及医药上的多种添加剂等。

马铃薯淀粉在世界市场上比玉米淀粉更有竞争力,马铃薯高产国家将大约总产量的40%用于淀粉加工,全世界淀粉产量的25%来自马铃薯。马铃薯淀粉与其他作物的淀粉相比,马铃薯淀粉糊化度高、糊化温度低、透明度好、黏结力强、拉伸性大。马铃薯变性淀粉在许多领域都有应用,如衍生物的加工、生产果葡糖浆、制取柠檬酸、生产可生物降解的塑料等。

据专家测算:马铃薯加工成普通淀粉可增值1倍,特种淀粉可增值十几倍,生产生物胶可增值60多倍,加工成油炸薯条、薯片、膨化食品可增值5～10倍。

## 二、营养价值

据测定,每100克马铃薯中含蛋白质1.6～2.1克,脂肪0.6克,糖类13.9～21.9克,粗纤维0.6～0.8克,钾1.06毫克,钙9.6毫克,磷52毫克,铁0.82毫克,胡萝卜素1.8毫克,硫胺素0.088毫克,核黄素0.026毫克,尼克酸0.36毫克,抗坏血酸15.8毫克。马铃薯的营养成分丰富而齐全,其丰富的维生素C(抗坏血酸)含量,远远超过粮食作物;其较高的蛋白质、糖类含量又大大超过一般蔬菜。马铃薯营养齐全,结构合理,尤其是蛋白质分子结构与人体的基本一致,极易被人体吸收利用,其吸收利用率几乎高达100%。营养学家研究指出:"每餐只吃马铃薯和全脂牛奶就可获得人体所需要的全部营养元素",可以说:"马铃薯是十全十美的全价营养食物。"

但是,马铃薯中所含氧化酶和茄素等直接影响了马铃薯的加工和食用。氧化酶主要有过氧化酶、细胞色素氧化酶、酪氨酸酶、葡萄糖氧化酶、抗坏血酸氧化酶等,这些酶主要分布在马铃薯能发芽的部位。马铃薯在空气中的褐变就是其氧化底物绿原酚和酪氨酸在氧化酶的参与下发生的生化反应。茄素是一种含氮配糖体,很难溶于水,有剧毒。马铃薯的茄素含量以未成熟的块茎为多,占鲜重的0.56%～1.08%。如果每100克鲜块茎中茄素含量达到了20毫克,食用后人体就会出现中毒症状。因此,在块茎发芽和表皮变绿时一定要把芽和芽眼挖掉,把绿色部分去除干净后才能食用。

## 三、药用及保健价值

马铃薯不但营养价值高,而且还有较广泛的药用价值。我国中医学认为,马铃薯有和胃、健脾、益气的功效,可以预防和治疗多种疾病,还有解毒、消炎之功效。

**1. 预防中风**

马铃薯中含有丰富的B族维生素和优质纤维素,这在延缓人体衰老过程中有重要作用。马铃薯富含的膳食纤维、蔗糖有助于防治消化道癌症和控制血液中胆固醇的含量。马铃薯中富含钾,钾在人体中主要分布在细胞内,维持着细胞内的渗透压,参与能量代谢过程,因此经常吃马铃薯,可防止动脉粥样硬化,医学专家认为,每天吃1个马铃薯,能大大减少中风的危险。营养专家指出,每天吃1个马铃薯即可使患中风的几率下降40%。

**2. 减肥**

吃马铃薯不必担心脂肪过剩,因为它只含有0.1%的脂肪,每天多吃马铃薯可以减少脂肪的摄入,使多余的脂肪渐渐被身体代谢掉。近几年,意大利、西班牙、美国、加拿大、俄罗斯等国先后涌现出了一批风味独特的马铃薯食疗餐厅,以满足健美减肥人士的日常需求。

**3. 养胃**

中医认为,马铃薯能和胃调中、健脾益气,对治疗胃溃疡、习惯性便秘等疾病大有裨益,而且它还兼有解毒消炎的作用。

**4. 降血压**

马铃薯中含有降血压的成分,具有类似降压药的作用,能阻断血管紧张素Ⅰ转化为血管紧张素Ⅱ,并能使具有血管活性作用的血管紧张素Ⅱ的血浆水平下降,使周围血管舒张,血压下降。

**5. 通便**

马铃薯中的粗纤维,可以起到润肠通便的作用,从而避免便秘者用力憋气排便而导致血压的突然升高。

## 四、工业价值

马铃薯具有较高的开发利用价值,除自身的营养价值和药用价值外,还通过深加工可以增值,使农民、企业和国家增加收入;马铃薯深加工产品(淀粉、全粉、变性淀粉及其衍生物)为食品、医药、化工、石油、纺织、造纸、农业、建材等行业提供了大量丰富的原材料;由于马铃薯自身分子结构的特点和特殊性能,其应用是其他类淀粉制品所无法替代的。

# 第三节 马铃薯的植物学特性

马铃薯是茄科、茄属一年生草本植物,生产上大多数是利用块茎进行无性繁殖,因此,又可以看作是多年生的植物。

## 一、马铃薯的形态特征

**1. 地上部分形态特征**

地上部分包括地上茎、叶、花、果实和种子。

(1)地上茎:由种薯的芽眼或种子的胚轴伸长形成的枝条为地上茎。地上茎是马铃薯植株在地面上着生枝叶的茎。茎的两个主要特征为形状和颜色。地上茎多数为绿色,也有的品种在茎的基部,或节间的下部,或茎的大部分呈现紫色或其他颜色。茎横截面的形状通常为圆形或三角形,节间部分有三棱、四棱或多棱之分,还具有波状或直形棱翅,称茎翼。茎基部常常是圆形的。茎上节部膨大,节间分明,节处着生复叶,复叶基部有小型托叶,多数品种节处和基部坚实,节间中空。从种薯上直接伸长的茎为主茎,主茎可以产生分枝,产生匍匐茎和块茎的低位分枝也可以认为是主茎。茎上分枝的部位与品种有关,早熟品种分枝少,在中上部分枝;中晚熟品种分枝的部位与品种有关,分枝较多且大都在下部或靠近茎基部。在植株生长过程中,可能有多次顶端分枝。茎有直立、半直立和匍匐型半直立型。多数品种的茎高在40~100厘米之间,少数中晚熟品种在100厘米以上。茎的粗细、有无茸毛等均因品种而异。

(2)叶:马铃薯最先出土的叶为单叶,心脏形或倒心脏形,全缘,叫初生叶。以后发生的叶为奇数羽状复叶。顶端叶片单生,顶生小叶之下有4~5对侧生小叶。小叶柄上和小叶之间中肋上着生裂片叶。绝大部分品种的主茎叶由2个叶环,加上顶部的2个侧枝以上的复叶,构成马铃薯的主要同化系统。叶片表面密生茸毛,一种披针形;另一种顶部头状,它们有收集空气中水汽的效应,有些品种还具有抗害虫的作用。复叶叶柄基部与主茎相连处着生的裂片叫托片,具小叶形或镰刀形或中间形,可作为识别品种的特征。

(3)花:马铃薯的花序为伞形花序或分枝型聚伞形花序,着生在茎的顶端,早熟品种第一花序、中晚熟品种第二花序开放时,地下块茎开始膨大,因此花序的开放系马铃薯植株由发棵期生长转入结薯期生长的形态标志。花冠五角轮状,花冠的颜色有白、粉红、紫、蓝紫、黄色等多种,少数品种的花具有清香味。马铃薯的开花习性为白天开花,夜间闭合。一般在上午8时左右开花,下午5

时左右闭花。每朵花的开花持续时间约为5天。一个花序的持续时间为15～20天。花无蜜腺,属自交受粉,天然杂交率极低。有些品种结实率很高,有些品种结实率很低,甚至不能开花。

(4)果实和种子：马铃薯的果实为浆果,圆形,少数为椭圆形,看上去像小番茄。果色前期为绿色,成熟时顶部变白,逐渐转为黄绿色、褐色或紫绿色。不同品种浆果的大小差异很大,直径1～3厘米。有的浆果为伪果,没有种子。因受精情况不同,浆果内的种子数差异很大,一般为100～250粒,但有的种子却很少。马铃薯的种子一般为扁平近圆形或卵圆形,由种皮、胚乳、胚根、胚轴和胚芽组成。种皮颜色因品种而异,一般为浅褐色或淡黄色,种皮上密布细毛。种子很小,多数品种千粒重0.3～0.6克。为了与生产上所用的种薯区别,这种种子一般称为实生种子,休眠期5～6个月,可贮藏4～5年。

马铃薯的所有地上部分都含有一种有毒的植物碱,叫做龙葵素或茄素。浆果中的龙葵素含量最高,其次是块茎萌发的幼芽中。当块茎表皮受到光照而变绿时,龙葵素含量就显著增加,严重影响块茎的食用价值,人和牲畜食用后均会中毒,严重的引起死亡。

**2. 地下部分形态特征**

这是马铃薯栽培中最重要的部分,包括母薯、根、地下茎、匍匐茎和块茎。

(1)母薯：是种薯在植株成长后留下的。残留的种薯并非总是可见,尤其在植株生长后期由于种薯腐烂而不可见。

(2)根：用块茎种植的马铃薯植株都是不定根,无直根,没有主根和侧根的区别,只有须根分布在40～70厘米深的土层中,称为须根系。须根从种薯幼芽基部发出,而后又分枝形成许多侧根。根系发育及分枝情况因品种和栽培条件不同而异。大部分品种的根系分布在土壤表层下40厘米,一般不超过70厘米,在沙质土壤中根深也可达100厘米以上。早熟品种根系一般不如晚熟品种发达,而且分布很浅,晚熟品种分布广而深。抗旱品种根系发达、拉力强、鲜重高。在栽培上,要根据品种的特性和根系的分布情况来确定株、行距,以获得高产。用实生种子种植时,植株有主根和侧根之分,主根为圆锥形伸入土中,分枝随着植株的生长而增加,形成直根系。若生长条件好,实生苗的根系也很发达。

(3)地下茎:块茎发芽后埋在土壤内的茎为地下茎。地下茎的长度随播种深度和生育期培土厚度的增加而增加,一般为10厘米左右。地下茎的节间较短,在节的部位生出匍匐茎(枝),匍匐茎顶端膨大形成块茎。

(4)匍匐茎:匍匐茎是地下茎节上的腋芽发育而成的,是形成块茎的器官。一般为白色,少有紫红色的。匍匐茎呈水平方向伸长,具有向地性和背光性,入土不深。匍匐茎的长短和数目与品种特性和栽培条件密切相关,许多栽培品种尤其是早熟品种因进行了育种选择而有较短的匍匐茎,一般早熟品种的匍匐茎为3～10厘米,而晚熟品种的匍匐茎较长,有的达10厘米以上。匍匐茎较短结薯集中,便于收获。早熟品种在出苗后7～10天即开始匍匐茎伸长,15天后顶端膨大,形成块茎。如果播种时薯块覆土太浅或生长期间遇到土壤温度过高等不良环境条件,匍匐茎会长出地面变成普通的分枝而影响产量。

(5)块茎:块茎是经济产品器官,又是马铃薯的繁殖器官,是一缩短而肥大的变态茎。栽培马铃薯的主要目的就是为了获得高产的块茎。当匍匐茎的顶端停止了伸长,由于顶端各部分贮藏细胞的扩大,并有大量的淀粉的积累,使匍匐茎顶端膨大而形成块茎。

①块茎的形成:最初的块茎在最深的匍匐茎顶端形成,且对后来形成的块茎有优势。有时块茎也在马铃薯地上茎上形成。当植株生长旺盛时期,向下输送营养的茎组织因受到机械损伤或因感染病菌引起生理紊乱,使营养物质不能向地下块茎输送,养分无处

积累时，就会在地上茎的叶腋间形成无食用价值的气生块茎。

②块茎的外部结构：块茎具有地上茎的一切结构特征。块茎有顶部和基部，与匍匐茎连接的一端为基部，称脐部。有些品种块茎的脐部向内凹陷形成茎窝。块茎的顶部即为匍匐茎的生长点。在块茎生长初期，其表面每节上都有鳞片状退化小叶，随着块茎的膨大，退化小叶脱落，残留的叶痕呈新月状，称为芽眉。芽眉内侧表面向内凹陷成为芽眼，芽眼的颜色和深度与品种特性和栽培条件有关。每个芽眼内有3个或3个以上未生长的芽，中间的为主芽，两侧的为副芽，发芽时主芽首先萌发，副芽一般呈休眠状态，当主芽受损时，副芽可发芽。芽眼在块茎上呈螺旋状排列，其排列顺序与叶子在茎上的排列相同。块茎的顶部芽眼分布密集，最顶端的一个芽较大，内含许多芽，称为顶芽。块茎萌发时，顶芽最先萌发，且幼芽壮，长势旺盛，这种现象称为顶端优势。芽基部在正常情况下发育成茎的地下部分，芽的顶端有叶状物。块茎的表面有许多称为皮孔的小斑点，成熟块茎主要通过皮孔与外界进行气体交流。栽培土壤高温高湿时皮孔放大，不仅影响薯块的商品性，而且还容易引起病害感染，不利于贮藏。

③块茎的内部结构：块茎的横切面上可以看见周皮、皮层、维管束环、外髓、内髓等。周皮即通常所说的薯皮，薯皮的厚度因品种和环境条件而异。新收获薯块的薯皮变厚木栓化，有利于保护薯块失水过多和不受病原菌的侵害。一旦薯皮受损，细胞就会迅速愈合以形成新薯皮。周皮与维管束环之间是皮层，这是一层较薄的贮藏组织。块茎的中央部分为髓部，它由含水较多呈半透明芒状的内髓部和接近维管束环不甚明显的外髓部组成。外髓部占块茎的大部分，是营养物质的主要贮藏之处。内髓部在某些地方与外部芽连接。在块茎的各部分器官中，除周皮、表皮和形成层没有淀粉粒之外，其他组织都含有淀粉粒。

④块茎性状：块茎的形状、芽眼的深浅、皮肉的颜色及薯皮的

光滑度都由品种特性决定,它们是鉴别品种的主要特征。有时幼芽的颜色也是区别品种的特征之一。块茎的大小变异很大,一般为50~250克,大者可达1500克。形状有圆形、卵圆形、倒卵圆形、椭圆形、长圆形、扁圆形、圆筒形、长筒形等。芽眼的深浅可分为突出、浅、中等、深和很深。浅芽眼的品种通常因易于去皮而受欢迎。皮色是块茎外表直接可见的每个品种较稳定的性状,从浅黄到深黄色、粉红色到深红色或紫色,由品种特性所决定。当块茎暴露于光下,一定时间后变成绿色并产生有毒的生物碱。有些品种的薯皮由两种颜色组成,并在薯皮上有不同的分布。薯皮的光滑度描述为光滑、粗糙、部分网纹、全部网纹和严重网纹等。薯皮的光滑度因品种而异,同时易受外界栽培环境的影响。薯肉的颜色一般在白色到黄色之间变化,由品种特性决定。加工品种一般为白色,而鲜食一般为黄色。

生产上因不同的栽培目的而对块茎的要求不同。一般除高产外,希望形状适合于各自的用途,如炸条品种为长方形、炸片为圆球形、鲜食为卵圆形等,并要求芽眼浅、表皮光滑、色泽悦目、脐部不陷、芽眼少而平。

## 二、马铃薯的生长发育特性

在作物生产中,马铃薯一般是从薯块到薯块的无性生长过程,因此,这里着重描述这一过程的生长发育特点。马铃薯的植株是在适宜条件下由根、茎、叶三部分密切配合,高度协调下生长发育的。马铃薯植株的整个生育期可分为休眠期、发芽期、幼苗期、发棵期、结薯期和成熟期6个时期。

**1. 休眠期**

收获后的马铃薯块茎在适宜生长条件下很长一段时间内不萌

动,呈休眠状态,休眠是生长和代谢的停滞状态,马铃薯块茎休眠属生理性休眠。休眠期长短按块茎成熟收获到芽眼开始萌发幼芽的天数计算,由品种的遗传特性和贮藏的温度决定。有的品种休眠期长达 4~5 个月,有的品种则很短,一般情况下晚熟品种的休眠期较长,而早熟品种则较短。一般温度在 10℃以上,块茎易通过自然休眠而发芽,温度在 2~4℃时,块茎可以保持长期休眠状态。另外,收获时块茎的成熟度与休眠期的长短也有关系。马铃薯休眠期的长短意义重要,休眠期长有利于贮藏和延长市场供应。种薯通过休眠后才能播种。马铃薯可以用赤霉素打破休眠,提高贮藏温度、切块、切伤顶芽、用清水多次漂洗切块等也都可以解除休眠。

**2. 发芽期**

从萌芽至出苗是发芽期。这个时期的生长中心在芽轴的伸长和根系的发育上,养分和水分主要靠种薯幼根从土壤中吸取的水分和营养物质供给。这一阶段生长是马铃薯产量形成的基础,直接关系到马铃薯的高产与优质,但它首先取决于种薯的休眠状况、打破休眠的程度以及种薯的生理年龄;其次取决于种薯的健康状况;再次取决于周围的环境条件,例如土壤的墒情、氧气含量和适宜的温度。发芽期的长短,因品种特性、种薯贮藏条件、栽培季节和栽培技术水平等而不同,在正常情况下不应超过 1 个月。这一时期的关键措施在于把种薯中的养分、水分、内源激素等充分调动起来,使种薯尽快发芽出苗。

**3. 幼苗期**

从幼苗出土到幼苗完成一个叶序的生长过程为幼苗期。早熟品种第六叶、晚熟品种第八叶展平,俗称团棵,是幼苗期结束的形态标志。幼苗期历时 15~20 天。幼苗期仍以茎叶和根的生长为中心,但生长量不大,展叶速度较快,约 2 天发生 1 片叶。幼苗期茎叶分化很快，主茎及其他器官分化完毕且主茎顶端已经分化花蕾，侧枝、叶开始生长，在出苗后7～8天地下匍匐茎开始水平方向生长，团棵前后开始形成块茎。幼苗期短暂，只有约半个月时间，因此应抓紧各项栽培措施促进根茎叶的生长。

### 4. 发棵期

从团棵到第12或第16叶展平，早熟品种以第一花序开花、晚熟品种以第二花序开花为发棵期结束标志，为时1个月左右。此时株高达总株高的50%左右，叶面积达总叶面积的比例，早熟品种为80%左右，晚熟品种为50%以上。与此同时，根系继续扩大，块茎逐渐膨大到3～4厘米。这段时期主要以建立强大的同化系统为中心并逐步转向块茎生长为特点（30天左右）。

### 5. 结薯期

由主茎顶端显现花蕾到收获时止为结薯期。发棵期末叶面积达到高峰，进入结薯期基部叶片开始枯黄脱落，叶面积开始负增长，植株同化产物向块茎运输速度加快，块茎膨大速度随之加快，尤其开花时块茎膨大速度达到高峰期，块茎产量一半以上是在结薯期内形成的。结薯期长短与气候条件、品种特性和栽培技术关系密切，一般在30～50天。结薯期要维持植株茎叶正常功能，减缓叶面积负生长速度，提高光合生产力和延长光合产物生产时间，并使光合产物顺利向块茎输送，从而获高额产量。

### 6. 成熟期

当50%的植株茎叶出现枯黄时，便进入成熟期。此时马铃薯地上、地下两部分均已停止生长。应注意天气变化，及时收获。

# 三、马铃薯对环境条件的要求

马铃薯栽种经过多年的人工选择,已有早、中晚熟期不同的品种类型,在多种气候条件下可以种植。但毕竟马铃薯植株和块茎在生物学上对温度的反应有其自然特性,所以,栽培马铃薯时,了解这些情况非常重要。

**1. 对温度的要求**

(1)植株对温度的反应:播种的马铃薯块茎在地面下 10 厘米深的土温达 7~8℃,幼芽即可生长,10~20℃时幼芽苗壮成长并很快出土。播种早的马铃薯出苗后常遇到晚霜,一般气温降至 -0.8℃时幼苗即受冷害。气温降到 -2℃时幼苗受冻害,部分茎叶枯死、变黑,但在气温回升后还能从节部发出新的茎叶,继续生长。植株生长最适宜的温度为 21℃左右,于 42℃高温下,茎叶停止生长,气温在 -1.5℃时,茎部受冻害,-3℃时茎叶全部枯死。开花最适温度为 15~17℃,低于 5℃或高于 38℃则不开花。当然,因品种的抗寒性不同,对温度的反应也有差异。但在了解马铃薯植株生长与温度的关系后,对加强田间的管理,保证马铃薯获得高产,具有重要意义。

(2)块茎对温度的反应:马铃薯块茎生长发育的最适温度为 17~19℃,温度低于 2℃和高于 29℃时,块茎停止生长。在生产实践中常遇到两种块茎生长反常现象。

第一种现象是播种块茎上的幼芽变成了块茎,也称闷生薯或梦生薯。这种现象是由于播种前块茎贮藏条件不好,窖温偏高。窖温在 4℃以上,块茎休眠期过后即开始发芽。有的窖温在 10℃以上,块茎上芽子长得很长,把块茎生芽去掉后播种,块茎内养分向幼芽动转移时遇到低温,幼芽没有生长条件,所以又把养分贮藏起来形成了新的小块茎。如果播种时块茎不发芽或只是开始萌芽而不生长,待温度升高后才正常生长,这样就不会产生块茎。

第二种现象是在块茎遇到长时间高温时即停止生长,待浇水降雨后土壤温度下降,块茎又开始生长,即二次生长。在这种条件下有的块茎像哑铃,有的像念珠状,出现多种畸形。当然,这种现象与品种是否耐高温有很大关系。对高温敏感的品种遇到干旱缺水,土壤温度升高时,二次生长块茎特别多,而耐高温品种可不出现或很少出现地面变成枝条,这就会严重影响产量或降低块茎品质。对这类品种要及时灌溉降低土温。

**2. 对水分的要求**

马铃薯不同生长期对水分的要求不同。发芽期芽条仅凭块茎内贮备的水分便能正常生长。待芽条发生根系从土壤吸收水分后才能正常出苗。所以,此期要求土壤保持湿润状态,土壤含水量至少应在田间最大持水量40%～50%的范围内。如水分不足,则影响出苗。

幼苗期土壤水分保持在田间最大持水量的50%～60%,有利于根系向土壤深层发展,以及茎叶的苗壮生长。小于40%,则茎叶生长不良。

发棵期为促进茎叶迅速生长,前期应保持土壤水分在田间最大持水量的70%～80%;后期使土壤水分逐步降到60%,以适当控制茎叶生长,以利适时进入结薯期。

结薯期块茎膨大需要充分而均匀的土壤水分。此期水分的短缺会导致严重减产。结薯的前、中期土壤水分应保持在最大持水量的80%～85%,结薯后期逐渐降至50%～60%,使块茎周皮老化,以利收获和贮藏。结薯期土壤水分供给不匀,温度时高时低,则引起块茎畸形生长。

### 3. 对光照的要求

马铃薯各生育期对光照强度及光周期有强烈反应。幼苗期短日照、强光照和适当的高温,有利于促根、壮苗和提早结薯。发棵期长日照、强光照和适当高温,有利于建立强大的同化系统;结薯期短日照、强光照和较大的昼夜温差,有利于同化产物向块茎运转,促使块茎高产。在弱光照条件下,叶片薄,茎徒长、细弱,块茎小。

### 4. 对土壤的要求

马铃薯对土壤适应的范围较广,最适合马铃薯生长的土壤是轻质壤土。因为块茎在土壤中生长,有足够的空气,呼吸作用才能顺利进行。轻质壤土较肥沃又不黏重,透气性良好,不但对块茎和根系生长有利,而且还有增加淀粉含量的作用。用这类土壤种植马铃薯,一般发芽快,出苗整齐,生长的块茎表皮光滑,薯形正常,而且便于收获。

黏重的土壤种植马铃薯,最好作高垄栽培。这类土壤通气性差,平栽或小垄栽培,常因排水不畅造成后期烂薯。土壤黏重易板结,常使块茎生长变形或块茎形不规则。但这类土壤只要排水通畅,其土壤保水、保肥力强,种植马铃薯往往产量很高。对这类土壤的管理,掌握中耕、除草和培土的墒情非常重要,一旦土壤板结变硬,田间管理很不方便,尤其培土困难,如块茎外露会影响品质。

沙性大的土壤种植马铃薯应特别注意增施肥料。因这类土壤保水、保肥力最差,种植时应适当深播,一旦雨水稍大把沙土冲走,很易露出匍匐茎和块茎,不利于马铃薯生长,反而增加管理上的困难。沙土中生长的马铃薯,块茎特别整洁,表皮光滑,薯形正常,淀粉含量高,易于收获。

马铃薯是较喜酸性土壤的作物,pH4.8~7.0 马铃薯生长都比较正常。pH7.8 以上不适于种植马铃薯,因为这类土壤上种植马铃薯不仅产量低而且不耐碱的品种在播种后块茎的芽不能生长甚至死亡。

另外石灰质含量高的土壤种植马铃薯,容易发生疮痂病。因这类土壤中放线菌特别活跃,常使马铃薯块茎表皮受严重损害。所以遇到这种情况,应选用抗病品种和施用酸性肥料。

### 5. 对养分的要求

养分是作物的粮食。有收无收在于水,收多收少在于肥。养分不足或生长期间出现饥饿状态,就不可能高产。马铃薯是高产作物,需要养分较多。养分充足时植株可达到最高生长量,相应块茎产量也最高。氮、磷、钾三要素中马铃薯需要量最多,其次是氮,需要磷较少。

(1)氮:氮对马铃薯植株茎的伸长和叶面积增大有重要作用。适当施用氮肥能促进马铃薯枝叶繁茂、叶色浓绿,有利于光合作用和养分的积累对提高块茎产量和蛋白质会有很大作用。氮肥虽是马铃薯健康生长和取得高产的重要肥料,但是施用过量就会引起植株徒长以致结薯延迟,影响产量。况且枝叶徒长还易受病害侵袭,会造成更大的产量损失。相反,如氮肥不足,则马铃薯植株生长不良、茎秆矮、叶片小、叶色淡绿或灰绿、分枝少、花期早、植株下部叶片早枯等,最后因植株生长势弱,产量很低。早期发现植株缺氮及时追肥,可以变低产为高产。实践证明氮肥施用过多比氮肥不足更难控制。因为苗期发现氮肥不足,可追施氮肥加以补充,而发现氮肥过多除控制灌水外,其他方法很难收效。而控制灌水常常造成茎叶凋萎,影响正常生长。因此,施用氮肥注意适量,没有把握时,宁可苗期追施不可基肥过量。

(2)磷:磷虽然在马铃薯生长过程中需要较少,但却是植株健康发育不可缺少的重要肥料。特别是磷肥能促进马铃薯根发育,因此是非常重要的肥料。磷肥使幼苗发育健壮,还有促进早熟、增进块茎品质和提高耐贮性的作用。磷肥不足时马铃薯植株生长发育缓慢,茎秆矮小,叶面小,光合作用差,生长势弱。缺磷时块茎外表没有特殊症状,切开后薯肉常出现褐色锈斑。随着缺磷程度的增重,锈斑相应地扩大,蒸煮时薯肉锈斑处脆而不软严重影响品质。

(3)钾:钾元素是马铃薯苗期生长发育的重要元素。钾肥充足植株生长健壮,茎秆坚实,叶片增厚,组织致密,抗病力强。钾元素还对促进光合作用和淀粉形成有重要作用,钾肥往往使成熟期有所延长,但块茎大,产量高。缺钾时马铃薯植株节间缩短,发育延迟,叶片变小,在后期叶片出现古铜色病斑,叶片向下弯曲,植株下部叶片早枯,根系不发达,匍匐茎缩短,块茎小,产量低,品质差,蒸煮时薯肉易呈灰黑色。

此外,马铃薯还需要钙、镁、硫、锌、钼、铁、锰等微量元素,缺少这些元素时,也可引起病症,降低产量。但绝大部分土壤中这些元素并不缺乏,所以一般不需施。

## 第四节　马铃薯的优良品种

马铃薯品种按用途分一般可分为菜用型、淀粉加工型、油炸食品加工型。

### 一、菜用型品种

**1. 东农 303**

该品种为我国双季、极早熟脱毒马铃薯菜用品种,由东北农学院培育。

(1)品种特性:早熟,从出苗到收获60天左右。株型直立,茎秆粗壮,分枝中等,株高45厘米左右,茎绿色。叶色浅绿,复叶较大,叶缘平展,花冠白色,不能天然结实。块茎扁卵形,黄皮黄肉,表皮光滑,芽眼较浅。结薯集中,单株结薯6~7个,块茎大小中等。块茎休眠期较长。淀粉13.1%~14%,蒸食品质优,食味佳。植株感晚疫病,高抗花叶病毒病,轻感卷叶病毒病,耐纺锤类病毒。

(2)产量:一般每亩产量1500~2000千克,高的可达2500千克以上。

(3)栽培要求:适宜密度为每亩4000~4500株。上等水肥地块种植,苗期和孕蕾期不能缺水。适应性广,适宜和其他作物套种。适合在东北、华北等地种植。

**2. 早大白**

属早熟菜用型品种,由辽宁本溪马铃薯研究所育成。

(1)品种特性:早熟品种,从出苗到成熟55~60天。植株半直立,繁茂性中等,株高50~60厘米,茎叶绿色,花冠白色,天然结实性偏弱。块茎扁圆形,白皮白肉,表面光滑,芽眼小较浅。结薯集中,单株结薯3~4个,大中薯率高,商品性好。块茎休眠期中等。淀粉11%~13%,食味中等,耐贮性一般。苗期喜温抗旱,耐病毒病,较抗环腐病,感晚疫病。

(2)产量:一般每亩产量2000千克。

(3)栽培要求:地块选排灌良好的沙壤土,适宜密度为每亩4500~5000株。适合在山东、辽宁、河北和江苏等地种植。

**3. 费乌瑞它**

由荷兰引入,因在各地表现良好,有很多别名,如荷兰7、荷兰15、鲁引1号、津引8号、粤引85~38、早大黄等。

(1)品种特性:早熟,出苗后60~65天可收获。株型直立,分枝少,株高50~60厘米。根系发达,茎粗壮、基部紫褐色,复叶宽大肥厚深绿色,叶缘有轻微波状,生长势强。花冠蓝紫色,可天然结实。块茎扁长椭圆形,顶部圆形。皮肉淡黄色,表皮光滑细腻,芽眼少而浅平。结薯集中,单株结薯4个左右,薯块大而整齐,商品率高。块茎休眠期50天左右。淀粉12%~14%,品质好适宜鲜食,较耐储藏。易感晚疫病,轻感环腐病和青枯病。

(2)产量:一般亩产量2000千克。

(3)栽培要求:该品种喜肥水,产量潜力大,要求地力中上等。适宜密度为每亩4000~4500株,注意厚培土。适合中原各省、山东、广东等地作为出口商品薯栽培。

**4. 中薯3号**

属中早熟菜用型品种,由中国农业科学院蔬菜花卉研究所育成。

(1)品种特性:早熟,从出苗至收获65~70天。株型直立,分枝少,株高55~60厘米。茎绿色,叶色浅绿,复叶大,叶缘波状,生长势强。花序总梗绿色,花冠白色而繁茂,能天然结实。薯块椭圆形,顶部圆形,浅黄色皮肉,薯皮光滑,芽眼少而浅。匍匐茎短,结薯集中,单株结薯4~5个,较整齐。薯块大,大中薯率达90%,商品性好。块茎休眠期60天左右。块茎淀粉含量12%,食味好。田间表现抗重花叶病毒,较抗普通花叶病毒和卷叶病毒,不抗晚疫病,不感疮痂病。

(2)产量:一般每亩产量2000千克。

(3)栽培要求:选土质疏松、灌排方便地块,适宜密度为每亩4500株。适宜北京、中原各省和南方种植。

**5. 豫薯1号**

原名为郑薯5号,由河南省郑州市蔬菜研究所育成。

(1)品种特性:早熟,出苗后65~70天可收获。株型直立,分枝 1~2 个,株高约 60 厘米。茎粗壮、绿色,复叶较大,生长势强。花冠白色,能天然结实。块茎椭圆形,脐部稍小。表皮光滑,黄皮黄肉,芽眼浅而稀。结薯集中,单株结薯约 4 个,块大而整齐,商品率高。块茎休眠期约 45 天。淀粉 13.42%,品质优适合鲜食,耐储性较好。植株较抗花叶病毒、疮痂病及霜冻,轻感卷叶病毒和晚疫病,病毒性退化轻。

(2)产量:一般每亩产量 2000~2500 千克。

(3)栽培要求:喜肥水,产量潜力大,要求地力中上等,加强前期肥水管理。适宜密度为每亩 4500 株。适合在河南、河北、山东、四川、广东和吉林等地种植。

### 6. 鲁马铃薯 1 号

鲁马铃薯 1 号属极早熟菜用型品种,由山东省农业科学院蔬菜研究所育成。

(1)品种特性:株型开展,分枝中等,株高 60~70 厘米。茎绿色,长势中等,花白色,易落花落蕾。块茎椭圆,黄皮浅黄肉,表皮光滑,块茎大小中等整齐,芽眼深度中等。结薯集中,块茎休眠期短,耐贮藏。生育期 60 天左右。薯块含淀粉 13.3%,还原糖 0.01%,抗退化,较抗疮痂病。

(2)产量:一般每亩产量 1500 千克。

(3)栽培要求:适宜密度为每亩栽 4000~5000 株,要求肥水充足。适合在山东进行大面积种植。

### 7. 鲁马铃薯 2 号

属早熟菜用型品种,由山东省农业科学院蔬菜研究所育成。

(1)品种特性:株型扩散,株高 70 厘米左右。分枝少,长势强。叶绿,花白色,块茎椭圆形,黄皮黄肉,表皮光滑,芽眼中深,块茎大而整齐。结薯集中,块茎休眠期较短,耐贮藏,淀粉含量为12%~13.5%。植株不抗晚疫病。

(2)产量：每亩产量为1500千克以上。

(3)栽培要求：不宜密植，适宜密度为每亩3000~4000株。种植中要提早管理，做到早播早收。适宜于二季作区种植。

### 8. 超白

超白属极早熟菜用型品种，由辽宁省大连市农业科学研究所育成。

(1)品种特性：植株生育茂盛，长势强，株高40厘米左右。茎绿色粗壮，叶片肥大平展，叶色浓绿，花白色。结薯集中，块茎圆形，白皮白肉，大而整齐，大中薯率为70%以上，表皮光滑。食用品质较好，淀粉含量为12.5%~13.4%。

(2)产量：平均每亩产量为1500千克左右，肥水好的高产田可达3000千克。

(3)栽培要求：适宜密度为每亩5000株左右。种植中加强田间管理，及时灌溉，重施优质腐熟基肥。株型矮小，可与其他作物进行间作套种。适宜于辽宁、河北、江苏和安徽等地二季作区种植。

### 9. 郑薯3号

郑薯3号属极早熟菜用型品种，由河南省郑州市蔬菜研究所育成。

(1)品种特性：株型直立，分枝中等，株高40厘米。茎绿色，长势中等，花白色。块茎椭圆形，白皮白肉，表皮光滑，大而整齐，芽眼多而浅。结薯集中，生育期为60天左右。薯块含淀粉12.5%，还原糖含量低。易感晚疫病、环腐病和疮痂病，退化快，不耐涝。

(2)产量：一般每亩产量为1500千克。

(3)栽培要求：种植密度以每亩5500~6000株为宜。要加强生育前、中期肥水管理。适宜于二季作栽培及间套作。

### 10. 克新 4 号

克新 4 号属早熟菜用型品种,由黑龙江省农业科学院马铃薯研究所育成。

(1)品种特性:株型开展,分枝少,株高 60 厘米左右。茎绿色,长势中等,叶浅绿色,花白色。块茎圆形,顶部平,黄皮浅黄肉,表皮光滑,块茎整齐,芽眼中浅。结薯集中,休眠期短,耐贮藏。薯块含淀粉 12%~13.3%,还原糖 0.04%。蒸食品质优。植株感晚疫病,块茎较抗晚疫病,但感环腐病。

(2)产量:每亩产量为 1500 千克左右。

(3)栽培要求:适宜密度为每亩 4000~5000 株。种植中要增施农家肥。适宜于二季作区种植,适应范围较广。在黑龙江、河北、天津和上海等省、直辖市均有种植。

### 11. 克新 9 号

属早熟菜用型品种,由黑龙江省农业科学院马铃薯研究所育成。

(1)品种特性:株型直立,分枝多,株高 55 厘米左右。茎绿色略带浅紫,长势强,叶深绿色,花白色。块茎椭圆,黄皮黄肉,表皮光滑。块茎大小中等,不整齐,芽眼浅。结薯集中,块茎休眠期长,耐贮藏,生育期为 65 天左右。薯块含淀粉 13.9%~15%,还原糖 0.04%,轻感晚疫病,退化慢,植株感晚疫病。块茎较抗晚疫病,但感环腐病。

(2)产量:每亩产量为 1500 千克左右。

(3)栽培要求:适宜密度为每亩 4000~4500 株。该品种喜肥,抗倒伏,要提早管理。适宜于二季作栽培。

### 12. 泰山 1 号

属早熟菜用型品种,由山东农业大学育成。

(1)品种特性:株型直立,分枝少,株高60厘米左右。茎绿色,基部有浅紫红色碎点,长势中等,叶深绿色,花白色。块茎椭圆形,皮肉淡黄,表皮光滑,整齐度中等,芽眼浅。结薯集中性中等,块茎休眠期短,较耐贮藏。生育期65天左右。薯块含淀粉13.5%～17%,还原糖0.04%,较抗晚疫病和疮痂病。

(2)产量:每亩产量一般为1500千克。

(3)栽培要求:适宜密度为每亩4500~5000株,春种要注意浇水,秋种要注意排水。适宜于中原二季山东、江苏、河南和安徽等省栽培。

### 13. 春薯2号

属早熟菜用型品种,由吉林省农业科学院蔬菜研究所育成。

(1)品种特性:株型开展,株高50厘米左右。生长势强,茎叶绿色,花白色。块茎圆形,白皮白肉,表皮光滑,块大而整齐,芽眼中等深。结薯集中,块茎休眠期短,耐贮藏,含淀粉14%,还原糖0.11%。生育期为70天左右,抗晚疫病和环腐病,退化慢。

(2)产量:每亩产量一般为1500千克。

(3)栽培要求:适宜密度为每亩4000～4500株,适宜于与高秆作物间套作,可按早熟品种栽培。适宜于二季吉林、辽宁和河北等地种植。

### 14. 川芋早

属早熟菜用型品种,由四川省农科院作物研究所育成。

(1)品种特性:植株开展,株高58厘米,长势强,分枝多,花白色,量少。薯形椭圆,表皮光滑,皮肉浅黄色,芽眼浅。块茎大面整齐,含淀粉12.7%,还原糖0.47%。较抗晚疫病。生育期75天左右。

(2)产量:每亩产量一般为2000千克左右。

(3)栽培要求:适宜种植密度为每亩5000株左右,适宜于我国西南地区二季间、套种植。

### 15. 尤金(88—5)

属早熟菜用型品种,由辽宁省本溪市马铃薯研究所育成。

(1)品种特性:株型直立,分枝较少,株高65厘米左右。茎浅紫色,叶小而密,正面有蜡质光泽,花白色。块茎椭圆形,黄皮黄肉,芽眼少而浅。结薯集中,块茎大而整齐,大薯率达90%,休眠期短,较耐贮藏,含淀粉14.3%,还原糖0.02%。植株不抗晚疫病,块茎抗晚疫病和环腐病,退化不快。耐涝。生育期70天左右。

(2)产量:一般每亩产量为1500千克。

(3)栽培要求:适宜密度为每亩4000株左右,水肥管理要早,适宜于中上等地力栽培。适宜于二季作区种植。

### 16. 川芋39

属中早熟菜用型品种,由四川省农科院作物研究所育成。

(1)品种特性:株型开展,株高50厘米。分枝多,茎叶绿色。花淡紫色,开花量少。薯形卵圆,芽眼浅,表皮光滑,黄皮黄肉,含淀粉15%左右,还原糖0.31%。生育期为80天左右,抗青枯病,抗晚疫病。耐瘠,耐旱。

(2)产量:平均每亩产量为1600千克左右。

(3)栽培要求:选择排水性好的沙土、壤土和坡台地种植,以农家肥为主要底肥,配施氮、磷、钾化肥,避免贪青晚熟,生长过旺,适宜密度为每亩3500～4000株。目前在四川省山区及坪坝地区种植,也宜于四川以南省份作一季或春秋两季栽培。

### 17. 郑薯4号

属中早熟菜用型品种,由河南省郑州市蔬菜研究所育成。

(1)品种特性:株型开展,株高60厘米左右。茎绿色,长势较强,叶绿色,花白色。块茎圆形,黄皮黄肉,表皮粗糙,块茎大而整齐。结薯集中,块茎休眠期短,耐贮性中等。生育期为75天左右。薯块含淀粉13%,还原糖0.1%。较抗晚疫病和环腐病,感疮痂病。

(2)产量:一般每亩产量为1700千克左右。

(3)栽培要求:适宜密度为每亩4000株左右。要加强前期管理,后期忌过多施氮肥,以免引起枝叶徒长,影响产量。适合二季节作地区栽培。

**18. 万芋9号**

属中早熟菜用型品种,由重庆市万州区农科所育成。

(1)品种特性:株型直立,株高45厘米,茎绿色,长势强,花浅紫色。块茎扁圆,白皮浅黄肉,块茎大小中等,整齐。结薯集中,块茎休眠期短,耐贮藏。生育期75天左右。薯块含淀粉14%左右,还原糖含量低。植株高抗晚疫病。块茎感晚疫病中等,抗环腐病,抗旱性强。

(2)产量:每亩产量为1500千克左右。

(3)栽培要求:适当密植,适宜密度为每亩6000株左右。种植中要早追肥,早中耕,分次培土。主要适宜于春秋二季作栽培。

**19. 东农304**

属中早熟菜用型品种,由黑龙江省东北农业大学育成。

(1)品种特性:株型直立,茎绿色,枝叶繁茂,长势强,株高55厘米左右。叶色浓绿,花白色。块茎圆形,黄皮黄肉,芽眼深度中等。结薯集中,单株结薯7～8个。块茎休眠期长,耐贮藏。薯块含淀粉14%左右。抗晚疫病。

(2)产量:一般每亩产量为2000千克。

(3)栽培要求:适宜密度为每亩3500～4000株,适宜在中上等水肥条件下种植。种植中要加强前期管理。该品种在黑龙江省南部已推广种植。

### 20. 川芋56号

属中早熟菜用型品种,由四川省农科院作物研究所育成。

(1)品种特性:株型开展,株高50厘米左右,主茎粗壮。叶绿色,花白色。块茎椭圆,表皮光滑,黄皮黄肉,芽眼较浅,块茎大而整齐。结薯集中,块茎休眠期长,耐贮藏。薯块含淀粉13.5%,还原糖0.19%。植株抗癌肿病,感晚疫病。不抗青枯病。

(2)产量:一般每亩产量为1500千克左右。

(3)栽培要求:适宜密度为每亩4000株左右,不宜在长日照地区种植。否则会造成结薯晚或没有产量。适合与玉米等作物间套作。适合二季作南方地区栽培。

### 21. 呼薯1号

属中熟菜用型品种,由内蒙古自治区呼伦贝尔盟农科所育成。

(1)品种特性:株型半直立,分枝少,株高50厘米左右。茎绿色,带紫褐色斑纹,复叶较大,叶深绿色,生长势强。花淡紫红色,天然结果较少。块茎圆形,皮肉均为淡黄色,表皮光滑,芽眼较浅。结薯集中,块茎较大而整齐,大中薯率占90%。休眠期90天左右。薯块含淀粉12%～16%,还原糖0.53%。植株抗病毒,较抗卷叶病毒,感晚疫病和环腐病。

(2)产量:一般每亩产量为1500千克左右。

(3)栽培要求:品种耐涝,适宜涝地块种植。适宜密度为每亩4700株左右。适宜一季作早熟和二季作栽培。在内蒙古、黑龙江、辽宁、河北和江苏等省、自治区有种植。

### 22. 内薯6号

属中熟菜用型品种,由内蒙古自治区育成。

(1)品种特性:株型扩散,株高60厘米左右。叶、茎绿色,花紫色。块茎圆面光滑整齐,芽眼浅而稀,淡黄皮肉。结薯集中。抗旱、耐瘠薄,适应性强。薯块含淀粉 14.7%。

(2)产量:一般每亩产量为 1500 千克,水浇地亩产量为 2000 千克。

(3)栽培要求:种植密度为每亩 4000 株左右,适宜于中等以上肥力的土地种植。

### 23. 新芋 4 号

属中熟菜用型品种,由湖北省恩施南方马铃薯研究中心育成。

(1)品种特性:株型直立,分枝多,株高 50 厘米左右。茎、叶绿色,花紫红色。块茎短筒形,大而整齐,皮肉均为淡黄色,表皮光滑。结薯较集中,块茎休眠期短,耐贮藏。薯块含淀粉 14.6%,还原糖 0.84%。较抗晚疫病、环腐病、黑胫病,轻感青枯病,退化中度。

(2)产量:一般每亩产量为 1500～2000 千克,生育期 105 天左右。

(3)栽培要求:该品种耐肥,栽培中要注意增施肥料。适宜密度为每亩 4000～5000 株。要注意防治晚疫病。一季作或二季作均可栽培。适宜湖南、湖北、四川和贵州等地种植。

### 24. 坝薯 9 号

属中熟菜用型品种,由河北省农科院高寒作物研究所育成。

(1)品种特性:株型半直立,分枝中等,株高 50 厘米左右。茎叶绿色,长势强,花白色。块茎形成早,膨大快,为稍扁的圆形,白皮白肉,表皮光滑,大薯多,较整齐。结薯集中,芽眼中深。块茎休眠期短,耐贮性中等。生育期为 85 天左右。薯块含淀粉 14% 左右,还原糖 0.31%。植株较抗晚疫病,块茎不感病。轻感环腐病,抗退化。

(2)产量:一般亩产量为 1000～1500 千克。

(3)栽培要求:适宜密度为每亩 500～4000 株。要提早进行水肥管理。适宜一季作及二季作春播或间套作。

### 25. 金冠

属早熟菜用型品种,由华南农业大学和河北省张家口市坝上农科所育成。

(1)品种特性:株型直立,分枝较少,株高60厘米左右。薯块肾型,薯皮光滑,芽眼少而浅,浅黄皮浅黄肉。含淀粉14%左右,结薯集中。生育期为65天左右。茎绿带紫色,花冠白色。薯块较大,商品率达90%以上。不抗晚疫病。

(2)产量:每亩产量为1500~2000千克。

(3)栽培要求:本品种分枝较少,可适当密植,适宜密度为每亩5500株以上。种植要选择肥沃土壤,提早管理,防治晚疫病。适合广东、广西、浙江和福建等省冬作。

### 26. 克新10号

属中晚熟菜用型品种,由黑龙江省农科院马铃薯研究所育成。

(1)品种特性:株型直立,茎秆挺拔不易倒伏,株高55~65厘米。心叶有较深的紫色素为其特征,花紫红色,块茎短椭圆形,黄皮黄肉,表皮光滑,芽眼较浅。休眠期长,耐贮藏。薯块含淀粉13%~15%,还原糖0.35%。植株对晚疫病有高度的田间抗性,退化轻。

(2)产量:一般每亩产量为1500~2000千克。

(3)栽培要求:适宜密度为每亩4000~4500株。应在中等以上地力的土壤中栽培。适合一季作区种植。

### 27. 宁薯6号

属中晚熟菜用型品种,由宁夏回族自治区固原地区农科所育成。

(1)品种特性:植株直立,株高70厘米左右。茎秆粗壮,主茎分枝少,叶色深绿,叶面光滑开展,花浅红色。块茎扁圆形,肉白色,芽眼较深。结薯较分散,单株平均结薯 3~4 块,含淀粉 14.3%,还原糖 0.16%。植株感晚疫病但块茎抗病,退化慢,抗旱性强。

(2)产量:每亩产量一般为 1600 千克。

(3)栽培要求:适宜密度为每亩 3500~4000 株。适宜于宁夏南部山区半干旱及干旱地区种植。

### 28. 坝薯 8 号

属中晚熟菜用型品种,由河北省张家口市坝上农科所育成。

(1)品种特性:株型直立,分枝较多。茎绿色,叶深绿色,长势强,花白色。块茎椭圆形,白黄皮,淡黄肉,表皮光滑,大薯多而整齐。结薯较集中,块茎休眠期短,耐贮藏。薯块含淀粉 12.2%~15%,还原糖 0.08%。植株对晚疫病具有田间抗性,块茎较抗病,抗环腐病,轻感黑胫病,退化慢,较抗旱。

(2)产量:一般每亩产量为 1500~2000 千克。

(3)栽培要求:适宜密度为每亩 3000~3500 株。基肥要充足,追肥要早。在现蕾结薯期,水肥管理要及时。适宜于一季作区土质肥沃、降雨较多的河川区种植。主要分布于河北省张家口地区。

### 29. 克新 11 号

属晚熟菜用型品种,由黑龙江省农业科学院马铃薯研究所育成。

(1)品种特性:株型直立,茎绿色,主茎 2~3 个,不倒伏,株高 45~55 厘米。叶淡绿色,新生叶稍有淡紫色,花白色。块茎圆形或椭圆形,黄皮黄肉。表皮光滑,芽眼浅,块大而整齐。块茎休眠期较长,耐贮藏。淀粉含量为 13%~15.5%,还原糖 0.28%。高抗晚疫病,耐退化。

(2)产量:一般每亩产量为 1500 千克。

(3)栽培要求:适宜密度为每亩4000株左右。要选择较肥地块种植,多施农家肥料,进行围种催芽播种可提高产量。适合一季作区种植。

## 二、淀粉加工型品种

**1. 系薯1号**

中早熟淀粉加工型品种,由山西省农科院高寒作物研究所育成。

(1)品种特性:株型直立,株高40~50厘米。茎绿色带紫色斑纹,叶片肥大,叶色深绿,花白色。块茎圆形,紫皮白肉,芽眼中等深度。结薯集中,薯块大而整齐,含淀粉高达17.5%,还原糖0.35%。植株高抗晚疫病,抗干旱。

(2)产量:一般每亩产量为1500千克。

(3)栽培要求:适宜密度为每亩4000~4500株。因块茎膨大速度快,所以田间管理工作应尽早进行。要早中耕培土,在现蕾、开花期及时浇水,视苗情增施氮肥。适合中原地区二季作及一季作栽培。

**2. 鄂马铃薯1号**

属早熟淀粉加工型品种,由湖北恩施南方马铃薯研究中心育成。

(1)品种特性:株型半扩散,茎叶绿色,花白色。生育期为70天左右,长势强。薯块扁圆,表皮光滑,芽眼浅。结薯集中,薯块大面整齐,含淀粉17%以上,还原糖0.1%~0.28%。高抗晚疫病,略感青枯病,抗退化。

(2)产量:每亩产量为1300~1800千克。

(3)栽培要求:适宜密度为每亩5000株。每亩应施有机底肥

1500 千克,追施化肥 15 千克,追施苗肥和蕾肥并配合中耕除草是管理的关键。目前在湖北恩施地区种植,其他地区可以试种。

**3. 安薯 56 号**

属中早熟淀粉加工型品种,由陕西省安康地区农业科学研究所育成。

(1)品种特性:株型半直立,株高 42～65 厘米,分枝较少。茎淡紫褐色,坚硬不倒伏。叶色深绿,花紫红色。块茎扁圆或圆形,黄皮白肉,芽眼较浅,块茎大而整齐。结薯集中,块茎休眠期短,耐贮藏。块茎含淀粉 17.66%。植株高抗晚疫病,轻感黑胫病,退化轻,耐旱、耐涝。

(2)产量:每亩产量为 3000 千克左右。

(3)栽培要求:适宜密度为每亩 3500～4000 株。适宜陕西省秦岭一带种植,其他地区可推广试种。

**4. 晋薯 5 号**

属中熟淀粉加工型品种,由山西省高寒作物研究所育成。

(1)品种特性:株型直立,分枝多,株高 50～90 厘米。茎叶深绿,长势强,花白色。块茎扁圆形,黄皮黄肉,表皮光滑,薯块大小中等,整齐,芽眼深度中等。结薯集中,块茎休眠期长,耐贮藏。生育期为 105 天以上。薯块含淀粉 18%,还原糖 0.15%。抗晚疫病、环腐病和黑胫病。

(2)产量:一般每亩产量为 1800 千克以上。

(3)栽培要求:适宜密度为每亩 4000 株左右。在栽培中,要做到地块土层深厚,质地疏松良好,重施底肥,生育期间加强肥水管理,薯块膨大期分次培土。华北一季作区均可种植。

**5. 内薯 7 号**

属中晚熟淀粉加工型品种,由内蒙古自治区呼伦贝尔盟农科所育成。

(1)品种特性:植株直立,分枝中等,茎粗壮,长势强,株高65~70厘米。叶片肥大深绿,花白色。从出苗到成熟共98天。结薯早而集中,膨大快,块茎圆形,芽眼较浅,皮肉浅黄,大中薯率90%以上。薯块含淀粉20.3%,还原糖0.27%。高抗晚疫病,退化轻。耐水肥,块茎耐贮。

(2)产量:一般每亩产量为2000千克左右。

(3)栽培要求:适宜密度为每亩3800~4000株,适于岗坡、沙壤土、黑土等蓄水良好的地块。要增施农家肥、磷钾肥。适合在华北北部及黑龙江、辽宁等一季作区种植。

### 6. 乌盟684

属中熟淀粉加工型品种,由内蒙古自治区乌兰察布盟农科所育成。

(1)品种特性:株型开展,分枝多,株高47厘米。茎绿色,叶深绿色,长势强,花紫色。块茎圆形或椭圆形,顶部圆形,红皮白肉,表皮粗糙,块茎大小中等,整齐,芽眼多,深度中等。结薯集中,块茎休眠期短,不耐贮藏。生育期为90~100天。块茎含淀粉18.3%,还原糖0.22%。抗晚疫病,易感环腐病和黑胫病。

(2)产量:每亩产量一般为1000~1500千克。

(3)栽培要求:适宜密度为每亩3500~4000株,水地、旱地均可种植,以肥沃沙壤土为宜。现蕾前期多培土。适宜于西北干旱地区栽培,分布在内蒙古、山西、宁夏和甘肃等地。

### 7. 晋薯2号

属中熟淀粉加工型品种,由山西省农科院高寒作物研究所育成。

(1)品种特性:株型直立,分枝多,株高80厘米左右。茎绿色,叶浅绿,生长势强,花白色。块茎扁圆形,黄皮白肉,表皮粗壮,大小中等,块体整齐,芽眼深度中等。结薯集中,块茎休眠期中等,耐贮藏。生育期为93天左右。块茎含淀粉19%,还原糖0.02%。中感晚疫病,抗环腐病,抗旱性较强。

(2)产量:一般每亩产量为1500千克。

(3)栽培要求:适宜密度为每亩4000株左右。喜水肥,种植时应施足底肥,在现蕾开花期注意追肥浇水。结薯浅,开花后注意及时培土。收获后及时入窖贮藏。适宜于一季作区的山川、丘陵地种植。主要分布于山西、内蒙古和河北等地。

### 8. 米拉

属中晚熟淀粉加工型品种,由德国引进。

(1)品种特性:株型开展,分枝较多,株高60厘米左右。茎绿色带紫褐色斑纹,叶绿色,长势强,花白色。块茎长筒形,黄皮黄肉,表皮稍粗,芽眼深度中等。结薯分散,块茎大小中等,块茎休眠期长,耐贮藏。生育期为115天左右。块茎含淀粉17.55%~18.2%,还原糖0.25%。抗晚疫病,高抗癌肿病,不抗粉痂病,退化慢。

(2)产量:一般每亩产量为1000~1500千克。

(3)栽培要求:适宜密度为每亩3500株左右。该品种耐肥,在种植中要注意增施肥料。适于无霜期长、雨多湿度大、晚疫病易流行的西南一季作山区种植。

### 9. 陇薯3号

中熟淀粉加工型品种,由甘肃省农科院粮食作物研究所育成。

(1)品种特性:株型半直立,株高60~70厘米。茎绿色,粗壮,叶深绿色,花白色。块茎为扁圆形或椭圆形,皮稍粗,块大而整齐,黄皮黄肉,芽眼浅,呈淡紫红色,顶芽眼下凹。结薯集中,单株结薯5~7块,大中薯率为90%~97%,块茎休眠期较长,耐贮藏。含淀粉21.2%,还原糖0.12%。植株抗晚疫病。

(2)产量:每亩产量为 3000 千克左右。

(3)栽培要求:适宜密度为每亩 4000~4500 株。旱薄地以每亩种植 3000 株左右为宜。适宜于甘肃省种植。

**10. 虎头**

属中晚熟淀粉加工型品种,由河北省张家口市坝上农科所育成。

(1)品种特性:株型直立,分枝多,株高 80 厘米左右。茎绿色带紫褐色斑纹,叶深绿色,花白色,生长势强。块茎扁圆形,顶部下凹,皮肉淡黄色,芽眼深度中等。结薯集中,块茎中等,大小整齐。休眠期短,耐贮藏。含淀粉 18% 左右,还原糖 0.2%。植株较抗晚疫病,抗环腐病和黑胫病,抗旱性强。

(2)产量:一般每亩产量为 1500 千克左右。

(3)栽培要求:适宜密度为每亩 3500~4000 株。后期块茎形成晚,要注意施肥。适合一季作栽培。

**11. 凉薯 14**

属中晚熟淀粉加工型品种,由四川省凉山彝族自治州农科站育成。

(1)品种特性:株型直立,株高 85~90 厘米。茎粗,茎叶绿色,花白色。薯块椭圆形,皮肉淡黄色,芽眼中等。结薯集中,大中薯率为 85%~90%,块茎含淀粉 20%。抗晚疫病、青枯病。

(2)产量:一般每亩产量为 2000 千克。

(3)栽培要求:应选择土层深厚、肥沃、排水良好的沙壤土栽培,加强水肥管理。适宜密度为每亩 3500 株。目前在四川省凉山彝族自治州种植,其他一季作区可以试种。

**12. 晋薯 10 号**

属中晚熟高淀粉加工型品种,由山西省农业科学院育成。

(1)品种特性:株型直立,株高45～70厘米。茎粗叶茂,生长势强,花白色。结薯集中,薯块均匀,为扁圆形。黄皮白肉,芽眼深浅中等。生育期为110天左右。块茎含淀粉为19%左右。抗病抗旱。

(2)产量:一般每亩产量为1800千克左右。

(3)栽培要求:应选择土层深厚、肥力中上等地块种植。要早播,深中耕要早,及时培土。适宜密度为每亩4000～4500株。目前在山西种植,其他地区可试种。

### 13. 戌芋3号

属中晚熟淀粉加工型品种,由云南省种子管理站育成。

(1)品种特性:株型半直立,植株茂盛,生长势强,株高73厘米。茎秆绿色粗壮,叶片绿色,花白色。结薯集中,薯块大,长筒形,黄皮黄肉,芽眼中等深度,表皮具网纹。休眠期短,含淀粉19.2%。抗晚疫病,轻感卷叶病及花叶病,高抗癌肿病。

(2)产量:一般每亩产量为2000千克。

(3)栽培要求:适宜密度为每亩3500～4000株,适宜在中上等肥力地块种植。目前在云南种植,其他地区可试种。

### 14. 陇薯2号

属中晚热淀粉加工型品种,由甘肃省农科院粮食作物研究所育成。

(1)品种特性:株型开展,茎粗壮,株高60～70厘米。叶色浓绿,花淡紫红色。块茎扁椭圆形,黄皮黄肉,表皮光滑,块大而整齐,芽眼较浅。结薯集中,块茎休眠期短,较耐贮藏。含淀粉18.6%,还原糖0.65%。植株抗晚疫病,轻感环腐病和青枯病,退化快。

(2)产量:一般每亩产量为2000千克。

(3)栽培要求:适宜密度为每亩4000～4500株。适合水肥条件好的地块种植。适合一季作区种植。在甘肃省的定西、会宁、陇西等地已大面积种植。

### 15. 高原 4 号

属中晚熟淀粉加工型品种,由青海省农林科学院育成。

(1)品种特性:株型直立,茎叶绿色,生长势强,花白色,能天然结实。块茎圆形,黄皮黄肉,表皮粗糙,块茎大而整齐,芽眼深中等。结薯集中,块茎休眠期较短,耐贮藏。生育期为 120 天左右。含淀粉 17%～19%,还原糖 0.49%。中高抗晚疫病,轻感环腐病,轻抗雹灾。

(2)产量:一般每亩产量为 2000 千克。

(3)栽培要求:适宜密度为每亩 3500 株左右。其植株粗壮高大,根系发达,适宜于等行距种植。要求以水肥条件好的地块种植。适应西北地区水浇地种植。

### 16. 坝薯 10 号

属中晚熟淀粉加工型品种,由河北省高寒作物研究所育成。

(1)品种特性:植株直立,株高 80 厘米左右。茎叶绿色,花白色。块茎扁圆,皮肉淡黄色,表皮光滑,芽眼较浅。结薯集中,薯块休眠期长,耐贮藏。含淀粉 17%左右,还原糖 0.2%。植株抗晚疫病,较抗环腐病,感疮痂病,退化轻,抗旱性强。

(2)产量:每亩产量为 1500 千克以上。

(3)栽培要求:适宜密度为每亩 3500～4000 株。适于一季作半干旱地区种植。在河北省张家口地区已经大面积种植。

### 17. 宁薯 3 号

属中晚熟淀粉加工型品种,由宁夏固原地区农科所育成。

(1)品种特性:株型直立,株高 45～50 厘米。茎粗壮,叶色浓绿,花紫红色。块茎为椭圆形或圆形,红皮白肉,芽眼较深。结薯集中,耐贮藏。淀粉含量为 17.2% 左右。退化轻。

(2)产量:每亩产量为 1500 千克.

(3)栽培要求:适宜密度为每亩 3300～4000 株。结薯较浅,田间管理要注意厚培土。目前主要在宁夏地区种植。

### 18. 下寨 65 号

属中晚熟淀粉加工型品种,由青海省互助土族自治县农科所育成。

(1)品种特性:株型直立,分枝多,株高 90 厘米左右。茎绿色,叶色浅绿,生长势强,花浅紫色。块茎长椭圆形,大面整齐,表皮较光滑,皮肉浅黄,芽眼较浅。结薯集中,块茎休眠期长,耐贮藏。含淀粉 15%～18%,还原糖 0.23%。植株较抗晚疫病,轻感黑胫病,退化较轻。

(2)产量:水浇地一般每亩产薯量为 2000～2500 千克,旱地每亩产薯量为 1500 千克左右。

(3)栽培要求:一般水浇地每亩适宜种植 3200～3500 株,旱地每亩为 3400～3700 株。在青海、甘肃和宁夏等地种植。

### 19. 高原 7 号

由青海省农林科学院育成。

(1)品种特性:株型直立,株高 80 厘米左右,茎绿色生长势强。叶绿色,复叶大,侧小叶 4～5 对。花序总梗浅绿色,花冠白色,雄蕊黄色,柱头 3 裂,花柄节无色天然不结实。块茎椭圆形,黄皮黄肉,表皮光滑,块茎大而整齐,结薯集中。幼芽基部椭圆形、紫红色,顶部钝形、浅紫色,块茎休眠期特短,耐贮性中等。中晚熟,生育期 120 天左右。蒸食品质中等。淀粉 14.2～18.3%,还原糖 0.2%。轻感晚疫病,较抗环腐病,较耐涝。

(2)产量:水浇地每亩产量为 2500～3000 千克,高产可达 4000 千克,旱地 1500～2000 千克。

(3)栽培要求:该品种高产、结薯早,要求施底肥、水肥条件好的地块,提早进行田间管理。植株粗壮,宜于等行距种植,水浇地密度每亩3300～3500株,旱地每亩3500～3800株。块茎休眠期特短,适于二季作区栽培,播前需催芽处理,以打破休眠期,促进苗齐。块茎表皮薄,易受伤,愈合慢,收运时注意减少碰伤。适宜于青海、甘肃、宁夏、山东、江苏、河南等地栽培。

**20. 渭会2号**

属晚熟淀粉加工型品种,由甘肃省农科院粮食作物研究所育成。

(1)品种特性:株型开展,株高95厘米左右。茎绿色带淡紫色斑纹,叶绿色,花白色。块茎椭圆,白皮白肉,表皮光滑,芽眼深度中等。结薯较集中,块茎大而整齐,休眠期长,耐贮藏。生育期为120天以上。薯块含淀粉19%左右,还原糖0.24%。高抗晚疫病,中抗环腐病,感黑胫病,退化快。

(2)产量:一般每亩产量为1500～2000千克。

(3)栽培要求:适宜密度为每亩4000株左右。种植中要注意增施肥料,及时浇水,早培和多培土。适宜于甘肃、四川和宁夏等地种植。

**21. 晋薯8号**

属晚熟淀粉型品种,由山西省农科院高寒作物研究所育成。

(1)品种特性:植株直立,株高60～90厘米。叶深绿色,花浅蓝色。块茎圆形,黄皮浅黄肉,表皮光滑。块茎大而整齐,芽眼较深。结薯集中,块茎休眠期长。含淀粉19.4%。粗蛋白3.03%。植株抗病性强,退化轻,抗旱。

(2)产量:一般每亩产量为2000千克。

(3)栽培要求:适宜密度为每亩4000株左右。适宜一季作区种植。在山西北部已大面积推广。

### 22. 春薯 4 号

属晚熟淀粉加工型品种,由吉林省蔬菜研究所育成。

(1)品种特性:株型直立,生长势强,株高 80～100 厘米。茎粗壮,分枝多,横断面为三棱形。叶深绿,花淡紫色。单株结薯多,薯块形成早。薯块扁圆,大而整齐,肉白色,白皮或麻皮,芽眼深度中等。薯块含淀粉 19.5%,还原糖 0.46%。耐贮藏,抗晚疫病。

(2)产量:一般每亩产量为 2000 千克以上。

(3)栽培要求:适宜密度为每亩 3500 株左右,高度喜肥水,适宜在地力条件好的地块种植。适宜一季作区种植。在黑龙江、吉林、福建和河北北部等地均有种植。

### 23. 互薯 202

属晚热淀粉加工型品种,由青海省互助土族自治县农技推广中心育成。

(1)品种特性:株型直立,株高 89 厘米。植株繁茂,茎横断面为三棱形。茎绿色,叶深绿色,花乳白色。结薯集中,块茎扁椭圆形,皮肉浅黄,表皮光滑。抗退化,抗环腐病、黑胫病,高抗晚疫病,耐旱、耐霜冻、耐雹灾。薯块含淀粉 20% 左右,还原糖 0.865%。

(2)产量:一般每亩产量为 2000 千克。

(3)栽培要求:要选择中上等肥力地块种植,适宜密度为每亩 3300～4000 株。要分次培土。目前在青海省种植,其他地区可以试种。

## 三、菜用和淀粉加工兼用型品种

### 1. 中薯 2 号

属极早熟菜用和淀粉加工兼用型品种,由中国农业科学院蔬菜花卉研究所育成。

(1)品种特性：株型扩散，株高65厘米。枝较少，茎浅褐色。叶色深绿，长势强，花紫红色，花多。块茎近圆形，皮肉淡黄，表皮光滑，芽眼深度中等。结薯集中，块茎大而整齐，单株结薯4~6块。休眠期短，薯块含淀粉14%~17%，还原糖0.2%左右，退化轻。

(2)产量：一般每亩产1500~2000千克，肥水好的高产田达4000千克。

(3)栽培要求：适宜密度为每亩3500~4000株。对肥水要求较高，干旱后易发生二次生长。可与玉米、棉花等作物间套作。目前在河北、北京等地推广种植。适宜于二季作及南方地区冬作种植。

**2. 豫马铃薯2号**

属早熟菜用和淀粉加工兼用型品种，由河南省郑州市蔬菜研究所育成。

(1)品种特性：株型直立，株高75厘米。分枝少，叶绿色，花白色。块茎椭圆形，黄皮黄肉，表皮光滑，块大而整齐，芽最浅。结薯集中，大中薯率达90%以上。块茎休眠期短，生育期65天左右。薯块含淀粉15%。抗退化，抗疮痂病，较抗霜冻。

(2)产量：一般每亩产量为2000千克左右。

(3)栽培要求：适宜密度为每亩4200株左右，加强前期水肥管理，不脱水脱肥可获高产。适合二季作栽培，在河南、山东、四川和江苏等省均有种植。

**3. 呼薯4号**

早熟菜用和淀粉加工兼用型品种，由内蒙古自治区呼伦贝尔盟农科所育成。

(1)品种特性：株型直立，株高60厘米左右。分枝少，茎粗壮，叶色深绿,花淡紫色。块茎椭圆,黄皮黄肉,芽眼中深,块茎大而整齐。结薯集中,块茎休眠期长,耐贮藏。薯块含淀粉15%左右。晚疫病不重,苗期较耐旱。生育期75天左右。

(2)产量:一般每亩产量为1500~2000千克。

(3)栽培要求:适宜密度为每亩4000~4500株。天然结实多影响产量,必要时摘蕾摘果可增产。适宜在吉林、辽宁和内蒙古等地种植。

### 4. 陇薯一号

属中早熟菜用和淀粉加工兼用型品种,由甘肃省农科院粮食作物研究所育成。

(1)品种特性:株型开展,株高80~90厘米。茎绿色,长势强,叶浓绿色,花白色。块茎扁圆或椭圆,皮肉淡黄,表皮粗糙,块茎大而整齐,芽眼浅。结薯集中,块茎休眠期短,耐贮藏。生育期85天左右。薯块含淀粉14.7%~16%,还原糖0.02%。轻感晚疫病,感环腐病和黑胫病,退化慢。

(2)产量:一般每亩产量为1500~2000千克。

(3)栽培要求:适宜密度为每亩5000株左右。适宜于二季作种植。应适当稀播,施足基肥。中耕管理要早。适应性较广,一、二季作均可种植。在甘肃、宁夏、新疆、四川和江苏有种植。

### 5. 安农5号

属中早熟菜用和淀粉加工兼用型品种,由陕西省安康地区农科所育成。

(1)品种特性:株型开展,分枝少,株高60厘米左右。茎浅紫色,长势强。花也是淡紫色,能天然结实。块茎长椭圆形,红皮黄肉,表皮光滑,芽眼较浅。结薯集中整齐,块茎休眠期短,耐贮藏。薯块含淀粉12%~18%,还原糖0.5%左右。植株较抗晚疫病,块茎高抗。抗环腐病、卷叶病毒病,轻感花叶病毒病。

(2)产量:一般每亩产量为 1500 千克左右。

(3)栽培要求:适宜密度为每亩 4500 株左右,较抗旱,耐瘠薄。适宜于二季作及间套作,在陕西、四川等省均有栽培。

**6. 冀张薯 3 号**

属中熟菜用和淀粉加工兼用型品种,由河北省农科院高寒作物研究所育成。

(1)品种特性:株型直立,株高 75 厘米左右。茎、叶深色,茎粗壮,花小,白色,落蕾不开花。块茎圆形,黄皮黄肉,薯块大而整齐。芽眼少而浅,外形美观。休眠期中等,不耐贮。薯块含淀粉 15.1%,还原糖 0.92%。生育期 100 天左右。植株中抗晚疫病,感环腐病,易退化。

(2)产量:每亩产量 2000 千克左右。

(3)栽培要求:适宜密度为每亩 3500~4000 株,适合肥力较好的地块种植。适合北方一季作区和西南山区种植。目前在河北、山东和北京等地有种植。

**7. 克新 2 号**

属中熟菜用和淀粉加工兼用型品种,由黑龙江省农科院马铃薯研究所育成。

(1)品种特性:株型直立,茎粗壮,分枝多,株高 65 厘米左右。茎绿色,略带淡紫色褐斑纹,叶绿色,花淡紫红色。块茎圆形,黄皮淡黄肉,表皮有网纹,块茎大而整齐,芽眼中深。结薯集中,块茎休眠期长,耐贮藏。生育期 90 天左右。薯块含淀粉 15%~16.5%,还原糖 0.86%。抗晚疫病,退化轻,抗旱。

(2)产量:一般每亩产量为 1500 千克左右。

(3)栽培要求:适宜密度为每亩 3500 株左右。适于干旱地区种植,不宜过密种植。适应范围广,主要分布于黑龙江、吉林、山东、广东和福建等省。

### 8. 克新 3 号

属中热菜用和淀粉加工兼用型品种,由黑龙江省农业科学院马铃薯研究所育成。

(1)品种特性:株型开展,分枝中等,株高 65 厘米左右。茎和叶绿色,花白色。块茎椭圆形,黄皮淡黄肉,去皮较粗糙,块茎大而整齐,芽眼多而深。结薯集中,块茎休眠期长,耐贮藏。生育期为 95 天左右。块茎含淀粉 15%～16.5%,还原糖 0.01%。对晚疫病有较强的田间抗性,退化轻,耐涝。

(2)产量:一般每亩产量为 2000 千克左右。

(3)栽培要求:适宜密度为每亩 3500～4000 株。适于降水多的地方种植。适应范围广,在黑龙江、吉林、山东、广东和福建均有种植。

### 9. 鄂芋 783-1

属中熟菜用和淀粉加工兼用型品种,由湖北省恩施南方马铃薯研究中心育成。

(1)品种特性:株型开展,株高 60 厘米左右。茎、叶绿色,花白色。块茎扁圆或扁椭圆形,黄皮黄肉,芽眼较浅,表皮光滑。结薯集中,薯块含淀粉 16.4%,还原糖 0.43%。块茎休眠期长,耐贮藏。生育期 100 天左右。综合抗病性好。

(2)产量:一般每亩产 2000 千克左右。

(3)栽培要求:适宜密度为每亩 3500～4000 株。种植中要加强肥水管理。适合我国西南地区种植。现已在湖北西部大面积种植。

### 10. 集农 958

属中热菜用和淀粉加工兼用型品种,由黑龙江省集贤农场育成。河北省围场县引入后河北省予以认定和推广。

(1)品种特性:植株开展,分枝少,株高40~60厘米。茎、叶浅绿,花浅紫色。块茎圆形,黄皮黄肉,芽眼中等。结薯集中,薯块较整齐。生育期约105天。薯块含淀粉15%左右。感晚疫病、环腐病较轻,退化轻。

(2)产量:一般每亩产量约1500千克。

(3)栽培要求:适宜密度为每亩3500~4000株,适于在中等以上地力的土地上种植。适合一季作区种植和南方地区冬作。在河北、广东和浙江等地均有种植。

### 11. 高原7号

属中晚熟菜用和淀粉加工兼用型品种,由青海省农林科学院育成。

(1)品种特性:株型直立,株高80厘米。茎、叶绿色,长势强,花白色。块茎椭圆形,黄皮黄肉,表皮光滑,芽眼较深,块茎大而整齐。结薯集中,块茎休眠期特短,贮藏性中等。生育期为120天左右。薯块含淀粉14.2%~18.3%,还原糖0.2%。轻感晚疫病,较抗环腐病,较耐涝。

(2)产量:一般每亩产量为2000千克。

(3)栽培要求:适宜密度为每亩3500~3800株。种植时要施足底肥,选择水肥条件好的地块,提早管理。宜于等行距种植。可提前催芽处理作为二季作栽培。主要分布于青海、甘肃、宁夏、山东、江苏和河南等省、自治区。

### 12. 宁薯2号

属中晚熟菜用和淀粉加工兼用型品种,由宁夏回族自治区固原地区农业科学研究所育成。

(1)品种特性:株型直立,分枝少,株高70厘米左右。茎、叶绿色,长势强,花紫红色。块茎扁圆形,皮红色,薯肉黄色,表皮光滑。块茎中等大小,整齐,芽眼中深。结薯集中,块茎休眠期长,耐贮藏。生育期110天左右。薯块含淀粉14.4%～17.8%,还原糖0.22%。抗晚疫病,高抗环腐病,后期易感早疫病。

(2)产量:一般每亩产量为1500～2000千克。

(3)栽培要求:适宜密度为每亩2500～3000株,该品种丰产喜肥,苗期要加强水肥管理。主要分布在宁夏回族自治区。

### 13. 中心24号

属中晚熟菜用和淀粉加工兼用型品种,由中国农业科学院从国际马铃薯中心引入。

(1)品种特性:株型直立,分枝多,株高75厘米左右。茎绿色带紫色,叶绿色,长势强,花蓝紫色。块茎椭圆形,其皮和肉淡黄色,表皮光滑,芽眼浅。结薯集中,块茎大而整齐,休眠期中长,不耐贮藏。块茎含淀粉15%左右,还原糖0.4%。植株中抗晚疫病,高抗癌肿病,易退化,感青枯病。

(2)产量:每亩产量一般为1500千克左右。

(3)栽培要求:适宜种植密度为每亩4300株左右。适宜一季作区栽培。主要分布于内蒙古、山西和甘肃等省、自治区。

### 14. 晋薯9号

属中晚熟淀粉加工和菜用兼用型品种,由山西省农业科学院育成。

(1)品种特性:株型直立,株高70厘米左右,分枝少。叶色淡绿,花白色。结薯集中。薯块扁椭圆形,大而均匀,黄皮淡黄肉,表皮光滑,芽眼浅。长势强,较抗旱,耐退化,感晚疫病轻,略感黑胫病和疮痂病,不耐贮。块茎含淀粉15%～17%。

(2)产量:一般每亩产量为1500千克。

(3)栽培要求:适宜密度为每亩3500～4000株。应选择深厚肥沃沙壤土或壤土种植,分次培土。宜在山西高寒山区及高海拔地区推广种植。

### 15. 宁薯 5 号

属晚热淀粉加工和菜用兼用型品种,由宁夏回族自治区固原地区农科所育成。

(1)品种特性:株型直立,株高 50 厘米左右,有分枝 3~4 个,生长整齐而健壮。叶绿色,花白色。块茎圆形,黄皮白肉,块大面整齐,芽眼浅。结薯集中,单株结薯 4~6 块。块茎休眠期短,宜低温贮藏。含淀粉 15.1%,还原糖 0.13%。植株高抗晚疫病,退化慢。

(2)产量:一般每亩产量为 1600 千克。

(3)栽培要求:每亩种植 4000 株左右。适宜在宁夏南部山区和半干旱地区种植。

### 16. 晋薯 7 号

属晚熟淀粉加工和菜用兼用型品种,由山西省农科院高寒作物研究所育成。

(1)品种特性:株型直立,茎秆粗壮,株高 60~90 厘米。叶绿色,花白色。块茎扁圆形,黄皮黄肉,表皮光滑,芽眼较深。结薯集中,块大而整齐。块茎休眠期长,耐贮藏。含淀粉 17.5%。植株高抗晚疫病,轻感环腐病和卷叶病毒病,抗旱性强。

(2)产量:一般每亩产量为 1500~2000 千克。

(3)栽培要求:适合半干旱地区种植,每亩适宜株数为 4000 株。适合半干旱一季作区种植。在山西、陕西及东北各省种植较好。

### 17. 渭薯 1 号

属晚熟淀粉加工和菜用兼用型品种,由甘肃省渭源会川农场育成。

(1)品种特性:株型直立,分枝中等。茎绿色,叶小,浅绿色,长势强,花白色。块茎长形,白皮白肉,中等大小,芽眼深,表皮光滑。含淀粉16%左右。结薯较集中。中抗晚疫病和黑胫病,感环腐病,退化慢。

(2)产量:一般每亩产量为2000千克左右。

(3)栽培要求:适宜于一季作肥力较好地块栽培。适宜密度为每亩4000株左右。适宜一季作地区栽培,在河北、甘肃和宁夏等地均有种植。

## 四、油炸型品种

### 1. 克新1号

(1)品种特性:中熟品种,从出苗至成熟80天左右。株型开展,分枝数中等,株高70厘米左右。茎绿色、粗壮,叶绿色,复叶肥大。花冠淡紫色,不能天然结实。块茎椭圆形,薯皮光滑,白皮白肉,芽眼较多,深度中等。结薯早,块茎膨大早而快。结薯集中,单株结薯4~5个,块大而整齐。块茎休眠期长。淀粉13%~14%,蒸食品质中等。植株较抗晚疫病,块茎感病,高抗环腐病,抗Y病毒和卷叶病毒,耐旱耐束顶,较耐涝,耐储藏。

(2)产量:丰产性好,一般亩产量2000千克左右,高产可达2500千克以上。

(3)栽培要求:适宜密度为每亩3500~4000株,适宜于进行高水肥管理。适应范围较广,一季作、二季作均可种植。在黑龙江、吉林、辽宁、内蒙古、河北、山西、上海、江苏和安徽等省、自治区、市均有种植。

### 2. 夏波蒂

属中熟油炸薯条加工型品种,加拿大育成,由河北省围场满族蒙古族自治县农业局从美国引入。

(1)品种特性:株型直立,分枝较多,株高 70～90 厘米。叶大且多,茎、叶黄绿色,花浅紫间有白色。块茎较大,长形,白皮白肉,表皮光滑,芽眼极浅。结薯集中,大中薯率高。生育期为 100 天左右。薯块含淀粉 14.7%～17%,还原糖含量低于 0.2%。感晚疫病,退化快,怕涝。

(2)产量:在我国一般每亩产量为 1500 千克左右。适于机械化栽培。

(3)栽培要求:适宜在肥力中上等、排灌水方便的沙壤土种植,每亩宜种植 3500 株以上。防治晚疫病。机械化栽培易于达到炸条原料薯性状要求。适宜北方一季作及干旱地区栽培。目前在河北、内蒙古、宁夏和甘肃等地种植。

### 3. 布尔斑克

属中晚熟油炸薯条加工型品种,由国家农业部种子局从美国引入。

(1)品种特性:株型扩散,茎粗壮,有淡红紫色素,叶绿色,花白色,开花期短。块茎长形,薯块麻皮较厚,呈褐色,白肉,芽眼少而浅。含淀粉 17%,还原糖含量低于 0.2%。生育期为 120 天左右。易感晚疫病,怕涝,怕旱,耐贮性良好。

(2)产量:在我国一般每亩产量为 1000 千克左右。

(3)栽培要求:喜水肥,宜在中上等肥力的地块种植,适宜机械化作业。要注意排灌水。适宜密度为每亩 3500 株左右。适于北方一季作干旱、半干旱、有灌溉条件的地区种植。

### 4. 春薯 3 号

属中晚熟淀粉及油炸薯片加工兼用型品种,由吉林蔬菜研究所育成。

(1)品种特性:植株直立,生长势强,株高 80～100 厘米。茎粗壮,绿色,横断面为三棱形。叶片大,浅绿色,花白色,根系发达。

结薯集中,单株结薯数多且分层。薯块圆形,中薯率高,大薯率低,薯皮浅黄,并带有网纹。薯肉白色,芽眼浅,含淀粉17%～18%,含还原糖低。高抗晚疫病,抗干腐病,中度退化,抗旱性强。

(2)产量:一般每亩产量为2000千克左右。

(3)栽培要求:高度喜肥水,要求分层培土。适宜密度为每亩3500株左右。在内蒙古、辽宁、吉林和四川等地已开始种植。其他一季作区可试种。

**5. 冀张薯4号**

河北省张家口市坝上农业科学研究所育成,为适合油炸薯条的加工型品种。

(1)品种特性:生育期从出苗到收获95天左右。株型半直立,株高75～80厘米,主茎粗壮,分枝数多。叶色浅绿,花冠白色,可天然结实。块茎长椭圆形,白皮白肉,芽眼浅,薯形美观,薯块大而整齐,结薯集中。鲜薯干物质含量21.6%,还原糖含量0.18%。植株田间较抗晚疫病,抗马铃薯花叶病毒病,轻感卷叶病毒病。

(2)产量:一般每亩产量2000千克左右。

(3)栽培要求:适宜密度为每亩3300～3500株。适宜肥沃疏松、有水浇条件或滩地沙壤土种植。播前催芽晒种,以确保出苗率。目前主要分布在张家口坝上、内蒙古等地。

**6. 鄂马铃薯3号**

湖北省恩施南方马铃薯研究中心育成。

(1)品种特性:该品种株丛半扩散,株高60厘米左右,与米拉相当。结薯集中,薯形扁圆,黄皮白肉,芽眼浅,表皮光滑,大中薯率79.5%,食味中上等,优于米拉,田间烂薯率4.3%。全生育期88天,与米拉相当。抗性鉴定为晚疫病0～1级,青枯病株率4.55%,轻感花叶病毒,综合抗性强于米拉。

(2)产量:一般亩产量1800千克左右。

(3)栽培要求:合理密植,适宜密度为每亩 4500~5000 穴,套作 2500 穴。底肥重施有机肥,及时追施苗、蕾肥。注意轮作换茬,控制青枯病危害,低山注意防治 28 星瓢虫。适宜湖北、西南等地种植。

### 7. 尤金

辽宁省本溪马铃薯研究所选育。

(1)品种特性:株型直立,株高 60 厘米左右,茎紫褐色,叶深绿色。薯块椭圆形,黄皮黄肉,芽眼平浅,植株较抗病毒和晚疫病,薯块大而整齐。抗腐烂,耐贮运。淀粉含量 13~15%,干物质含量 20%,还原糖含量 0.02%,油炸薯片成品率高,品味香脆可口,是方便食品加工选料。

(2)产量:一般亩产量 2000~5000 千克。

(3)栽培要求:适宜密度为每亩 5000 株,品种适应性广,主要适于二季作春播生产。适应东北等地栽培。

### 8. 夏坡地

加拿大福瑞克通农业试验站 1980 年育成,1987 年引入我国试种。

(1)品种特性:生育期从出苗到收获 95 天左右。株型开展,株高 60 至 80 厘米,主茎绿色、粗壮,分枝数多。复叶较大,叶色浅绿。花冠浅紫色,花期长。块茎长椭圆形,白皮白肉,芽眼浅,表皮光滑,薯块大而整齐,结薯集中。鲜薯干物质含量 19%~23%,还原糖含量 0.2%。该品种对栽培条件要求严格,不抗旱、不抗涝,田间不抗晚疫病、早疫病,易感马铃薯花叶病毒病、卷叶病毒病和疮痂病。

(2)产量:一般每亩产量 1500~3000 千克左右。

(3)栽培要求:适宜密度为每亩 3500 株以上。适宜肥沃疏松、土层深厚、肥力中等以上、排水、通气性良好并有水浇条件的沙壤土地块,不能选择低洼、涝湿和盐碱地,更不能选择重茬地。需大量施肥,平衡施肥。栽培时必须选择用大芽块,大垄深播,及时中耕培土,控制病虫草害,特别要严格防治马铃薯晚疫病。适合于北部、西北部高海拔冷凉干旱一作区种植。

### 9. 斯诺登

美国威斯康辛大学1990年育成,1994年由中国农科院蔬菜花卉所引进试种。

(1)品种特性:生育期从出苗到成熟95天左右。株型直立,株高45厘米,生长势较强。茎、叶均为淡绿色,花冠白色。块茎圆形,白皮白肉,表皮有浅度网纹,芽眼浅而少。块茎较大,结薯集中,大小中等,单株结薯数4~5个。耐贮藏。鲜薯干物质含量21%~22%,淀粉含量16%左右,还原糖含量极低,低温贮藏期增加缓慢。植株易感晚疫病。

(2)产量:一般每亩产量1500千克左右。

(3)栽培要求:适宜密度为每亩4500株左右。应选择土层深厚、肥力中等以上、排水通气性良好的地块,加强肥水管理。该品种分枝较少,结薯较集中,且炸片原料要求薯块不用太大,宜密植。

### 10. 春薯5号

属早熟菜用和油炸薯片兼用型品种,由吉林蔬菜研究所育成。

(1)品种特性:株型开展,生长势强,株高60~70厘米。茎粗壮,黄绿色,三棱形。叶片大,黄绿色,花白色。结薯集中。薯块肩圆,薯皮白色,有斑点,芽眼浅。薯块整齐,商品率高,结薯早。薯块膨大时间长,薯肉白色,含淀粉14.7%,还原糖0.18%。中抗晚疫病,退化中等速度,抗染疮痂病,耐贮藏。

(2)产量:一般每亩产量为1500千克左右。

(3)栽培要求:每亩适宜种植4000株左右。适宜一季作早熟栽培和二季作种植。在吉林、辽宁、河北、浙江和内蒙古等地已开始种植。

**11. 大西洋**

属中熟油炸薯片加工型品种,由国家农业部种子局从美国引入。

(1)品种特性:株型繁茂,叶片肥大,花淡蓝紫色,生育期为100天左右。株高40厘米左右。块茎圆形,中薯比例大而整齐,薯皮淡黄色,有麻点网纹,薯肉白色,芽眼浅。结薯集中。薯块含淀粉18%,还原糖0.1%以下。不抗晚疫病,退化快。

(2)产量:一般每亩产量为1500千克左右。

(3)栽培要求:适宜密度为每亩4500株左右。要增加肥水,注意防治晚疫病。适宜晚疫病发生较轻的一季作区或二季作区种植。

## 第五节 马铃薯种植中容易出现的不良现象

马铃薯的生长条件是由大自然和种植者提供的。大自然中存在着许多生物,免不了要相互作用,相互影响;自然气候也经常骤然变化,种植者的管理也有不及时或达不到要求的时候。由于环境条件的作用,就会使马铃薯在种植过程中出现一些问题,使产量和质量受到不良的影响。了解这些问题,及早采取一定的措施,就能减少、减轻或避免问题的出现,达到丰产优质的目的。

**1. 种性退化现象**

马铃薯连续种植几年后,常会出现植株矮化、丛生、长势衰退,或叶片卷曲、皱缩、变脆、变色及出现黄绿相间的斑驳、环斑、条斑,或叶脉黑褐色、坏死、叶子脱落,严重的全株枯死。它的块茎长得越来越小,有的块茎切开后薯肉上有褐色网纹,甚至坏死。特别是在马铃薯生长季节气温较高的地方,更容易出现这样的问题。人们把马铃薯种植中自然出现长势衰退、茎叶病态、产量质量降低的现象,叫做马铃薯种性退化现象。

科学家多年研究的结果表明:马铃薯种性退化的主要原因,是多种传染性病毒病对马铃薯的侵染所造成的。这些病毒通过健康植株与带病植株茎叶的接触和摩擦,昆虫特别是蚜虫和跳甲的咬食,或刺吸病叶汁液后再咬食或刺吸健株叶片,就把病毒传给了健康植株。健康植株受感染后,病毒会在植株体内繁殖,增加数量,并在体内活动,引起不同症状。病毒也会积累在块茎中,经过块茎的无性繁殖,世代传递,并且数量越积累越多,病毒种类也随之增加。所以,危害逐年加重,使马铃薯的种性丧失。这就是马铃薯种植时间越长,退化越厉害,减产越多的原因。

科学家发现,病毒病的发展与温度有关。温度低,病毒增加慢,在马铃薯植株中发展也慢;温度高,病毒增殖快,在马铃薯植株中引起病状也快。这就是在低纬度、低海拔、高温度的南方,马铃薯退化快,而在高纬度、高海拔、低温度的北方,马铃薯退化慢的原因。

科学家还发现,使马铃薯受感染的病毒,在茄科植物和烟草等植物上也有,说明它的毒源是比较多的。但是,马铃薯体内感染的病毒,在幼龄部位也就是新芽或茎的尖端,含病毒量最少或者没有病毒。

侵染马铃薯的除病毒外还有类病毒,目前发现的病毒和类病毒已达20余种。在我国发现的危害马铃薯的病毒有5~6种,类病毒有1种。引起退化最严重的有卷叶病毒、轻花叶病毒和重花叶病毒,还有纺锤块茎类病毒。如果马铃薯不被感染上述几种病毒或类病毒,就能健康生长,获得高产。

## 2. 品种混杂现象

在有自留种薯习惯的地方,连续使用几年后的种薯,在田间所长出的植株除了出现退化现象外,还常常出现不同于原品种的植株。它们长相不一样,高矮不一致,叶色不相同,花色各相异,分枝有多有少,成熟有先有后,薯形也不同,单株产量多少不一。从而导致马铃薯产量下降、品质不理想、商品率下落,产值降低。田间品种混杂的主要原因是种薯的机械混杂。一般一个农户种植马铃薯都在两个品种以上,还常相邻种植,收获时虽分别收获,但稍一不注意,就会有小量掺混的可能。在贮藏过程中,混进几块不同品种的马铃薯也不可避免。下一年把它们种到地里,又不认真去杂,这样就越种越混,几年过后就成了混杂的品种了。

要解决品种混杂问题,第一要定期选用种薯生产部门专门生产的种薯,更替旧种薯,第二自己留种时必须在有隔离条件的地块单独建立留种田,在生育期中认真去杂去劣去病株,方可保证种薯的纯度,使田间不出现品种混杂的现象。

## 3. 块茎畸形现象

在收获马铃薯时,经常可以看到与正常块茎不一样的奇形怪状的薯块,比如有的薯块顶端或侧面长出一个小脑袋,有的呈哑铃状,有的在原块茎前端又长出一段匍匐茎,茎端又膨大成块茎形成串薯,也有的在原块茎上长出几个小块茎呈瘤状,还有的在块茎上裂出1条或几条沟,这些奇形怪状的块茎叫畸形薯,或称为二次生长薯和次生薯。

畸形薯主要是块茎的生长条件发生变化所造成的。薯块在生长时条件发生了变化,生长受到抑制,暂时停止了生长,比如遇到高温和干旱,地温过高或严重缺水。后来,生长条件得到恢复,块茎也恢复了生长。这时进入块茎的有机营养,又重新开辟贮存场所,就形成了明显的二次生长,出现了畸形块茎。总之,不均衡的营养或水分,极端的温度,以及冰雹、霜冻等灾害,都可导致块茎的二次生长。但在同一条件下,也有的品种不出现畸形,这就是品种本身特性的缘故。

当出现二次生长时,有时原有块茎里贮存的有机营养如淀粉等,会转化成糖被输送到新生长的小块茎中,从而使原块茎中的淀粉含量下降,品质变劣。由于形状特别,品质降低,就失去了食用价值和种用价值。因此,畸形薯会降低上市商品率,使产值降低。

上述问题容易出现在田间高温和干旱的条件下,所以,在生产管理上,要特别注意尽量保持生产条件的稳定,适时灌溉,保持适量的土壤水分和较低的地温。同时注意不选用二次生长严重的品种。

**4. 块茎青头现象**

在收获的马铃薯块茎中,经常发现有一端变成绿色的块茎,俗称青头。这部分除表皮呈绿色外,薯肉内 2 厘米以上的地方也呈绿色,薯肉内含有大量茄碱(也叫马铃薯素、龙葵素),味麻辣,人吃下去会中毒,症状为头晕、口吐白沫。青头现象使块茎完全丧失了食用价值,从而降低了商品率和经济效益。

出现青头的原因是播种深度不够,垄小,培土薄,或是有的品种结薯接近地面,块茎又长得很大,露出了土层,或将土层顶出了缝隙,阳光直接照射或散射到块茎上,使块茎的白色体变成了叶绿体,组织变成绿色。

为了减少这种现象,种植时应当加大行距、播种深度和培土厚度。必要时对生长着的块茎进行有效的覆盖,比如用稻草等盖在植株的基部。

另外,在贮藏过程中,块茎较长时间见到阳光或灯光,也会使表面变绿,与上述青头有同样的毒害作用,所以食用薯一定要避光贮藏。

### 5. 块茎空心现象

把马铃薯块茎切开,有时会见到在块茎中心附近有一个空腔,腔的边缘角状,整个空腔呈放射的星状,空腔壁为白色或浅棕色。空腔附近淀粉含量少,煮熟吃时会感到发硬发脆,这种现象就叫空心。一般个大的块茎容易发生空心,空心块茎表面和它所生长的植株上都没有任何症状,但空心块茎却对质量有很大影响,特别是用以炸条、炸片的块茎,如果出现空心,会使薯条的长度变短,薯片不整齐,颜色不正常。

块茎的空心,主要是其生长条件突然过于优越所造成的。在马铃薯生长期,突然遇到极其优越的生长条件,使块茎极度快速地膨大,内部营养转化再利用,逐步使中间干物质越来越少,组织被吸收,从而在中间形成了空洞。一般说,在马铃薯生长速度比较平稳的地块里。空心现象比马铃薯生长速度上下波动的地块比例要小。在种植密度结构不合理的地块,比如种的太稀,或缺苗大多,造成生长空间太大,都各使空心率增高。钾肥供应不足,也是导致空心率增高的一个因素。另外,空心率高低也与品种的特性有一定关系。

为防止马铃薯空心的发生,应选择空心发病率低的品种;适当调整密度,缩小株距,减少缺苗率;使植株营养面积均匀,保证群体结构的良好状态;在管理上保持田间水肥条件平稳;增施钾肥等。

## 第六节 马铃薯种植中存在的问题

随着农村经济体制改革的不断深化,农民可以自己依据市场需求及经济效益的预测,来决定种植计划、管理措施及生产投入等。特别是农村男人大部在乡镇企业工作或外出打工、做生意,家里的"一亩三分地"全都交给了妇女。但是,由于各地自然地理条件不同,经济基础和生产技术水平不一样,文化素质、思想观念以及种植习惯上存在着区别,致使一些农村在农业新技术的学习和落实上也有了好坏之分。在马铃薯种植技术方面,同样存在着一些问题,对这些问题引以为戒,尽量避免,才能把马铃薯种得更好,达到高产高效的目的。

### 1. 品种选择不当

种植马铃薯,产品必须有市场,有销路,才能变成现金。如果品种不对路,当然不好出手,或者即使能卖出去,价格也不会很高,单位面积的产值肯定要低于适销对路的品种。有的人没按当地的气候条件选择马铃薯品种,结果使自己的产品卖不上好价钱,还耽误了下一茬。例如无霜期较长的地区,一般都选择在早春播种生育期较短的品种,如费乌瑞它、早大白、超白、中薯3号和东农303等。这样的品种出苗后50~60天就能收获,可以抢先上市,赶上好行情。同时可以及早安排下一茬,使下一茬又能赶前,取得好的经济效益。如果选择出苗后100天才能收获的品种,其效果就会大大相反,上市要晚40天,行情肯定会下降,同时把播种下一茬的时间也耽误了。所以说,品种选择得当,收获期、产量和效益才会令人满意。

### 2. 品种更换不及时

有的地方由于交通闭塞,信息不灵,不知道别的地方还有产量更高、质量更好的品种,一直用着老辈子流传下来的马铃薯品种;还有的墨守成规,对新品种挑三拣四,总抱着老品种不放,品种得不到更换;有的农户舍不得花钱购买新品种;还有的是乡、村农业的主管人员,没有搞好试验、示范和组织好马铃薯新品种的推广工作,造成个别地方马铃薯品种更换不及时,产量停滞不前,影响着马铃薯增产潜力的发挥及马铃薯生产的发展。

**3. 轮作倒茬做得不好**

马铃薯是忌连作的作物,喜欢轮作倒茬。不倒茬进行连作的地块,第二年就要降低产量,块茎质量也有下降,特别是病、虫、草害会发生得更加严重。有报道说,连作8年的马铃薯地块,疮痂病发病率为96%,而中间接种一茬萝卜,再种马铃薯的地块,疮痂病的发生则显著下降,只有28%。青枯病和黑胫病的病苗,在土壤里都能存活,土壤是它的传播途径之一,连作田发病显著高于换茬的地块。另外,连作的马铃薯,由于营养吸收单一,可使土壤中钾肥含量很快下降,影响土壤肥力和下一茬产量,对种地养地大为不利。轮作的前茬以谷子、麦类、玉米等作物为最好,既有利于把病害发病率压到最低限度,又有利于消灭杂草。最好不用茄科作物作前茬,如番茄、茄子、辣椒等,因为它们与马铃薯有相同的病害。

在我国北方一季马铃薯集中产区,出现种马铃薯不认真执行轮作倒茬的较多。特别是一些无霜期短,只能播种马铃薯、小麦、莜麦、小油菜的区域,因为只有马铃薯单位面积的产值最高,一些农民因而对它连作较多。俗话说"换茬如上粪",这是很有道理的,应当认真执行轮作倒茬的耕作制度。

**4. 播种芽块太小**

我国农民种植马铃薯用的种薯芽块都偏小,只有5~10克重。使用小芽块播种,已有很长的历史了。过去农民在挖马铃薯芽块时,只把芽眼及一小部分薯肉挖下来,留下大部分没有芽眼的薯肉"山药楔子"糊口,从而形成了挖小芽块的习惯。

国内外的试验结果一致表明,大芽块要比小芽块抗旱能力强,出苗整齐,出苗壮。大芽块平均每块可长出1.8~2.4个芽条,而小芽块平均每块只有1~1.1个芽条。产量统计表明,大芽块播种的产量与小芽块播种的产量显著不同。据资料显示:芽块重14克的,亩产量为 1440 千克,而芽块重 50 克的,亩产量达 2144 千克,播种大芽块比播种小芽块每亩增产 704 千克。

### 5. 营养面积不足

以往种植马铃薯,由于肥料少、营养不足、地力不佳、芽块大小等原因,使马铃薯的单株生产能力不高。为了提高单位面积产量,有些地方就采用增加单位面积棵数的办法,依靠群体优势提高产量。这种办法在农业生产水平不高、投入较少的情况下,一时可以取得些效果。所以有些人就产生了种得越密、棵数越多、产量越高的片面认识。由于密度过大,地上植株非常拥挤,节间长,茎秆高而细弱,枝叶互相交错,遮挡阳光,影响叶片营养的制造。地下部分由于垄小棵密,营养面积小,也会出现营养不足和块茎生长空间不够的问题。因此,植株上部容易出现倒伏,下部枝叶死亡腐烂,引起病害,还会出现垄太小培不上土,匍匐茎"窜箭"等问题,造成小薯块多,青头多,产量下降,商品率不高的情况。

### 6. 播种深度不足

马铃薯的块茎,直接生长在地下,主要着生在地下茎中部节的匍匐茎上。如播种太浅,地下茎的深度不够,节数减少,对匍匐茎的形成和块茎形成及膨大都不利。也容易出现匍匐茎"窜箭"现象,结的块茎也容易露出地面见光形成青头薯等。播种浅,根系扎得浅,不但抗旱能力差,营养吸收也受到限制。

有些地方的种植者农民只图在播种和收获时省事,开沟只有 6~7 厘米,垄沟中坐土后,芽块只能播种在距地面 5 厘米左右的地方。而适宜的播种深度应当是开沟达到 12~13 厘米,垄沟中回落坐土 2~3 厘米,把芽块播在距地面 10 厘米的地方,再覆土最为理想。在土壤较黏的地方播种可以稍浅一点,但垄必须大,覆土和培土必须厚。

### 7. 中耕培土既晚又浅

有的地方在马铃薯田间管理上注意不够,特别是中耕培土,进行得晚,培土又浅,不但起不到应有的作用,还对马铃薯生长产生一定的不良影响。比如有的在马铃薯现蕾后期或开花期才进行中耕培土,这时植株已经封垄,枝叶交错又很嫩,作业过程中牲畜农具不可避免地要碰伤枝叶。据调查,这个时期进行中耕培土的有60%以上植株被不同程度地碰伤,影响了植株的正常生长,还易感染病害。而这个时期匍匐茎基本都形成并伸长了,还有一部分匍匐茎形成了小块茎。当中耕培土时,犁铧入地就可能把一部分长得长的匍匐茎弄断,使它不能再形成块茎,或使匍匐茎顶端离垄沟帮近了,对产量影响很大。

培土太薄,使马铃薯块茎在地下生长发育的环境得不到满足。一是块茎膨大期地下温度易升高,水分散失快,对生长不利。二是块茎生长易顶出地表,见光形成青头,降低品质。三是由于土薄,晚疫病菌易随雨水渗到薯块上,使块茎感病率增加而降低产量,同时也不利于薯块贮藏。

### 8. 氮肥施用过多

氮肥在马铃薯生长中确实起着很重要的作用,施用了氮肥后茎叶生长繁茂,颜色墨绿,增产的作用非常明显,所以有些人对氮肥就产生了偏爱。一提到增加肥料,就是增加氮肥。有的地方土地本来很肥沃,可是种马铃薯时仍然施用大量尿素,每亩施用量达到 50 千克,纯氮量达 23 千克之多,结果把秧子催得很高,上部叶片很大,头重脚轻,倒伏严重,茎叶铺到地上 30 多厘米厚,下部叶片不见阳光不进气,出现腐烂,地面下茎结薯很晚,块茎很嫩,淀粉含量低,总产量也不高。

### 9. 投入不够

种植马铃薯舍不得投入,主要表现在 3 个方面。

(1)不愿意花钱买种性好的健康的脱毒种薯,而使用自己种植多年种性退化、品种混杂的病杂薯。如果选用脱毒种薯,其单位面积产量会比用普通种薯增加30%~60%。

(2)舍不得肥料的投入。马铃薯生长时需要吸收许多无机营养,才能制造出有机营养来,最后获得较高的产量。土壤中的无机物是有一定数量的,加上连年种植被作物吸取,便会逐年减少。如果不加以补充,不仅当年马铃薯长不好,产量低,地力也会越种越下降,影响下一年的产量。所以种植马铃薯不仅要施用大量农家肥,还要购买含有氮磷钾各种成分的化肥,给予补充,才能满足其生长发育需要,保证高产。

(3)防治病虫害打农药舍不得花钱。如果在准确的预测预报的指导下,及时打2~3遍农药,每亩就可以挽回500千克的产量损失,按0.6元1千克马铃薯计算,可挽回损失300元,而农药款有40元就够了。

**10. 收获不适时**

马铃薯地上的茎叶由绿变黄,叶片脱落,茎枯萎,地下块茎停止生长,并易与薯秧分离,这时的产量达到最高峰。收获不适时有两种情况。

(1)无霜期较短、霜冻来得早的地方,没有采取药剂杀秧、轧秧、割秧等办法提前催熟,及早收获,以致遭受了霜冻的损失。

(2)在城郊蔬菜供应区域,没有选择马铃薯已达到商品成熟就进行收获,抓住市场量高价格的时机,及时上市,增加收入,而是等待生理成熟、产量最高时再收获,以致造成了高产量、低产值的不良结果。

## 第七节 马铃薯产业的现状及前景

随着我国人民生活水平的提高,食物结构也从偏重主食向讲求合理、平衡营养的方向转化,食物中优质蛋白质的比重要求有较大增长。作为一种重要的优质植物蛋白质源,马铃薯食品的社会需求会不断增长。无论国际市场,还是国内市场,马铃薯产业的前景都十分广阔,而且我国大力发展这一产业的比较优势尤为明显。

### 一、马铃薯产业的生产现状

**1. 世界生产概况**

在世界上,马铃薯是继水稻、小麦、玉米之后的第四大农作物。以单位面积产出干物质和蛋白质计,马铃薯则高于小麦、大麦和玉米等主要粮食作物。马铃薯主要生产国家和地区有荷兰、德国、法国、美国、东欧及我国等。

国际马铃薯加工业发展大致有两种类型:一类主要是在大规模马铃薯精淀粉生产基础上发展淀粉衍生物的生产,如波兰、捷克等许多东欧国家的状况。另一类主要是发展薯条、薯片、全粉及各类复合薯片等快餐及方便食品,如美国及荷兰、德国等西欧国家的许多马铃薯加工企业。美国马铃薯种植面积及总产量远低于我国,但国内市场马铃薯薯条、薯片销售总量超过200万吨,销售额近30亿美元,速冻马铃薯条一个产品年出口量就达22万多吨,价值2.67亿美元。马铃薯淀粉、马铃薯全粉及其下游产品也都有十分活跃的销售领域。因此,从国际市场看,马铃薯产业是一个市场巨大、前景光明的产业。

**2. 我国生产概况**

据不完全统计,我国目前已跻身世界马铃薯生产大国,年产量7500万吨,居世界首位。但与发达国家相比,我国的马铃薯90%用于鲜食,加工比例近两年虽有所上升,总体上仍保持在10%左右,而国际上平均加工比例约为70%,最高可达到80%以上。

(1)生产情况:随着农业产业结构的调整和加工业的发展,马铃薯的需求日益增大,我国的播种面积有进一步扩大的趋势。由于缺乏各类优质专用型品种,在消费中,鲜食占总产量的50%以上,淀粉等初加工占15%左右,出口及饲料占14%,种薯占10%,损耗10%以上。近几年来,由于马铃薯加工业特别是食品加工业的兴起,用于加工的比重有所增加,但也极其有限。

(2)分布:马铃薯在我国各地均有栽培,分布极广,尤其是在北方寒冷地区和西南山区种植面积很大。根据我国各地马铃薯栽培耕作制度、品种类型及分布等多年的资料,结合马铃薯的生物学特性,参照地理状况、气候条件和气象指标,我国马铃薯栽培区域可划分为北方和西北一季作区、中原及中南二季作区、南方冬作区和西南一二季作垂直分布区等。我国各省(区)中常年栽培面积在600万亩以上的有内蒙古、贵州和甘肃;450万亩以上的有重庆、黑龙江、陕西和四川;400万亩以上的有山西和云南;300万亩以上的有湖北和河南;200万亩以上的有河北;100万亩以上的有宁夏、湖南、吉林、福建、辽宁、山东和浙江。近年来,河北、河南、山东等中原二季作区和广东、福建等省冬作区的种植面积也有所增加。

(3)品种现状:过去50年,我国马铃薯科技工作者已通过各种途径和技术育成了150多个品种,其中栽培面积较大的有50多个。20世纪90年代以来育成的新品种在薯块性状、食用品质、加工品质以及早熟性等方面比以往的品种有了显著的改善。马铃薯脱毒快繁技术已开始应用于马铃薯脱毒原种生产,并逐渐形成适宜不同生态条件的马铃薯脱毒种薯生产体系,但脱毒马铃薯的推广面积还不到总播种面积的20%。

(4)制约因素:我国马铃薯生产不仅单产低于世界平均水平,而且质量和品质也差。制约我国马铃薯生产和发展的主要原因有以下几点。

①种薯质量差:许多地区马铃薯栽培仍采用原始的留种方式,种薯退化严重。脱毒种薯生产技术体系还没有有效地应用于种薯生产上,病虫害检测手段缺乏或落后,种薯市场混乱,生产和调运不规范。

②品种单一、搭配和布局不合理:长期以来将马铃薯作为粮食作物、救灾作物,几乎全部品种以高产、晚熟、鲜食为主,各类优质专用型品种严重缺乏。

③栽培技术落后:缺乏优质高效的大田生产栽培技术,田间栽培管理方法原始,耕作粗放、灌溉、施肥和田间管理措施不当,抵御自然灾害和病虫害的能力差。

## 二、马铃薯产业的发展趋势

随着国家提出并启动的"保增长、拉内需、调结构"政策的实施和效果的逐步显现,马铃薯深加工产品的市场前景更为看好。

### 1. 成本低

马铃薯产业属于劳动密集型产业,我国劳动力资源丰富,劳动力成本相对较低,所产马铃薯产品成本低。因而,选择马铃薯产业,尤其对于相对欠发达的西部省区,在国际市场上的价格竞争优势十分明显。

### 2. 消费增加

从国内的消费趋势来分析,我国是世界上休闲食品潜在的消费大国,一是快餐和休闲类食品的消费将会出现巨大的增长,而马铃薯鲜薯制成的薯片、薯条、薯泥等是快餐食品的主要原料;二是加工食品的需求将会迅速增加,而马铃薯全粉是重要的食品加工业添加剂;三是高收入的消费者为了追求营养的全面性,将会增加对马铃薯的消费。

### 3. 劳动力成本低

由于发达国家劳动力成本高,马铃薯种植业没有优势,出现了马铃薯淀粉深加工整体萎缩的趋势。如荷兰政府对马铃薯种植业的补贴一再提高,但仍抑制不了种植面积一再下滑的趋势,马铃薯产业向发展中国家转移已成为行业发展的必然趋势。

近年来,东南亚、印度和其他一些发展中国家的马铃薯生产发展较快,但由于受自然条件的限制,自己生产种薯很不经济,而购买中国种薯则是这些国家最经济的选择。因此,种薯生产今后会有较快发展,我国尤其是西部欠发达省份很有可能成为周边国家的种薯供应地。

## 三、马铃薯产业的前景

### 1. 种植面积进一步扩大

马铃薯营养成分齐全、用途广泛,其产品的市场开发潜力大,在我国种植业结构调整中占有重要的地位;它也是高效、优质、创汇、生态农业的重要组成部分,在西部开发、贫困地区脱贫致富、农副产品出口创汇中是重要的支柱产业;它还是食品加工和工业生产中的重要原料。我国加入WTO后在农业结构调整中,马铃薯作为加工原料、出口创汇产品和健康食品,不仅有国内的商品薯市场、种薯市场、加工原料市场,而且还拥有广阔的国际市场,优质鲜薯主要出口东南亚周边国家和地区,蒙古和独联体国家等一年四季皆有供货要求。马铃薯在我国具有广泛的发展产景,播种面积将进一步扩大,北方和西南传统的马铃薯主产区,种植面积稳中有升,二季作地区早熟栽培面积应市场需求而急剧增加。

**2. 单产和总产将大幅度提高**

据专家估计,马铃薯的理论产量为每亩 16 010 千克,说明其增产潜力巨大。只要把现有品种的产量潜力发挥 30%,就可从目前我国的平均每亩 933 千克提高到 2000 千克。目前我国山东省及南方冬作区的大面积平均单产已达每亩 1700~2000 千克。通过推广新品种及配套技术,特别是脱毒技术,单位产量比较容易达到 2000 千克。

**3. 用途多样化,产品质量进一步提高**

在发达国家,马铃薯产量的 30%~40% 鲜食,30%~40% 加工,10%~20% 作淀粉及其深加工,5% 作种薯,5% 损耗。而我国马铃薯主要作鲜薯、饲料和粗淀粉生产,约占 80%。目前马铃薯正在向效益型作物转变,许多新的用途正在被开发。预计 10 年后,淀粉加工、鲜食和食品加工的比重将会增加,各种方便食品将呈直线上升,而作饲料的比重将会减少,炸条、炸片和速冻制品所需要的马铃薯将占总产量的 20% 左右,淀粉及其制品占 40%,鲜食占 20%,损耗占 10%。同时通过改良品种的专用性,改革栽培技术和加工工艺技术,商品薯和加工产品的质量将进一步提高,我国马铃薯产品在国内外市场的竞争力将逐步增强。

**4. 优质种薯规范化、产业化生产**

过去的 20 年,在有关政府部门的重视和支持下,经过许多科技人员对马铃薯种薯脱毒快繁技术和繁育体系的研究,并通过在马铃薯主产区的推广应用,目前我国已基本形成了比较成熟的种薯繁殖技术体系。预计5年后马铃薯工厂化脱毒快繁技术将在现有的基础上进一步完善,种薯生产实行合格证制度,结合新品种的推广,10年后脱毒种薯利用面积将达到60%左右。

### 5. 专用品种优质高效区域化、规模化生产

与先进国家相比,目前我国马铃薯的食品加工和淀粉、全粉等工业加工刚刚起步,但发展速度很快,已建立了一些加工原料生产基地和出口创汇生产基地。今后几年,各类优质专用型品种尤其是加工和早熟品种将陆续育成并应用于生产中。根据品种特征的区域化、规模化和机械化生产的面积将进一步扩大,并逐步实行品种的合理搭配和更有效地利用自然资源。

# 第二章 马铃薯栽培技术

我国幅员辽阔，各地气候差别较大，马铃薯栽培条件千差万别，但根据马铃薯的生物学特性，为求优质、高产，关键技术措施仍是共同的。

## 第一节 北方一作区栽培

北方一作区栽培是一年只种一茬马铃薯，通常为春种秋收，主要的生育季节在夏季，故又称夏作类型。

### 一、品种与种薯

北方一作区栽培的品种应具备优良的经济性状、农艺性状和较强的抗逆力，如抗病性等。

食用品种要求中熟、丰产、薯形整齐、食用品质好、耐贮藏等。常用的良种有克新号系列、虎头、高原号系列、东农303等。

蔬菜用品种要求早熟或极早熟、高产、形大、芽眼浅、保形度好等特点。常用的品种有东农303、克新4号等。

加工用品种多用于淀粉加工，要求具有中熟或晚熟、丰产、淀粉含量高、白皮白肉、耐贮藏等特点。用于油炸品的品种要求含糖量要低。目前本区尚缺少专用的加工品种，多为食用的加工品种。

饲用品种多用次等的食用块茎作饲料。饲用品种要求蛋白质含量高,龙葵素含量低,耐贮性好,丰产性高。目前尚无专用的饲用品种。

有了优良的品种,还必须有良好的种薯方能获得丰产。优质种薯应具有本品种的优良性状,在良种繁育田中育出的;没有主要的病虫害、病毒病和严重机械损伤的;具备要求的大小规格;贮藏良好,没有腐烂和过分萌芽的。

## 二、北方一作区栽培模式

### (一)马铃薯大田栽培模式

马铃薯的大田栽培,是以北方一季作区农民多年实践经验为基础而总结出来的。

**1. 种植地准备**

种植马铃薯的地块,以土壤疏松肥沃、土层深厚,涝能排水、旱能灌溉,土壤沙质、中性或微酸性的平地与缓坡地块最为适宜。因为这样的地块土壤质地疏松,保水保肥、通气排水性能好,土壤本身能提供较多的营养元素;另外,春季地温上升快,秋季保温好,不仅有利于马铃薯发芽和出苗,而且对地上部生长和地下部生长都极为有利。

选地切忌重茬,也不要在茄果类(番茄、茄子、辣椒)或白菜、甘蓝等为前茬的地块上种植,以防止共患病害的发生。种马铃薯的地块不宜选在低洼地、涝湿地和黏重土壤地块。这样的地块,在多雨和潮湿的情况下,马铃薯晚疫病发生严重,同时地下透气不好,水分过大,不仅影响块茎生长,还常造成块茎皮孔外翻,使病菌易于侵入造成腐烂,或不耐贮藏。

地块选好后,整地也不能马虎。马铃薯结薯是在地下,只要土壤中的水分、养分、空气和温度等条件有良好保障,马铃薯的根系就会发达,植株就能健壮地生长,就能多结薯,结大薯。整地是改善土壤条件的最有效的措施。整地的过程主要是深翻(深耕)和耙压(耙精、镇压)。深翻以秋翻较好,因为地翻得越早,越有利于土壤熟化,使之可接纳冬春雨雪,有利于保墒,并能冻死害虫。一般耕翻深度要达到30~35厘米为宜。在春旱严重的地方,无论是春翻还是秋翻,都应当随翻随耙压,做到地平、土细、地暄、上实下虚,以起到保墒的作用。在春雨多、土壤湿度大的地方,除深翻和耙压外,还要起垄,以便散墒和提高地温。起垄时要按预定的行距,不要太大或太小,否则播种时改垄较麻烦。

**2. 种薯挑选**

春季在不使种薯受冻的情况下,种薯应尽早出窖,使之见散射光,以抑制萌芽徒长,并使白嫩的幼芽绿化及稍蔫软坚韧,以减轻碰伤或折断。种薯出窖后应根据块茎内部质的差异及外部形态的表现进行挑选。一般块茎分为4种类型:

(1)幼龄和少龄薯:这2类薯块在植株上生育时间较短,薯块较小,表皮柔嫩光滑,皮色艳丽不易褪色。薯形规整,休眠期长,较耐贮藏,幼芽粗壮。这类块茎具有健壮的种性,可长出苗壮丰产型的植株。

(2)壮龄薯:壮龄薯在植株上的生育期较短,但薯块较幼龄薯个大,薯形整齐,其他特点与幼龄薯相同,特别适于作种薯。

(3)老龄薯:在植株上生育的时间最长,通常是随着茎叶枯黄而收获的,薯块大小均有,小型的老龄薯质量更差。薯形多变化,如圆形、椭圆形的品种中,往往薯形变为长形、尖头形、畸形,并有裂痕;长形的薯形又往往变为短形或圆形。老龄薯的表皮粗糙老化,皮色暗淡,表皮有色的品种,皮色变淡,尤以顶部褪色为甚,芽眼、顶部、脐部均由深变浅,甚至凸出。休眠期变短,幼芽较细弱。这类块茎的生活力多具有衰退的趋势。如用作种薯则形成"衰退型"的植株,即茎秆纤细柔弱、早衰、低产。所以老龄薯不适于作种薯。

根据上述块茎的分类和特征,选种时,应选择薯形整齐、符合本品种特性、薯皮光滑细致柔嫩、皮色鲜艳等特性的块茎。淘汰那些薯形不整、尖头、裂口、变长、变圆、畸形、表皮粗糙老化、皮色暗淡、芽眼凸出等不良性状的块茎。如块茎已萌芽,则应选择芽粗壮者,淘汰幼芽纤细或丛生的块茎。种薯大小以 50~160 克为宜。种薯过大,虽可获高产,但因种量增大,成本增加;种薯过小,植株长势弱,生长量小,则会降低产量。每亩用种量一般 125~150 千克。

### 3. 种薯处理

种薯如不经过处理,出窖后马上切芽、播种,那么播种后就不仅会出现出苗不齐、不全、不健壮的现象,而且出苗也较晚,有时芽块要在土里需 40 多天才出苗。其原因是窖温比较低(一般为 3~4℃),种薯体温也在 4℃左右,虽已贮藏几个月,渡过了休眠期,但仍处于休眠之中。春季把它播种到地里后,地温上升很慢,芽块在地里体温上升也很慢,而且各芽块的小环境又不一致。因此,发芽慢、出苗慢、出苗先后差别大,甚至有的芽块还会烂掉,造成缺苗。为避免这些问题的出现,就要对种薯进行处理,其处理方法主要是困种、晒种和催芽。

(1)困种:困种和晒种的主要作用,是提高种薯体温,供给足够氧气,促使解除休眠,促进发芽,以统一发芽进度,进一步汰除病劣薯块,使出苗整齐一致,不缺苗,出壮苗。困种的方法是把出窖后经过严格挑选的种薯,装在麻袋、塑网袋里,或用席子、席帘等围起来,还可以堆放于空房子、日光温室和仓库等处,使温度保持在

10~15℃,有散射光线即可。经过 15 天左右,当芽眼刚刚萌动见到小白芽锥时,就可以切芽播种了。晒种是在种薯数量少,又有方便地方,可把种薯摊开为 2~3 层,摆放在光线充足的房间或日光温室内,使温度保持在 10~15℃,并经常翻动,当薯皮发绿,芽眼睁眼(萌动)时,就可以切芽播种了。

(2)催芽:催芽是在播种前 40 天以前,采取措施促进种薯生芽,使其生长期提前的一种做法。催芽的方法很多,常用的有如下几种:

①种薯在窖内已萌芽,当芽长 1 厘米时,可出窖,平铺于室外见光,使成浓绿色。如幼芽不超过 10 厘米,也可采用此法,不必将芽剥掉。芽变绿、坚韧后,即可切块。

②种薯与湿沙或湿锯屑等物互相层积于温床、火炕或木箱中,总厚度 50 厘米,保持 10~15℃ 和一定的湿度,促使幼芽萌发。也可先切块后层积催芽。当芽长 1~3 厘米时取出播种。

③将种薯置于明亮的室内或室外向阳避风处平铺 2~3 层,并经常翻动,均匀见光。当幼芽长 1~1.5 厘米、种皮变绿、幼芽紫绿时,即可切块播种。此法约需 40~45 天。

因催芽时间较长,种薯内潜伏的环腐病、黑胫病和晚疫病等,都会发生不同的症状,所以,催芽淘汰掉病块更彻底,混入的杂薯也容易清除。通过催芽处理后所长成的植株可以提早成熟,其块茎能提前上市,可以躲过春旱、春寒等自然灾害。

经过催芽的种薯,在播种时地温必须稳定在 10℃ 以上,而且土壤墒情要好。不然,芽苗遇到冷凉或干旱后,很容易出现缺苗的现象。

**4. 切芽块**

每个芽块的重量最好达到 50 克,最小不能低于 30 克。切芽,要把薯肉都切到芽块上,不要留"薯楔子",不能只把芽眼附近的薯肉带上,而把其余薯肉留下,更不能把芽块挖成小薄片或小锥体等。具体说,50 克左右的薯块不用切,可以用整薯做种;60~100 克的种薯,可以从顶芽顺劈一刀,切成 2 块;110~150 克的种薯,先将尾部切下 1/3,然后再从顶芽劈开,这样就切成 3 块;160~200 克的种薯,先顺顶芽劈开后,再从中间横切一刀,共切成 4 块;更大的种薯,可先从尾部切下 1/4,然后将余下部分从顶芽顺切一刀,再在中间横切一刀,共切成 5 块。这种切法,芽块都能达到标准,而且省工,切得快。

通过切芽块,还可对种薯作进一步的挑选,发现老龄薯、畸形薯、不同肉色薯(杂薯),可随切随挑出去,病薯更应坚决去除。为了防止环腐病、黑胫病等病害通过切刀传染,切芽者要准备 2 把切刀,并准备 1 个水罐(罐头瓶等)装上酒精或甲基托布津 500 倍液,把不用的切刀泡在药液里边,一旦切到病薯,即把病薯换掉,并把切过病薯的刀浸入药液中消毒,同时换上在药液里浸泡过的刀继续切。

根据生产实践,芽块最好随切随播种,不要堆积时间太长。如果切后堆积几天再插,往往造成芽块堆内发热,使幼芽伤热。这种芽块播种后出苗不旺,细弱发黄,易感病毒病,而且容易烂掉,影响苗全。

### 5. 播种

许多保证丰产的农艺措施都是在播种时落实的,比如播种深度、垄(行)距、株(棵)距等,如把握不好,播种搞不好,苗出不全,管理得再好也难以得到丰产。

(1)适时播种:我国地域辽阔,各地气候有一定差异,农时季节也不一样,土地状况更不相同,所以马铃薯的播种时间也不能强求划一,而需要根据具体情况来决定。

马铃薯播种,首先要考虑的条件是地温,地温直接制约着种薯发芽和出苗。在北方一季作区和中原二作区春播时,一般10厘米深度的地温达到6~7℃较为适宜。因为种薯经过处理,体温已达到6℃左右,幼芽已经萌动或开始伸长。如果地温低于芽块体温,不仅限制了种薯继续发芽,有时还会出现幼芽膨大长成小薯块的"梦生薯"现象。为避免这种现象的出现,一般在当地正常春霜(晚霜)结束前25~30天播种比较适宜。

其次,要考虑的条件是墒情。虽然马铃薯发芽对水分要求不高,但发芽后很快进入苗期,则需要一定的水分。在高寒干旱区域,春旱经常发生,要特别注意墒情,可采取措施抢墒播种。土壤湿度过大也不利,在阴湿地区和潮湿地块,湿度大,地温低,这就要采取措施晾墒,如翻耕或打垄等,不要急于播种。土壤湿度以土壤含水量为14%~16%最好。

再次,要考虑采用的品种和种植目的。如果用的是早熟品种,计划提早收获上市,则要适当早播。如果用的是中晚熟品种,因为可以进行催芽而可适当晚播。

(2)施基肥:马铃薯施肥要以农家肥为主,化肥为补充;施肥方法以基肥为主,追肥为辅。

农家肥在我国肥源广,数量大,成本低,不仅含有马铃薯生长所需的氮、磷、钾三大肥料要素和中量、微量元素,还含有一些具有刺激性的有益微生物,是化肥不可比拟的。同时,农家肥中含有大量有机物质,在微生物的作用下,进行矿质化、腐殖化,可以释放出大量二氧化碳,既能供给马铃薯植株吸收,又能使土壤疏松肥沃,增加透气性和排水性,适宜于块茎膨大,使块茎整齐、个大、表皮光滑。每亩施用量应达到3000千克,全部用作基肥。

化肥用量,应参照配方施肥确定适宜的品种和数量。在北方一作区内,中等地力的沙质壤土地块,按当前施肥水平估算,每亩要补充氮素4~6千克,最高不超过7千克;补充磷素4.5千克;补充钾素6~8千克。各地土壤肥力不同,农家肥质量不同,因而所施用的化肥量必须有所区别。

施农家肥，习惯上是在播种前整地时撒于地面耙入土中，或播种时集中撒手垄沟。化肥应混合均匀，随犁开沟撒于沟中，犁后带膛圈覆土，使化肥混于上下，上边播种芽块，严防芽块直接与化肥接触被烧坏。

(3) 播种方法：播种有两种方式，即垄作和平作。

①垄作：可提高地温，促使早熟，不抗旱，但防涝，便于培土、灌溉，便于集中施肥，利于土壤空气交换，减轻风蚀危害，为块茎的膨大创造了良好的条件。垄作适于高寒、阴湿、土壤黏重、地势低洼、雨量多而集中的地区利用。垄作有3种主要方式：

a. 播上垄：即把种薯播在地表面，上覆土成垄。此法由于覆土薄，土温高，能促使早出苗、苗齐、苗壮，但不抗旱。

b. 播下垄：即把种薯播在地平面以下。此法保墒好，利于幼苗发育，土层深厚利于结薯，播种时可施有机肥。此法若土温较低，影响出苗速度，影响土壤气体交换。

c. 平播后起垄：即在犁过的地上，把种子播在犁间的浅沟中，后覆土。

②平作：适于气温较高、降雨少、干旱又缺乏灌溉的地区。播时，在地面开10～15厘米的沟，沟内播种，后覆土。播完后地表平整。生育期，随着中耕除草，植株的根际稍有隆起，但整个生育期，田间基本保持平整。

播种时的密度应从以下几方面考虑：管理水平高、土壤营养条件好、中晚熟品种等条件下密度宜稀；反之宜密。种植时，有一穴一株和一穴2～3株的两种方法，前者宜密，后者宜稀。生育期合理的叶面积指数为4左右。一般的密度为每亩3800～4000株左右，行距45～60厘米，株距30～40厘米。

干旱地区，播种覆土后应镇压，以使土、种密接，防止干旱跑墒。

## 6. 田间管理

在北方一作区，马铃薯从播种至幼苗出土，约经30天时间。此期，应及时进行土表浅松土，以保墒、除小草。土壤异常干旱时，应浇小水促使出苗。

查苗补苗：播种30天后，出苗至齐苗时，应及时查苗补苗。可在苗密处挖苗，补于缺苗处。补后立即浇水。

一般条件下，马铃薯幼苗期15天左右，发棵期25天左右，结薯期早熟种30天，中熟种60天。在幼苗期应以中耕为主，通过勤中耕松土，提高地温，促进根系发育。一般中耕1～2次。如果土壤肥力不足，可结合中耕追施复合肥1次，亩施10千克。幼苗期幼苗需水不多，但根系吸收能力也不强，因此，应保持土壤湿度，可酌情浇1次小水。

发棵阶段的管理也应当以促为主，促地上带地下。在抓紧中耕松土的同时，逐渐加厚培土，消灭杂草，促进土壤内空气通透。一般可深中耕2～3次。此期植株需水较多，干旱会严重影响植株生长发育，降低产量。故应保持土壤见干见湿，每7～10天浇一水。缺肥时，可亩施复合肥15～20千克。

结薯期主要是促地下控地上，促、控结合，以保为辅，地下促其结薯，地上控其徒长，维持叶面积指数的稳定期，延长结薯盛期。结薯期初，封垄前深松一次土，即停止中耕。在结薯期块茎迅速膨大时要及时供水，保证块茎膨大需要。一般每5～7天一水，维持土壤湿润。结薯后期减少供水，使土壤见干见湿，以减少块茎含水量，便于贮藏。封行后尽量减少田间作业，避免碰伤茎、叶。

马铃薯的虫害防治以地下害虫为重点。对地下害虫，要在播种时就施药，提前防治。具体方法详见本篇第三章病虫害防治部分。

收获前一周，将已黄化的植株用木磙压倒，促进植株体内的营养物质迅速转入块茎中去,以提高产量。

### 7. 收获

当植株达生理成熟期即可及时收获。生理成熟期的标志是:大部分茎叶由绿转黄,达到枯萎,块茎易与植株脱离而停止膨大。晚熟种达不到生理成熟期,以茎叶被霜打死时为收获期。达到生理成熟期时产量最高。但在收获时,应考虑市场价格。市场价格高、经济效益显著时收获最有利。一般在薯块 70 克以上后,即可考虑收获。此外,还应考虑雨涝、霜冻和贮藏等因素确定适宜的采收期。

收获应选晴天进行,避免机械损伤,防止品种混杂。收后稍晾干、散热,即入窖,勿长期日晒。收获可用人工挖掘,或用机械收获。

除适时收获外,关键是在翻、捡、装、卸、运和入窖等各个环节中,尽量避免块茎损伤,减少块茎上的泥土和残枝杂物,防止日光长时间曝晒使薯皮变青,防止雨淋和受冻。

## (二)地膜覆盖栽培

采用塑料薄膜覆盖种植马铃薯,不仅可以使马铃薯提前成熟早上市,增加效益,还能增加产量,提高大薯率,一般可增产20%~70%,大薯率提高 25% 左右。

### 1. 种植地准备

盖膜种植马铃薯,选地要求地势平坦,缓坡在 5°~10°之内;土层深厚,达 50 厘米以上;土质疏松,最好是填土或轻沙壤土,保肥保水性能强;有水源,并且排灌方便;肥力在中等以上的地块。不可选陡坡地、石砾地、沙集地、瘠薄地和涝洼地。

盖膜种植马铃薯,整地要求比较严格,应当在深翻 20~25 厘米且深浅一致的基础上,细整细耙,使土壤达到深、松、平、净的要求,具体应做到平整无墒沟,土碎无坷垃,干净无石块,无杂物,墒情好。必要时,可以先灌水增墒,然后再整地。

**2. 施基肥、农药**

盖膜种植的马铃薯,追肥条件受到限制,应一次施足基肥。肥料以农家肥为主,每亩要施用农家肥4000千克以上,再用化肥补充氮、磷、钾和微量元素。按目前的施肥水平,每亩要施入磷酸二铵15~20千克、尿素8~10千克、硫酸钾或氯化钾20千克、硫酸锌1.5~2千克,或施用氮、磷、钾各为15%的三元素复合肥30~40千克,或马铃薯专用化肥50千克。为防治地下害虫,每亩施呋喃丹1.5~2千克。

施肥方法有两种:一是在做床前把农家肥、化肥和农药均匀地撒于地表,再耙入土中,使肥、药、土充分混合;二是在做床时,把农家肥和农药撒于播种沟内,化肥撒入施肥沟内,做床时再覆于土中。

**3. 做床**

整好地后做床,床面底宽80厘米、上宽70~75厘米,床高10~15厘米,两床之间距离40厘米。一床加一沟为一带,一带宽1.2米。具体操作时采用"五犁一耙子"的做床法,即第一犁从距地边40厘米处开第一沟,沟深15厘米左右;在距第一沟中心40厘米处开第二沟。事先撒肥的,即把农家肥和杀虫剂撒进沟底,使沟深保持在12厘米左右。先播种后覆膜的,先把芽块播入沟中,株距为22~25厘米。然后,再在第一沟另一边的35厘米处开第三犁,在第二沟另一边同样开第四犁,并使这两犁向第一、二沟封土。最后再在第一、二犁(播种沟)之间,开一浅犁(深6厘米)为第五沟,专作化肥沟,把化肥足量施入沟内,形成床坯。之后用耙子找细,将第一、二、五沟覆平,搂好床面,做好床肩,使床面平、细、净,中间稍高,呈平脊形。床肩要平,高矮要一致,以便喷洒除草剂和盖膜。下一个床的第一沟距前一个床的第二沟中心80厘米,第二沟仍距第一沟40厘米。以此类推,就形成了一个个1.2米宽一带的覆膜床。薯苗长出以后,就成为大行距为80厘米,小行距为40厘米的大小垄形式。

**4. 喷施除草剂**

床做好后,要立即喷洒杀灭杂草幼芽的除草剂。经试验,杀草效果较好的除草剂一般用量为每亩用拉索200～350克或乙草胺90%浓度的药液100～130毫升,50%浓度的药液用130～200毫升或氟乐灵48%的药液用100～150毫升或杜尔72%的药液用120～130毫升。

上述药量分别兑水30～40升,喷于床上和床沟。如果只喷床上,不喷床沟,用药量可减少1/4。

**5. 铺膜播种**

(1)种薯选种及处理见本书相关部分。

(2)所铺塑料薄膜应选用90～100厘米宽,厚度为0.005～0.008毫米的超薄膜,每亩用膜4～5千克。铺膜时膜要拉紧,贴紧地面,床头和床边的薄膜要埋入土里10厘米左右,并用土埋住压严,用脚踩实。盖膜要掌握"严、紧、平、宽"的要领,即边要压严,膜要盖紧,膜面要平,见光面要宽。为防止薄膜被风揭起,可在床面上每隔几米,压一小堆土。

先盖膜后播种的,可在铺膜后几天床内温度上升后开始播种。播种时在膜床上按中线两边各20厘米的线上(即小行40厘米),用小植苗铲或特制的打孔工具破膜挖穴,穴不要太大,穴距24～26厘米,深度为8厘米,深浅要一致。播下的芽块或小整薯,要用湿土盖严,并加以轻拍,封好膜孔,使孔不露风。

**6. 田间管理**

(1)引苗:引苗是田间管理的关键环节,不论是先播种后覆膜的,还是先覆膜后播种的,都必须进行引苗。当幼苗拱土时,及时用小铲或利器,在对准幼苗的地方,将膜割一个"T"字形口子,把苗引出膜外后,用湿土封住膜孔。而先覆膜后播种的,播种时封的土易形成硬盖,如不破开土壳,苗不易顶出,因此也要破土引苗。

(2)检查覆膜:在生长过程中,要经常检查覆膜。如果覆膜被风揭开或被磨出裂口则要及时用土压住。

(3)喷药:在生长后期,与传统种植一样,要及时打药防治晚疫病。

(4)后期培土:在薯块膨大时,如果因播种浅,块茎顶破土露在膜内,会造成青头,影响质量。对此,可再从床沟中深挖取土培在根部,拍严,防止阳光射入,使块茎消除青头现象。

## (三)间作套种栽培

将马铃薯与其他不同形态的作物,合理地搭配种植在一块土地上,在一定的时间内共生在一起,这样可充分地利用土地资源、气候资源和人力资源,大幅度地提高单位面积产量,获得较好的生态效益、经济效益和社会效益,这种栽培措施称为间作套种。

马铃薯为较耐低温作物,在与玉米、棉花等喜温作物间、套作时,可在这些作物播种前的低温时期先播种生长。这样充分利用了季节,延长了生长期,提高了土地利用率。

马铃薯株较矮小,可与玉米等高秆作物间、套作,可充分利用照射在地面上的阳光。间、套作时的复合群体无论在时间或空间上截获的太阳能辐射总量,都比一个纯作群体要多,这是马铃薯进行间套作时,总体产量提高的主要原因。在与马铃薯间、套作时,玉米等高秆作物的行距加大,使叶子处于充足的光照下,边际效应增大,因而这些作物的产量也提高了。

复种指数是指在单位面积上、单位时间内所栽培的作物茬数。由于马铃薯和间、套作的其他作物的生长期有部分重叠,因而增加了作物的茬次,提高了土地复种指数。

马铃薯根系分布较浅,与根系分布较深的玉米、棉花等作物间、套作可以分别作用不同土层的养分,充分发挥地力。

在坡地马铃薯与玉米等间、套作,可减少水土流失。

马铃薯与棉花套种。可使棉蚜延迟发生半个月。与玉米套种,可减轻地下害虫危害。

此外,间作、套种还能调节劳力、肥料的利用时间,有利于精耕细作。

**1. 马铃薯与玉米间套作模式**

这是各粮产区普遍采用的模式,这种模式有多种方法。

(1)马铃薯双垄玉米双行宽幅套种:这种方法一般采取宽幅距140厘米,幅内马铃薯按行距60厘米、株距20厘米种2行,每亩4760株;玉米按行距40厘米、株距30厘米条播2行,每亩3170株。马铃薯收后,薯秧给玉米压青培肥并培土。再将玉米大行间土壤整平作畦。随即移植提前20天育苗的夏玉米,浇以透水。待苗成活后,将春玉米植株基部枯黄老叶摘去,以利透光壮苗。夏玉米收后种小麦。

栽培中,马铃薯应选用早熟矮棵品种,种薯进行播前处理,力争早播种、早出苗、早收获。春玉米要用晚熟高产品种,夏玉米选用早熟品种,力争在冬小麦播前收获。

(2)马铃薯双垄玉米3行宽幅套种:该模式用于玉米杂交制种田。幅宽2.2米,马铃薯早播,行距60厘米,株距20厘米,播种2行,每亩3030株。玉米按小行距40厘米,株距30厘米条播3行,父本居中,两侧母本,每亩3330株。马铃薯收后薯秧压青培肥,培土作畦。移植夏玉米2行。玉米收后种小麦。

(3)马铃薯4垄玉米2行宽幅套种:该模式适用于粮区,马铃薯栽培春、秋二季,玉米栽培春、夏二季,一年四作四收,达到薯粮双丰收。具体做法是：2.8米宽为一幅,春马铃薯按株行距25厘米×60厘米播种4行,每亩3800株。春玉米按行株距40厘米×15厘米条播2行,每亩3170株。春马铃薯收后在中央垄沟上条播2行夏玉米。春玉米收后于夏玉米大行间播秋马铃薯4行。

这一模式要求水肥条件充分,春薯要早种早收,玉米最好用育苗移栽的方法,保证生长一致。尽量做到栽培过程上、下茬紧密衔接,管理措施一环扣一环,才能取得高产。

**2. 马铃薯与甘薯间套作模式**

早春起甘薯垄,垄距74厘米。在垄中播种马铃薯,株距16厘米,每亩马铃薯5290株。天暖后扦插甘薯苗,株行距为33厘米×74厘米,每亩2640株。马铃薯收后给甘薯扶垄,并每隔2~3垄甘薯套种夏玉米一行。

**3. 薯棉间套作模式**

马铃薯与棉花间套作,棉花不少收,多收一茬马铃薯,经济效益较高,是棉产区常用的一种模式。采用较多的有2种方式。

(1)马铃薯双垄棉花2行宽幅套种:宽幅距1.8米。马铃薯按株行距20厘米×60厘米先播2行,每亩3700株。棉花于霜终时按株行距18厘米×40厘米播2行,每亩4110株。

(2)马铃薯双垄棉花4行宽幅套种:该模式以棉花为主,适合棉区应用。宽幅距2.64米。马铃薯按株行距20厘米×60厘米播种2行,每亩2520株。棉花按株行距18厘米×48厘米条播4行,每亩5610株。

在薯、棉间套作时,马铃薯要适时早播,覆盖地膜,及时培土,尽量促进马铃薯早成熟、早收获。收后薯秧压绿肥,促进棉花生长。为防止浇水互相影响生长发育,马铃薯浇水时只在薯的行间,不能浸过薯、棉交界的行间。

### 4. 薯豆间套作模式

马铃薯按株行距 26 厘米×82 厘米播种一行,每亩 3000 株。马铃薯出苗后于行间种大豆,大豆一行,穴距 26 厘米,每穴 3 苗点播,每亩 9000 株苗。此方式可使薯、豆双丰收。

### 5. 薯菜间套作模式

这一模式主要分布在菜区。由于蔬菜种类繁多、特性各异,因而间、套作方式也很多。目前常用的有如下几种模式。

(1) 与瓜类间套作:主要与南瓜间套作。幅宽 5.4 米,马铃薯株行距 20 厘米×60 厘米,种 8 垄,每亩 4760 株。留出瓜畦 60 厘米,畦内按株行距 30 厘米×50 厘米种瓜 2 行,每亩 950 株。块茎收后,瓜蔓爬入。收瓜后接种秋菜。

(2) 与喜温而生长期长的直立性蔬菜间套作:马铃薯与甜椒、茄子套作时,幅宽 1 米,按株行距 15 厘米×20 厘米,播种马铃薯 2 行,每亩 6666 株,后培土成大垄。晚霜过后,在垄的一侧定植甜椒或茄子,茄子的株距为 50~60 厘米,每亩 1070~1330 株;甜椒的株距为 33 厘米,每穴双株,每亩 4040 株。马铃薯收后,对茄子或甜椒培大垄。

(3) 与耐寒而速生的蔬菜间套作:土壤解冻后按株行距 20 厘米×100 厘米种一行马铃薯,播后培土成垄。垄间整平成畦,随即播种菠菜、小白菜、小萝卜。马铃薯发棵期收间套菜,套种早熟茄子苗。马铃薯收后,茄子培土成垄,隔垄再播一畦芹菜。茄子生长后期,将芹菜疏苗,移入茄子空畦中。

(4) 与耐寒而生长期长的蔬菜间套作:这类蔬菜与马铃薯间套作较成功的主要有甘蓝、大葱等。与甘蓝间套作时,幅宽 2 米,种一行马铃薯,株距 20 厘米,每亩 1660 株。马铃薯做垄后,垄间做畦,再按 50 厘米×50 厘米株行距定植甘蓝苗。甘蓝用中晚熟种。与大葱间作适于秋播马铃薯,初夏按 1 米幅宽开沟,沟栽大葱,株距5～6厘米,每亩12 000株。秋初,在距葱25厘米一侧,按株距20厘米播种马铃薯,每亩3330株。播后培土成垄。

(5)其他模式:其他模式还有很多,如马铃薯套夏玉米,马铃薯收后种胡萝卜、芹菜;马铃薯与棉花、西瓜间套作等。不论用什么模式,都要考虑间套作的作物间互相争光的问题,还要协调好水肥、土壤等因素。最终要考虑的是:通过间套作要提高土地总体的产量,要提高经济效益,增加种植者的经济收入。

## 第二节 中原二作区栽培

我国中原地区一年中分春、秋二季种植二茬马铃薯,叫作二作栽培,或称二季作。二作栽培是利用春作薯做种当年秋季栽培;利用秋作薯做种翌年春季栽培。这二季中以春作为主,春薯收获期正值炎夏蔬菜淡季,有一定生产意义。

### 一、春作栽培

**1. 品种选择**

春薯的结薯期正处在长日照高温条件下;秋薯的结薯期则处在短日照冷凉温度条件下,因此,应选中日性结薯的早熟、高产品种。除要求春、秋都能结薯外,还要求块茎休眠期短或易于解除休眠,以及耐病毒性退化和抗细菌性病害等特性。目前应用较多的品种有:东农303、克新4号、鲁薯1号等。由于品种有一定地域性,故引种时应先试种。

## 2. 整地、施肥

春作马铃薯应选疏松、通透、肥沃的壤土或沙壤土地块。冬前应深耕晒垡。南方雨水多地可做成高畦,畦宽 2～3 米,沟深 20～25 厘米。北方干旱可做成平畦。结合整地,亩施腐熟的有机肥 2000～3000 千克。基肥多时,可将 1/2～2/3 翻入地下,余者播种时沟施。基肥不足时,全部作种肥沟施。播种时,沟施化肥每亩尿素 2.5～5 千克、过磷酸钙 10～15 千克、草木灰 25～50 千克、或施用复合肥 5～10 千克。

## 3. 播种

中原马铃薯二作区从南到北,5～6 月份气温已达到或超过马铃薯生长适应的高限,加之终霜期在 3～4 月份,以及雨季在 6～7 月间开始,所以从出苗到收获,实际见光生长期不过 70 天左右。因此,各项技术应掌握"早",做到断霜时齐苗,热雨到来时有产量。

春播期关系到收获期早晚和产量。实践表明:离播种适期每推迟 5 天,减产 10%～20%。春播适期应满足如下要求:①终霜时齐苗;②结薯期正好处在结薯所需适温条件,而且经历日期较久;③热雨天气到来前产量已形成。一般以当地终霜日期为准,向前推 30～40 天为播种适期。如南昌为 1 月底至 2 月初,山东在 3 月上旬,北京为 3 月中旬。由于种薯的芽条经过低温锻炼,可抗轻霜冻,且即使冻坏顶部,下部仍能发生新枝,产量仍较高。

播种前应行种薯处理,方可使出苗整齐健壮,产量提高。处理方法同一季作栽培。

春薯从播种至出苗历时 30 天,出苗前不宜浇水,以免降低地温和土表板结。因此,播种时要求土壤呈湿润状态。如干旱,应浇小水造墒,方可播种。

春播密度因品种、栽植方式而异。一般为行距 60～70 厘米,株距 20 厘米左右。按茎数计要求每亩茎数达 8000～9000 棵。大秧品种应稀,小秧品种应密。

栽植深度受土壤质地和气候条件决定。干旱地区、沙壤土宜深;湿润地区、粘壤土宜浅。华北地区8～12厘米深。

长江流域可于高畦开浅沟种植,种后覆土10～15厘米。

**4. 田间管理**

发芽期一般不浇水。如干旱,可浇小水;浇后立即松土。雨后板结,应耙地防止压苗。出苗前的管理重点是保持土壤疏松透气。

出苗后要早追肥、早浇水和早中耕。苗齐后,每亩施尿素6～10千克,后浇水。待地表稍白,立即深中耕,保持土壤通透。

发棵期的管理是浇水和中耕紧密结合。土壤不旱不浇,只松土和浅培土。待株高30厘米时,浇大水并大培土。培土时勿伤茎叶。如果土壤缺肥,可在发棵初期追肥,每亩施复合肥10千克。发棵中后期勿追肥,以免引起茎叶徒长。发棵后期,如果株势过旺,可在垄间深松土并浅培土来控制长势;也可喷施$100\times10^{-6}$的PP333液抑制徒长,以保证结薯期行间的通风透光。

结薯期主要应保持土壤呈湿润状态,尤其是结薯初期不可缺水。浇水时要防止大水漫灌,否则会引起薯块腐烂。收获前5～7天停止浇水,促使薯皮老化以利收获。

**5. 收获**

春薯收获应在高温和雨季来临前进行。雨季收获的块茎不耐贮藏。华北地区宜在6月中旬收获,长江中游宜在5月上旬收获。

收获应选晴天,土壤干爽时进行,避免机械损伤。收时如遇雨天,应晾干再收。

## 二、秋作栽培

秋作栽培是利用春薯作种。春薯病毒含量高,退化严重;秋播时,种薯还处在休眠状态,必须进行催芽才能如期出苗;秋播时温度高,烂种死苗严重;播种晚则生育期不足,早霜来临,产量降低。所以秋播薯困难较多,产量不高。为解决此问题,利用阳畦种薯培育技术培育种薯,用于秋播,有良好的效果。

**1. 选种薯**

种薯宜用选留的春小薯作种,秋季放在通风处散射光下架藏,控制顶芽徒长;也可用秋薯作种。

**2. 播前行种薯处理**

春大薯秋播时已达生理适龄,一般无需种薯处理,可直接播种。如果春薯收获过晚,至秋播时的贮藏期达不到4个月以上,种薯的萌芽少而慢时,播前应行种薯处理。秋播种薯是春播大田薯,必须行种薯处理。

(1)配制种薯处理液:先用1克纯赤霉素加100毫升酒精,配成 $10\,000 \times 10^{-6}$ 的母液。应用时,加水配成 $10 \sim 20 \times 10^{-6}$ 的赤霉素液待用。

(2)赤霉素浸种催芽法:秋播前 $10 \sim 15$ 天,选出优良的种薯,浸于赤霉素液中。赤霉素液中可添加1000倍的代森铵杀菌剂消毒种薯。浸种15分钟后,捞出,堆积于通风、阴凉、避雨处。每堆30千克,薯堆上盖细沙4厘米厚,上覆草苫子保墒。$7 \sim 10$ 天后检视薯堆,芽长 $2 \sim 3$ 厘米,即可扒开薯堆,使芽见光绿化锻炼 $1 \sim 2$ 天后播种。芽不够长者,继续堆积催芽。经 $5 \sim 6$ 天取第2批,再经 $5 \sim 6$ 天取第3批。

(3)赤霉素甘油液催芽法:该法应用于贮藏期的生理幼薯,促使种薯迅速通过休眠期。赤霉素的母液同上。稀释时用的水和甘油的比例为4:1。配成的赤霉素浓度为 $50 \sim 100 \times 10^{-6}$。处理可从收获后10天开始,以后每20天处理1次。用毛笔蘸液涂抹薯顶,或用喷雾器喷布薯表面。处理后置于暗处以利发芽。萌芽长

1厘米时,让种薯见光以利壮芽。甘油具有良好的亲水性和保水性,可使种薯表面长期保持湿润状态,有利于赤霉素的渗入。

有的地方为简化手续,可在临近播种时先用赤霉素甘油液处理种薯,播种时再用 $10\times10^{-6}$ 赤霉素水液喷布种薯,使薯皮全部湿润。喷后立即播种。

**3. 建阳畦或塑料大棚**

建造好保温的风障阳畦或塑料大棚,一般入冬前建好备用。畦内施足腐熟的有机肥,整平,浇水造墒。

**4. 播种**

(1)播种时期:秋播马铃薯的播种适期是以当地的枯霜期为准,上溯马铃薯的见光生长期加出苗期即为播种期。如平均枯霜期为10月25日,马铃薯的见光生长期为60天,出苗期为10~20天,则播种期为8月5日~8月15日。播种期延后,则块茎来不及形成即来霜,产量降低。播种期提早,则病毒病和疮痂病严重,亦不利于高产。

(2)播种:播种地块应高燥、易排水。在施肥和翻耕后,按行距60厘米开3~4厘米深的浅沟,施入5~6千克复合肥作种肥,后播种。播后覆土厚14厘米。在黏壤土或多雨年份,可起高15厘米高的垄,在垄上播种。

为获得大量小薯,播种应用高密度,每平方米茎数40个左右为宜。每茎结薯3~4个,每平方米收薯120~160个。播种一般用双行单垄,垄距60~65厘米,垄内小行距10厘米,行内株距8~10厘米,每亩9000~10 000株。

播种后,立即浇水,直到出苗不可断水,以保持土壤凉爽湿润,有利于出苗。

**5. 田间管理**

在出苗后到团棵前连续追肥2次,每次每亩追复合肥10千克。每浇1水,中耕1次,使土壤见干见湿,保持土垄通气。结合中耕培宽并加厚垄土,使垄的横断面呈凹字形,以利根系和茎叶的生长。

结薯期,气温、地温渐低,日夜温差增大,植株蒸腾小,需水量减少。此期垄沟不干不浇,多浇水反而降低地温,土壤板结,影响块茎膨大。

**6. 收获**

待枯霜全部打死茎叶后,即可收获。收获过早,降低产量。收获过晚,防止土壤冻结、冻伤块茎。收后,晾干表面,即可分级入窖。

## 第三节 南方二作区栽培

在我国广东、海南、广西、福建、台湾等省(区)在冬闲和早春栽培二季马铃薯,充分利用了水稻田的地力,增加了收入;马铃薯的茎叶又起了施绿肥的作用,因此,在生产上有巨大的意义。

**1. 栽培形式**

根据留种方式的不同,南方二作区主要有以下几个栽培型:

(1)秋播生产,冬播留种:这是典型的南方二季作栽培型。秋播所产的块茎供应市场,不作种用。冬播所产的块茎,一部分作为当年秋播(10月)的种薯;另一部分留作下一年(1月份)冬播用的种薯,即一季(冬播)留种二季(秋、冬)用。种薯约经6～9个月的贮藏。一般在通风阴凉处架藏、筐藏等,也有的用冰窖贮藏。

(2)季赶季的留种方式:秋播所产的块茎作冬播的种薯,冬播产的块茎作秋播的种薯。这种方式的关键是秋薯冬播时催芽应抓紧。

**2. 整地、播种**

南方二作区栽培马铃薯的田地,前作多为水稻田,水稻收后,应立即排水、深翻、晒垡。

秋播时间大体为9月中下旬至10月下旬,冬播时间为1月上旬至1月下旬。

播种密度秋播每亩3700～4600穴左右;冬播稍密,每亩5000穴左右。

播种一般采用高畦,畦高30厘米,畦宽85厘米,沟宽30厘米。畦上种2行,行距25～30厘米,株距25厘米左右。

种薯一般用20克左右的小整薯作种。冬播种薯秋播用时,种芽萌发适宜,可带芽播种。冬播薯如用于冬播种用时,则芽子萌发过度,故播前剥掉老芽,使萌发新芽后再播种。如果种薯是在低温库中贮存的,应在播前半个月从冷库中取出,放在阴凉处,促其发芽后再播种。

如果秋播为冬播生产种薯时,由于种薯未通过休眠时间,故播前应行催芽处理以打破休眠期。催芽方法同中原二作区秋薯播种处理方法。

播种多用穴播法。按株行距开穴,穴深10～13厘米,施入基肥,后放种薯。种薯上覆5～6厘米的土杂肥。每亩播量70～80千克。

**3. 田间管理**

秋播马铃薯播后7～15天可出苗,冬播者约25～30天出苗。

幼苗出土,立即盖土,并行间苗。秋播者每穴留苗2株,冬播者每穴留壮苗3～4株。

间苗后即追壮苗肥,以后每5～7天追肥1次,共追肥5～6次。追肥可在行间开沟追施,或在株旁穴施。每亩包括基肥在内的总施肥量约为人粪尿1500～3000千克,农家肥1500～2500千克。如天气干旱,应与追肥穿插进行浇水。植株封行后,即秋播后45～50 天、冬播后 60～70 天,停止追肥。

苗高 15 厘米时,开始松土、除草和培土。15 天后进行第 2 次松土。第 2 次松土应浅,以免伤根。追肥、松土时勿伤茎叶。

**4. 收获**

为了不影响下茬作物安排,应及时收获。在块茎长到一定大小即按期收获。

收获选晴天进行。挖后稍晾干,即入库存放。

## 第四节　西南单、双季混作区栽培

西南单、双季混作区包括我国中南、西南部山区,以云贵高原为主。本区山地、丘陵面积大,旱地多,坡地多,冬季温和,夏季凉爽。在低山平坝和峡谷地区,无霜期很长,可行马铃薯二季栽培;半高山地区无霜期稍短,可与玉米套种;高山区无霜期较短,马铃薯以一年一熟为主。由于该区气候温和凉爽,雨量充沛,土壤多呈酸性,适于马铃薯生长发育,所以马铃薯产量高、面积大,是当地群众的主要粮食和蔬菜,在生产上的地位很重要。

因栽培制度的不同,要求的品种也不同。在高寒山区,适于中晚熟、休眠期长、耐贮藏的品种;二季作地区适于休眠期短的早、中熟品种;用于和玉米套作的马铃薯要求早熟品种。目前当地的主栽品种是米拉,此外,还有疫不加、新芋 4 号等。

本地区多为交通不便的山区,解决种薯供应是个大事情。目前种薯生产体系有如下几种:

①种源基地:当地有些山区,一直是产薯名地。由于气候条件

优越,退化现象轻微。生产的种薯除供应当地外,还远销周围地区。

②山上留种山下用:利用当地山上冷凉之地留种,供山下温暖之地生产,从而有效地防止了退化。这种种薯供应体系,既省长途调运之苦,又避免退化现象。而且增加了产量。

③利用二季作留种:在中海拔和低海拔山区,利用秋薯留种。方法同中原二作区。

④三季串换轮作的留种方式:这是云贵高原的留种经验。用当年小春马铃薯所产块茎作当年秋马铃薯的种薯;秋马铃薯所产块茎作下年大春马铃薯的种薯;大春马铃薯所产块茎作下年小春马铃薯的种薯。如此年复一年,三季串换轮作,达到就地留种,防止退化的目的。

小春马铃薯多在水田栽培,1月中旬播种,5月下旬收获。收获的块茎贮藏期约70天,后催芽于当年秋季播种。

大春马铃薯在3月上旬于旱田播种,7月下旬收获。此季单产高,面积大。收后的块茎在通风冰爽地架藏,作为下年小春马铃薯的种薯。

秋马铃薯多播种在旱田与大春马铃薯连作,成为二季作的典型。8月上旬播种,11月上旬收获。收获种薯作大春马铃薯播种用。

⑤露地越冬留种:在高海拔地区,选土层厚、疏松、不积水的地块,采用露地留种的办法,即让留种的块茎仍然留在地里不收获,使之露地越冬,于下年播种前1个月左右,从地里挖出,经晾晒,即可播种。该法薯块新鲜,不伤主芽,苗齐苗壮。

⑥利用实生种子留种:用实生种子作播种材料,既省块茎成本,又防病毒退化。但需育苗移栽,生长期较长。

# 一、一季作栽培

西南高寒山区多为一年一熟的单作制。

## 1. 整地

马铃薯忌连作,因此,应与禾本科作物轮作,水田栽培可用水旱轮作。

播种前应深翻,施足腐熟的有机肥,保证土壤疏松、肥沃。

## 2. 播种

多年的实践表明,在该地区15厘米深的地温在7℃～8℃时,即为马铃薯播种适期的指标。高山区应在11月初播种;中山区应在11月中旬至12月上旬播种,低山区应在12月下旬播种。在上述时间后延迟播种,则产量降低。冬前播种不会冻伤种薯,而且避开了开春播种劳力紧张、与种玉米争工和春雨雪多影响下地等不利因素。一些马铃薯与玉米套作地区,可于2月下旬至3月上旬播种。温暖的地区可在4月份播种。

该地区冬春雨雪多,气温低、湿度大,土壤含水量大而蒸发量小,田间易积水,因而种薯易窒息腐败而缺苗。为此,应先挖好拦山沟排水,并用深沟窄垄、垄上开穴浅播的方法,使种薯处于比垄底高的位置,以利排水、透气,提高地温。为防止受冻,应加厚覆土,出苗前扒掉过多的覆土,以利出苗。

播种密度一般为3500～5000株,行距50厘米,株距20～25厘米。晚熟品种应稀些,早熟品种密些;阳坡地适当密些,阴坡地应稀些。

## 3. 施肥

马铃薯生育期短,应以基肥为主。基肥施用量应占70%左右。该地区多用绿肥作基肥,其他有机肥较缺乏,一般亩施绿肥1000千克。由于西南山区土壤缺磷,所以应混入过磷酸钙20千克。

第1次追肥应追芽肥或苗肥。芽肥是马铃薯将要出土或零星出土时,先行松土除草后再追肥,亩施猪粪尿 1000～1500 千克或 4～5 千克尿素。苗肥是指全苗后追肥,每亩施尿素 5～7 千克。肥料应沟施,上覆土,以防挥发和流失。

第 2 次追肥应在显蕾时进行。此次亩施猪粪尿 1000 千克,或尿素 4～5 千克。第 2 次追肥应根据长势而定,有徒长趋势时应少追或不追。

**4. 田间管理**

马铃薯为中耕作物,生长期应勤中耕。中耕除草应掌握"头遍深、二遍浅、三遍刮刮脸"的原则。第 1 次中耕在齐苗后进行,不必培土,深度为 20 厘米,创造疏松的土壤环境。第 2 次、第 3 次中耕时,宜浅且应结合培土,以利块茎膨大。

易天然结实的品种,应摘除花蕾,节约营养。

**5. 收获**

从块茎形成到植株黄萎达到生理成熟为止这一段时期,可随时收获。一般在 8 月上中旬收获。

在收获期内,收获越早产量越低;越晚产量越高。作种薯用时,应适当早收。作贮藏、加工、饲用时应晚收。采收期的早晚,还应考虑市场价格,在价格高、经济效益大时采收最有利。

采收应在晴天进行,防止雨淋、烂薯。收后,适当晾晒,即可贮存。

该区病害严重,特别是晚疫病的为害普遍又严重。因此,收获时应根据病情而定。病害严重的年份,或天气多雨时,应适当早收,避免病害损失。

## 二、二季作栽培

在西南山区的中山、低山地带,由于气温高、无霜期长,均可年种二季。该地区多为春、秋二季连续栽培,春作为秋作提供种薯,秋作又为下年春作提供种薯。

**1. 春作栽培**

春作选用的品种应要求早熟、结薯早、结薯快、休眠短、易催芽的特性,以便适于秋作。

为了给秋作马铃薯提供种薯,春作栽培中应采取一切促进早熟的措施。

为了提早出苗,苗齐苗壮,播前应严格挑选种薯。选健壮、光滑、无病虫害、中等大小的块茎作种薯。播前应提高贮藏温度,置于暖处催芽,待萌芽后播种。

播前应施足基肥,促进植株生长发育。播后立即覆盖地膜,以提早成熟。播期应适时提早,有条件的地方可改春播为冬播。

齐苗后及早追肥、中耕除草、培土,加强管理,促进植株早发育、快生长,提早收获。

**2. 秋作栽培**

秋作马铃薯为西南山区主要的晚秋作物。一般与小麦、油菜等连作。

为保证出苗,应行催芽处理。种薯催芽方法同中原二季作秋作栽培。

播种期是根据当地早霜来临期上溯品种的生育期来确定的。一般在日平均气温为25℃时播种,约在8月上旬~下旬。

一天内的播种时间,晴天应在10时前和下午16时后,避开中午烈日高温,阴天可整天进行。

播时边播种边覆土,维持穴内湿润凉爽。播种密度为20厘米×(50~60)厘米。因秋薯生长不繁茂,宜密植。

为促进生长,幼苗一出土应重追一次提苗肥,每亩施尿素5~7千克。显蕾时追第二次肥,每亩施复合肥7~10千克,并培土。

收获应在枯霜来临后进行。尽量延长生长期有利于提高产量。

# 第三章 马铃薯主要病虫害的识别与防治

危害马铃薯的常见病是早疫病、晚疫病、环腐病,虫害是块茎蛾、地老虎、蚜虫、螨、蛴螬、蝼蛄、金针虫等。马铃薯病虫害的防治也要本着"预防为主"的原则,大力推广生物防治,科学施用化学农药,协调农业、物理、机械等各项防治技术,发挥综合效益,有效控制马铃薯病虫害的危害。

## 第一节 马铃薯病虫害综合防治

**1. 选择抗性的品种**

选择抗性品种是防治马铃薯病虫害最经济、最有效的措施。由于马铃薯的种质资源十分丰富,可供利用的优良性状很多,经过育种家长期不懈的努力,已经育成了很多抗性品种。目前可用于生产上的抗性品种有抗晚疫病品种、抗病毒品种、抗旱品种、抗线虫品种、抗疮痂品种、耐盐碱品种、耐低温品种等。有些品种能抗一种病虫害或不良环境因素,有些品种还可能同时具备对多种病虫害或不良环境因素的抗性。

在选择抗性品种时,首先要考虑什么是当地马铃薯生产的主要问题。例如,在我国南方温暖湿润的马铃薯生产地区,在选择马铃薯品种时首先要考虑的是抗青枯病,其次是抗晚疫病,然后再考虑抗病毒和其他病虫害。而在我国北方干旱地区,在选择马铃薯品种时,首先则应考虑对干旱和病毒的抗性,因为这是该地区马铃薯生产中最主要的问题。

**2. 选用健康的种薯**

品种确定后,种薯的质量就是决定马铃薯生产最重要的因素了。健康的马铃薯种薯应当不带影响产量的主要病毒;不含通过种薯传播的真菌性、细菌性病害及线虫;有较好的外观形状和合适的生理年龄。

据报道,通过种薯传播的卷叶病毒,严重时可使马铃薯产量下降90%,如果种薯同时带有许多病毒,产量下降比只带一种病毒时更严重。种薯带病是马铃薯晚疫病和青枯病最主要的侵染来源。带病种薯还可能是马铃薯块茎蛾、金针虫和线虫等的传播源。通过带病种薯可能将马铃薯癌肿病和环腐病传播到无此病害的地区。

在那些尚不能得到高质量种薯的地区,薯农可以通过田间无性系选择方法获得相对健康的种薯,即标记田间表现健康的植株并单独收获或在田间拔除感病株保留健康植株直到收获;经常使用杀虫剂以及在种薯切块时对刀具消毒以减少传染病;避免过多的田间操作以减少病原物接触传播的机会。

**3. 选择健康的土壤**

健康土壤是指能提供马铃薯健康生长的环境条件,即土壤具有均衡稳定的水、肥、气、热条件并不含影响马铃薯生长的各种致病因子。

土壤是多种病虫害的温床,这些病虫害主要有马铃薯晚疫病、青枯病、癌肿病、疮痂病、线虫、地老虎和金针虫等。与非寄主作物轮作是一条最有效的防治土传病害的措施。通过4年以上的轮作可基本消除土壤中青枯病的危害,轮作5年以上,可基本消除癌肿病的危害。但并非所有马铃薯生产地区都有条件进行长期轮作(3~5年),因此,一旦出现土传病害很难将土壤恢复到健康状态。

### 4. 土壤处理

介于青枯病、早疫病、茎基腐病、根腐病同时具有土传特性(土壤或土壤残留病残体带菌),加之病菌在土壤中存活时间较长,有时多达3~5年之久,因此在生产中除注意合理安排茬口间隔时间外,播前3~7天结合整地进行土壤处理至关重要。目前效果较好的土壤处理剂有70%福美双、70%代森锰锌可湿性粉剂,以及40%菌核净、苗壮壮、重茬王等药剂。

### 5. 切断传染

由于目前生产用种质量难以保证,病健薯相互接触和通过切刀传染的几率仍比较高,因此为减少传染起见,除大力提倡推广小整薯播种以及芽栽技术外,实行切刀消毒不容忽视,这也是减轻发生危害的有效措施之一。目前用于切刀消毒的药剂主要有84消毒液、75%乙醇、0.1%高锰酸钾、40%福尔马林等,可根据情况选择使用。

### 6. 种薯浸泡

由于切刀消毒只能杀死种薯表面的部分病菌,因此为保险起见,推广种薯药剂浸泡技术也是减轻马铃薯病虫害发生危害,确保高产的有效措施之一。目前可用于浸泡的药剂主要有50%甲托、40%多菌灵可湿性粉剂以及春雷霉素等药剂,可根据情况选择使用。

### 7. 采用适当的耕作栽培措施

根据各地具体的生产条件,采取适当的耕作栽培措施可有效地防治和减少马铃薯的病虫害危害。这些措施包括改变种植密度、调整株行距、起垄种植、高培土等。此外,在马铃薯生长期间的水分管理和养分管理对防止马铃薯空心及其他生理性病害也有重要的作用。

调整播种期,使马铃薯植株避过病虫害的危害高峰时期也是一条有效的措施。例如,避开蚜虫迁飞高峰时期可以获得高质量的种薯。

### 8. 及时使用适当的药剂

当无法获得抗性品种或因抗性品种无法提供特殊品质要求时,要根据实际情况对病虫害进行药剂防治。例如,用于薯条加工的品种夏坡地和用于炸片的品种大西洋,由于目前尚未有可替代的抗晚疫病品种,在种植这两个品种时有必要进行适当的药剂防治以获得较好的收成和较高的经济效益。

在种薯生产中,当蚜虫的群体密度增加到影响质量的时候,就必须使用杀虫剂,以控制虫口的密度。如土壤中存在金针虫等地下害虫,播种时适当地使用杀地下害虫的药剂,对提高马铃薯产量和商品率有很好的效果。

### 9. 保护天敌

天敌可减少农药的使用量并降低生产成本和保护生态环境。较常见的天敌有七星瓢虫和食蚜虫的黄峰等。危害马铃薯的蚜虫、螨类、粉虱、潜叶蝇等都可以通过增加其天敌来进行有效地防治。在我国许多马铃薯生产区,多年来薯农一直没有使用任何农药的原因可能与他们无意中对天敌的保护有关。

在种薯生产中,进行蚜虫种群密度的动态监测可以最大限度地发挥天敌的作用,即使当虫口密度超过警戒值,在选择施用农药时,也应最大限度地保护天敌不受损害。

### 10. 适时收获和注意贮藏

在收获前1~2周,如果植株没有自然枯死,可以用机械的方法将植株地上部分杀死,使块茎的表皮能够充分老化,这样可以抵御收获时的损伤和其他病原物的侵害。特别是当植株感染晚疫病后,应尽早将植株杀死以减少晚疫病对块茎的感染。收获后的块茎应尽量避免暴露在阳光下或长时间堆放在田间,避免高温、夜间以及其他病原对块茎的影响。对商品薯而言,长时间受阳光影响还容易变绿,降低商品质量。

贮藏前将感病虫害的块茎清理出来,对贮藏窖的消毒处理和对贮藏期间的病虫害(如块茎蛾)防治,有利于减少贮藏期间病虫害的影响。

## 第二节　马铃薯主要病虫害的识别与防治

### 一、马铃薯主要病害

为害马铃薯的病害主要有晚疫病、青枯病、环腐病和病毒病等。

**1. 晚疫病**

马铃薯晚疫病主要危害马铃薯,该病是马铃薯的一种普遍性病害,在我国中部、北部大部分地区都有发生,发生严重年份,可使生产遭受20%~40%的损失。

【为害症状】

马铃薯的叶、茎、块茎均能受害。叶片发病,先由叶尖或叶缘开始,病斑呈水浸状小斑点。气候潮湿时,病斑迅速扩大,腐烂发黑,没有明显的边缘界限。在雨后或有露水的早晨,叶背病斑边缘生成一圈白霉,严重时,植株叶片萎垂,发黑,全株枯死。气候干燥时病斑蔓延很慢,干枯变褐,亦不产生白霉。茎部受害,初呈稍凹陷的条斑,气候潮湿时,表面也产生白霉。块茎发病,初呈褐色或带紫色的病斑,稍凹陷,在皮下呈褐色,逐渐向周围和内部发展。土壤干燥时,病部发硬成干腐。土壤潮湿时,也可长出白霉,当有杂菌侵入后,则常呈软腐。在块茎贮藏期间也会发生和发展。

**【防治措施】**

(1)农业防治

①品种:选用克新1号、克新2号、克新3号、青海3号等较抗病品种。

②建立无病留种田:在不发病区,未发病田块选留种薯。贮存和播种前严格挑选无病薯作种。

③种薯处理:播种催芽前,对种薯进行灭菌处理,以消灭种薯上的病菌。常用的方法有:温水浸种法(把种薯放入40~50℃的温水中预浸1分钟,再放入60℃的温水中浸15分钟,种薯和温水的比例为1∶4。处理中水温自然下降,但不能低于50℃。有条件时,利用流水式浸种比缸浸式要好)、药剂浸种(用200倍的甲醛水溶液浸种5分钟,堆闷2小时,晾凉后再催芽播种)。

④田间管理:避免在低洼地、土壤黏重地栽培,尽量选用地势高燥、肥沃、疏松的沙性土壤种植。施足有机肥,合理追肥灌溉,促进植株健壮生长,增强抗病力。及时进行中耕除草和培土,雨后及时排水,保护薯块减少染病。发现病株,及早清除田外深埋或烧毁。在病流行年份,应提早割蔓,2周后再收薯块,可避免薯块与病株接触,降低薯块带病率。

(2)化学防治

①53%金雷多米尔可湿性粉剂800倍液。

②58%瑞毒霉锰锌500~600倍液。

③80%大生可湿性粉剂400~800倍液。

④25%的瑞毒霉(甲霜灵)可湿性粉剂500倍液。
⑤72%的克露可湿性粉剂600～800倍液。
上述药剂在薯苗封行后,阴雨天来临前每7～10天喷1次,2～3次即可控制病害,可用其中一种药物,但最好选择其中之二交替用药,效果更好。

**2. 早疫病**

早疫病也是真菌病害。

【为害症状】

马铃薯早疫病可危害叶片、茎、薯块。茎、叶发病,产生近圆形或不规则形褐色病斑,上有黑色同心轮纹,病斑外缘有黄色晕圈,病斑正面产生黑色霉。薯块发病,形成圆形或不规则形暗褐色病斑,病斑下组织干腐变褐色。

【防治措施】

同晚疫病防治方法。

**3. 环腐病**

马铃薯环腐病只危害马铃薯,受害后可造成10%～30%的减产,在贮存中可继续发病。

【为害症状】

环腐病是细菌性维管束病害,田间发病早而重的可引起死苗,一般的只是生长迟缓,植株明显的矮缩、瘦弱,分枝少,叶片变小,皱缩不展。发病晚而轻的顶部叶片变小,后期才表现1～2枝条或整株萎蔫。一般在开花期前后开始表现症状,叶片褪色,叶脉间变黄,出现褐色的病斑,叶缘向上卷曲,自下而上叶片凋萎,但不脱落,最后全株枯死。

薯块外部无明显症状,只是皮色变暗,芽眼发黑枯死,也有的表面龟裂,切开后可见到维管束呈乳白色或黄褐色的环状部分,用手挤压,流出乳黄色细菌黏液。重病薯块病部变黑褐色,生环状空洞,用手挤压,薯皮与薯心易分离。

【防治措施】

(1)农业防治

①利用克新1号、东农303、坝薯8号和乌盟等抗病品种。

②严格挑选种薯,淘汰病薯。

③采用小型薯块整薯播种,连续3年可大大减轻病害。

④草木灰拌种:种薯切块后,用纯草木灰拌种,有一定的消毒杀菌作用。

(2)化学防治:对切刀和装种薯器具进行消毒。对库、筐、篓、袋、箱等存放种薯和芽块的设备、工具,都要事先用次氯酸钠、漂白粉、硫磺等杀菌剂进行处理。在分切芽块时,每人用两把刀,轮流使用,这样,总有一把刀泡在3%的石炭酸或5%来苏儿等药液中,或开水锅内消毒。

**4. 疮痂病**

马铃薯疮痂病只侵害块茎。

【为害症状】

薯块上初呈褐色圆形或不规则形小点,表面粗糙,扩大后呈疮痂状硬斑。病斑只限于块茎皮部,不深入薯内。疮痂凹陷深达3~4毫米,常常数个疮痂相连,造成很深的裂口,病块茎品质变劣,不耐贮藏。

【防治措施】

(1)农业防治

①轮作:与豆科、葫芦科、百合科、葵科等蔬菜实行2~3年的轮作,勿与根菜类连作。

②留种:在无病田留种,繁殖无病种薯。

③改良土壤:多施有机肥和绿肥,改良碱性土壤,减轻病害发生。

(2)化学防治:用0.1%升汞水浸种1.5小时,浸后用清水洗净;或用50℃的福尔马林120倍液浸种4分钟,浸后用清水洗净,再催芽播种。

### 5. 病毒病

马铃薯病毒病由多种病毒侵染引起,其中的一些病毒除了危害马铃薯外,还可侵染番茄、甜椒、大白菜等作物。病毒病是马铃薯发生普遍而又严重的病害,世界各地均有发生,严重地降低产量。

【为害症状】

马铃薯发生病毒病主要有3种症状。

(1)花叶症:叶子上出现淡绿、黄绿和浓绿相间的花斑,叶子缩小,叶尖向下弯曲,皱缩,植株矮化。严重时,全株发生坏死性花斑,叶片严重皱缩,甚至枯死,该症一般称为皱缩花叶病,有时表现为隐症,但可以成为侵染源,一般在薯块上没有症状。

(2)卷叶症:病株叶片边缘向上卷曲,重时呈圆筒状,色淡,有时叶背呈现红色或紫红色。叶片变硬,革质化,稍直立。严重时,株形松散,节间缩短,植株矮化,有时早死,有些品种病株块茎切面呈网状坏死斑。一般称为卷叶病。

(3)条斑症:发病植株顶部叶片的叶脉产生斑驳,后背面叶脉坏死,严重时沿叶柄漫延到主茎,主茎上产生褐色条斑,导致叶片完全坏死并萎蔫。病株矮小,茎叶变脆,节间短,叶片呈花叶状,丛生。一般称为条斑病。

【防治措施】

(1)种薯:马铃薯病毒病可以通过种薯世代相传,因此,选用无病毒或少病毒种薯是减轻病毒病的有效措施。常用的选留无病或少病毒种薯的方法如下。

①单株选种:在田间选生长旺盛,无明显病症的植株,留作种

用,可减轻种薯带病。

②茎尖脱毒培养:利用马铃薯的生长点部位不带病毒的特点,在无毒的条件下,切取茎尖,在培养基中育成无毒小苗和无毒小薯,用这种小薯扩大繁殖,用于大田生产,其种薯带病毒较少。

③实生苗法:马铃薯的种子一般是不带病毒的,在无毒的环境中,把种子培养成实生苗,用实生苗结的薯块作种薯,可减轻种薯带病。

④热处理法:在35℃的恒温下连续热处理56天,或在36℃的恒温下处理39天,可使薯块内存活的病毒钝化,失去危害能力。

⑤建立留种田:在山地、丘陵地区,气候凉爽,蚜虫少,马铃薯生长旺盛,薯块带病毒较少的地留种,有利于减轻病害。

⑥夏播留种和二季作留种:将马铃薯的播期延迟到夏季,结薯期在秋季,从而避开高温,使薯块内病毒含量降低,有利于减轻病毒病。在生长期较长,一年可二季播种的地区,春播马铃薯提前收获,将新薯用1‰硫尿溶液浸种4小时,打破块茎的休眠期。催芽后秋播,这种秋播马铃薯在冷凉的秋季结薯,种薯内病毒含量也少。

⑦阳畦留种:在冬季阳畦内培育种薯,不仅气候温和,而且绝无蚜虫传毒,可有效地减少种薯内的病毒。

⑧整薯播种:利用整个薯块播种,可防止块茎内水分的蒸发和养分的损失,又能防止病毒的传播。

(2)品种:利用北京黄、克新1号、克新2号等抗病品种。

(3)防治蚜虫:采取一切措施,及时防治蚜虫,要把蚜虫消灭在发生初期。

(4)栽培管理:留种用的春播马铃薯应适当早播早收,秋播马铃薯应适当晚播,避免高温干旱条件下结薯块。贮存期间保持1~4℃,防止高温退化。生长期应水肥充足,提高植株抗病力,有条件时,可用2行玉米和4行马铃薯间套作方法,玉米起遮荫和防止蚜虫的作用,减轻病害。

### 6. 癌肿病

马铃薯癌肿病是危害性极大的病害,分布在世界50多个国家,我国仅在西南少数地区发生,故为我国危险性检疫对象。

**【为害症状】**

马铃薯植株除根部外,各个部位受害后,都能形成大小不一的肿瘤,小的如油菜籽,大的可长满整个薯块,个别的可超过薯块的百倍以上。瘤状组织初为黄白色,露出土表的肿瘤变为绿色,后期变为黑褐色,易腐烂并产生恶臭味。带菌种薯在贮藏期还可继续侵染而致烂害。

**【防治措施】**

(1)检疫:严格检疫,病区种薯决不能外调应用,病区土壤也不能外移。

(2)品种:品种间抗病性有差异,可用当地抗病品种。

(3)轮作:病田忌连作,应与非茄科作物实行长期的轮作。

### 7. 干腐病

马铃薯干腐病是马铃薯贮藏期的一种病害。

**【为害症状】**

块茎受害后,薯皮颜色发暗,青灰或青褐色,后呈环状皱缩。病薯空心,空腔内长满菌丝,最后薯肉变成深褐色或灰褐色,僵缩、干腐,一捏即成粉状。

**【防治措施】**

在收获、贮藏过程中,尽量避免机械损伤。贮藏前剔除病、伤薯块。保持贮藏温度在1~4℃,切忌高温。

### 8. 水薯

水薯产生的主要原因是氮肥用量过多,造成茎叶徒长倒伏,影响了光合作用的进行,使同化产物积累减少;同时,氮肥过多,促进了细胞的分裂,使块茎的膨大速度加快,因而影响了淀粉的积累,于是形成了含水量高而淀粉含量低的水薯。用水薯作种薯,播种后极易腐烂,即使能发芽,也因营养缺乏,发芽力弱而不能发育成壮苗。

【为害症状】

水薯是将病害切开后,可见到薯肉稍有透明,随后略变淡褐色或紫色。

【防治措施】

防止水薯产生的办法是,注意适量施肥和氮、磷、钾肥的合理配合,并要选用不易产生水薯的品种。

9. 黑心病

马铃薯黑心病是马铃薯贮藏期间的生理病害,发病的主要原因是高温和通气不良。贮藏的块茎,在缺氧的情况下,40~42℃时,1~2天;36℃时,3天;27~30℃时,6~12天即能发生黑色心腐病。即使在低温条件下,若长期通气不良,也能发病。该病多发生在块茎运输过程中、呼吸旺盛的早春、刚收获后和块茎堆积过厚等情况下,块茎内部本来就容易缺氧,在高温条件下,由于呼吸增强,耗氧多,进一步造成了缺氧状态。

【为害症状】

黑心病主要在块茎中心部发生。切开块茎后,中心部呈黑色或褐色,变色部分轮廓清晰,形状不规则,有的变黑部分分散在薯肉中间,有的变黑部分中空,变黑部分失水变硬,呈革质状,放置在室温条件下还可变软。有时切开薯块无病症,但在空气中,中心部很快变成褐色,进而变成黑色。块茎的外观常不表现症状。但发病严重时,黑色部分延伸到芽眼部,外皮局部变褐并凹陷,易受外界病菌感染而腐烂。

【防治措施】

防止黑心病的办法,主要是在运输和贮藏过程中,避免高温和通气不良;防止块茎堆积过高,注意保持低温;防止长时间日晒;在大田生产过程中,也要创造适宜的田间温度条件,防止高温。染病块茎作为种薯播种后,多腐烂而不能出苗。

### 10. 块茎内部黑斑

造成块茎内部黑斑的原因主要是从收获到市场销售、贮藏加工等一系列的运输过程,使块茎遭到碰撞,造成皮下组织损伤,24小时后,损伤部位变成黑褐色。变黑的程度与温度有密切关系,一般在低于10℃条件下容易发生。受碰撞损伤部位的细胞,由于引起氧化而产生黑色色素,使组织局部变黑。

【为害症状】

这种病薯表面一般没有异常现象。但剥去皮后,可见到内部黑斑。一个块茎上2～5个部位有黑斑,其形状有圆形、椭圆形、不规则形等。黑斑直径从数毫米到20毫米,切开薯块后,可见黑斑沿维管束扩展或穿过维管束扩展到块茎内部。

【防治措施】

防止内部黑斑的办法是在块茎充分成熟后再收获,收获时要选择晴天和温度较高的天气,最好地温要在10℃以上。收获和运输过程中,要避免各种碰撞冲击,减少损伤。

### 11. 块茎空心

块茎急剧膨大增长是形成空心的基本原因。生育期多肥、多雨或株间过大,块茎急剧增大,大量吸收了水分,淀粉再度转化为糖,造成块茎体积大而干物质少,因而形成了空心。田间缺株的相邻株,以及在缺钾的情况下,都容易发生空心现象。

【为害症状】

块茎空心是在块茎中央部位发生的,块茎外表无任何症状,地上部亦不表现症状。一般大型块茎易产生空心现象,空心洞周围形成了木栓化组织,呈星形放射或两三个空洞连接起来。

**【防治措施】**

防止块茎空心的办法是,注意田间株行距配置均匀一致、不过量施肥、不使结薯过大、及时充分培土等。

### 12. 褐心病

一般较大块茎容易发病,其主要原因是在迅速膨大的块茎增长期。土壤水分不足,特别是该期土壤水分急剧下降而形成的土壤干旱,更易发生此种病害。

**【为害症状】**

这种病薯的表面几乎无任何症状,但切开薯块后,在薯内分布有大小不等、形状不规则的褐色斑点。褐色部分的细胞已经死亡,成为木栓化组织,淀粉粒也几乎全部消失,不易煮烂,失去了食用价值。

**【防治措施】**

防止褐心病的办法,主要是增施有机肥料,提高土壤的保水能力,特别要注意块茎增长期及时满足水分的供应,防止土壤干旱。此外还要注意选用抗病品种,有轻微病症的薯块作种薯,一般无影响。

## 二、马铃薯主要虫害

为害马铃薯的害虫较多,一般为害茄果类蔬菜的害虫均可为害马铃薯。主要有二十八星瓢虫、地老虎、蛴螬等。这些害虫当中,为害最严重的是蚜虫和蛴螬。

### 1. 蚜虫

蚜虫分布最广,全世界都有分布,我国几乎遍及全国。

【为害症状】

蚜虫在为害蔬菜时,以成虫或若虫群集在幼苗、嫩叶、嫩茎和近地面叶上,以刺吸式口器吸食寄主的汁液。由于蚜虫的繁殖力大,为害密集,而使马铃薯叶严重失水和营养不良,造成叶面卷曲皱缩,叶色发黄,难以正常生长,蚜虫在外叶密集时,整个叶片由于失水发软,而瘫在地上。此外,蚜虫还是多种病毒的传播者,传毒所造成的为害远远大于蚜虫本身的为害。

【防治措施】

(1)农业防治

①采用抗虫品种:不同的品种有不同的抗虫力,选用抗性强的品种。

②清洁田园:及时多次的清除田间杂草,尤其是在初春和秋末除草,可消灭很多虫源。生长期及时拔除虫多的苗,减少虫口数量。

③天敌的利用:蚜虫的天敌很多,应保护利用。在用药剂防治时,应采用尽量少伤害天敌的药物。

④消灭越冬虫源:在越冬菠菜、十字花科的留种株、桃树等蚜虫越冬的场所,在春季蚜虫尚未迁移的时候,用较强的药剂进行防治,减少当年的虫源。在保护地生产发达的地区,一定及时消灭内部的蚜虫,防止越冬蚜虫迁入大田。

⑤适期早播:适当提早播种,使受害期在植株长大以后,可减轻蚜虫的为害程度。

⑥银灰膜驱避:蚜虫对银灰色有负趋性,在蔬菜生长季节,可在田间张挂银灰色塑料条、或插银灰色支架、或铺银灰色地膜等,均可减少蚜虫的为害。

⑦黄油板粘蚜:利用蚜虫对黄色有强烈的趋性,可在田间插上一些高60～80厘米、宽20厘米的木板,上涂黄油,以粘杀蚜虫。

(2)化学防治:常用的药物有50%辟蚜雾可湿性粉剂或水分

散粒剂 2000～3000 倍液,该药对蚜虫有特效,且不伤天敌;或 50%马拉硫磷乳油;或 20%二嗪农乳油;或 25%喹硫磷乳油各 1000 倍液;或 40%乐果乳油 1000～1500 倍液;或 50%敌敌畏乳油 1000 倍液;或 70%灭蚜松可湿性粉剂 2500 倍液等。蚜虫对拟菊酯类农药易产生抗药性,应慎用,或与其他农药混用。常用的有 2.5%敌杀死乳油或 20%氰戊菊酯乳油 3000～4000 倍液;或 10%氯氰菊酯乳油 2000～6000 倍液,药剂喷雾。

**2. 蛴螬**

蛴螬我国国内分布很广,各地均有发生,但以我国北方发生较普遍。

【为害症状】

蛴螬主要在地下为害,咬断幼苗根茎,切口整齐,造成幼苗枯死,或蛀食块根、块茎,造成孔洞,使作物生长衰弱,影响产量和品质。同时,被蛴螬造成的伤口有利于病菌的侵入,诱发其他病害。成虫金龟子主要取食植物地上部的叶片,有的还为害花和果实。

【防治措施】

(1)农业防治

①秋季或春季深翻地,可将一部分成虫或幼虫翻至地表,使其冻死、风干或被天敌捕食、寄生以及被机械杀伤,从而增加害虫的死亡率。一般可降低虫量 15%～30%。

②多施腐熟的有机肥料,可改良土壤的结构,改善通透性状,提供微生物活动的良好条件,能促进蔬菜根系健壮发育,从而增强作物的抗虫性。

③化肥中,碳酸氢铵、腐殖酸铵、氨水等含氨肥料,施用后,能散发出有刺激性的氨气,对害虫有一定的驱避作用。

④调整茬口,如前茬勿用大豆茬,可减轻蛴螬的为害。

⑤在成虫盛发期,每 30 000 平方米面积菜田,用 40 瓦黑光灯

一盏,距地面30厘米,灯下设盆,盆内放水及少量煤油。晚间开灯,可诱成虫入内淹死。

⑥苗期发现为害,可检查残株附近,捕杀幼虫;对成虫可利用其假死性,在比较集中的作物上进行人工捕杀。

(2)药剂防治

①在成虫盛发期,可用90%敌百虫的800~1000倍液喷雾,或用90%敌百虫安每亩面积用药100~150克,加少量水后拌细土15~20千克制成毒土撒在地面,再结合耙地,使毒土与土壤混合,以此杀死成虫。

②用50%辛硫磷乳油拌种可以消灭幼虫。用药、水、种子的比例为1∶50∶600,先将药兑水,再将药液喷在种薯上,并搅拌均匀,然后用塑料薄膜包好,闷种3~4小时。中间翻动1~2次,待种薯把药液吸干后即可播种。

③用90%晶体敌百虫500克加水溶解,喷于35公斤细土上,在播种时施入穴内或摆种沟内,可供亩面积使用。

④在蛴螬已发生为害且虫量较大时,可利用药液灌根。一般用90%敌百虫的500倍液;或50%辛硫磷乳油的800倍液;或25%西维因可湿性粉剂800倍液,每株灌150~250克,可杀死根际幼虫。

**3. 地老虎**

地老虎俗名地蚕、切根虫、黑地蚕、土蚕等。地老虎的种类很多,在我国常见的有3种:小地老虎、黄地老虎和大地老虎。其中小地老虎属于世界性的大害虫,分布最广。

【为害症状】

地老虎的食性极杂,是多食性害虫。可为害茄科、豆科、十字花科、葫芦科以及其他多种蔬菜,还可为害多种粮食作物和多种杂草。地老虎以幼虫为害马铃薯幼苗,将幼苗从茎基部咬断,或咬食块茎。

**【防治措施】**

(1)农业防治

①早春及时铲除地头、田边、田埂及路旁的杂草,集中带到田外沤肥或烧毁,以消灭草上的虫卵。

②秋翻或冬翻地并冬灌,可以杀死部分越冬幼虫或蛹,减少翌年虫量。

③春季耙地,可消灭地面上的卵粒。

④在田间发现断苗时,在清晨拨开断苗附近的表土,即可捉到幼虫。连续进行捕捉,效果良好。

⑤利用糖醋液或黑光灯在田间诱杀成虫。黄地老虎喜欢在芝麻、苜蓿等幼苗上产卵,春季可利用这些植物诱集成虫卵。当诱集植物出苗后,每5天喷一次药,20天后把植物处理掉,可有效地消灭成虫和卵。

⑥采新鲜的泡桐树叶,用水浸泡后,每亩50~70张,于傍晚放在被害田里,次日清晨人工捕捉叶下幼虫。

⑦用90%敌百虫50克,均匀拌合切碎的鲜草30~40千克,再加少量的水,傍晚撒在菜田附近诱杀幼虫。

(2)化学防治

①对地老虎3龄前的幼虫,可用2.5%敌百虫粉剂每亩1.5~2千克喷粉;或加10千克细土制成毒土,撒在植株周围;或用80%敌百虫可湿性粉剂1000倍液;或用50%辛硫磷乳油800液;或用20%杀灭菊酯乳油2000倍液进行地面喷雾。

②在虫龄较大时,可用50%辛硫磷乳油;或50%二嗪农乳油;或80%敌敌畏乳油的1000~1500倍液,进行灌根,杀死土中的幼虫。

**4. 金针虫**

金针虫是叩头虫幼虫的总称,属鞘翅目、叩头甲科。金针虫的成虫为害极小,金针虫的为害很大,是重要的地下害虫。金针虫我国常发生的有 3 种,其中沟金针虫最普通,分布最广,发生数量最多。

**【为害症状】**

金针虫在地下啃食刚播下的种薯,咬断幼苗的根、茎。金针虫的蛀空细小,能蛀入到深处为害。除了为害地下块根、块茎外,还可为害寄主的根、茎。为害轻时,可使寄主的根系受到损伤,吸收功能降低,造成减产。为害重时,不仅降低产品的质量,影响食用价值,还会造成缺苗断垄,致大幅度减产,甚至绝收。在大田作物、旱地及生荒地发生较重,全年中,以春季发生最严重。

**【防治措施】**

(1) 农业防治

①秋季或春季深翻地,可将一部分成虫或幼虫翻至地表,使其冻死、风干或被天敌捕食、寄生以及被机械杀伤,从而增加害虫的死亡率。一般可降低虫量 15%～30%。

②精耕细作,经常灌溉,湿度较大,及时翻耕暴晒的情况下,害虫发生较少。

(2) 化学防治

①用 50% 辛硫磷乳油拌种可以消灭幼虫。用药、水、种子的比例为 1:50:600。先将药兑水,再将药液喷在种薯上,并搅拌均匀,然后用塑料薄膜包好,闷种 3～4 小时。中间翻动 1～2 次,待种薯把药液吸干后即可播种。

②在金针虫已发生为害且虫量较大时,可利用药液灌根。一般用 90% 敌百虫的 500 倍液;或 50% 辛硫磷乳油的 800 倍液;或 25% 西维因可湿性粉剂 800 倍液,每株灌 150～250 克,可杀死根际幼虫。

### 5. 二十八星瓢虫

二十八星瓢虫主要包括马铃薯瓢虫和酸浆瓢虫。前者又名大二十八星瓢虫,后者又名小二十八星瓢虫、茄二十八星瓢虫。俗名花大姐、花包袱、胖小等。马铃薯瓢虫主要分布于东北、华北、内蒙古等地,茄二十八星瓢虫分布在全国,以长江以南各省受害最重。两种瓢虫寄生很多,主要危害马铃薯、茄子等。

【为害症状】

成虫及幼虫均可危害,幼龄幼虫多啃食叶肉,残留表皮形成许多平行状的透明笋底状形线状纹。老熟幼虫及成虫危害全部叶片,仅剩主叶脉,还能取食花瓣、萼片。严重时,可将植株吃得只剩残茎。

【防治措施】

(1)农业防治

①清洁田园:收获后及时清除残株落叶,并进行深翻土地,消灭越冬成虫。

②捕杀成虫:在成虫发生期,利用其假死性,摇动植株使其落地捕杀之。

③采卵块:产卵期人工采卵杀之。

(2)化学防治:在幼虫孵化初期,可用20%杀灭菊酯乳油4000~5000倍液;或90%敌百虫晶体1000倍液;50%敌敌畏乳油1000倍液;或2.5%功夫乳油4000倍液;或40%菊马乳油2000~3000倍液。每6~7天1次,连喷2~3次。

### 6. 马铃薯块茎蛾

马铃薯块茎蛾又叫马铃薯麦蛾、烟潜叶蛾。主要危害茄科植物,其中以马铃薯、茄子、烟草等受害最重,其次是辣(甜)椒、番茄等。

【为害症状】

幼虫潜入叶内,蛀食叶肉,严重时嫩茎和叶芽枯死,幼株死亡,幼虫还可从芽眼或破皮处潜入马铃薯块茎内,呈弯曲潜道,甚至吃空薯块,外表皱缩,并引起腐烂。

【防治措施】

(1)农业防治

①种薯处理:不从疫区调运种薯或未经烤制的烟叶。否则,种薯应进行熏蒸灭虫处理,常用药剂有以下几种:

a. 磷化铝:片剂或粉剂 1 千克,均匀放在 200 千克薯块中,用塑料布盖严,在气温 12~15℃时密闭 5 天,气温在 20℃以上时密闭 3 天。

b. 溴甲烷:在室温 10~15℃时,按 35 克/立方米,熏蒸 3 小时;在室温 28℃时,用药 30 克/立方米,熏蒸 6 小时。

c. 二硫化碳:在 15~20℃的室温下,用药 7.5 克/立方米,熏蒸 75 分钟。

上述药剂可熏蒸杀死害虫,而对种薯发芽和食用无影响。

②建立留种基地:在无虫害发生区建立留种田,防止虫害传播。

③贮藏期防治:贮藏前,应仔细清扫窖、库,关闭门窗,防止成虫飞入产卵。贮藏时,挑选无虫的薯块入窖。种薯入窖前可用 90％敌百虫晶体 200~300 倍液;或 25％溴氰菊酯 2000~3000 倍液喷洒,晾干后入窖,亦可用药剂熏蒸,方法同种薯处理。

④田间管理:播种时严格选用无虫种薯,避免前科作物连作。及时摘除虫叶烧毁。搞好中耕培土,防止薯块外露,引来成虫产卵。

(2)化学防治:同二十八星瓢虫。

### 7. 蓟马

蓟马是薄而小的昆虫(1~2 毫米长),以叶片下表面细胞为食。

【为害症状】

植株因而变弱,叶片干枯和产量下降,严重的侵害可引起植株的枯萎。蓟马也传播纺锤状萎蔫病毒。

**【防治措施】**

(1)农业防治:清除杂草,加强水肥管理,使植物生长旺盛,可减轻为害。

(2)化学防治:在蓟马发生时期及时施药,常用药剂有5%锐劲特悬浮剂2500倍液;20%康福多浓可溶剂4000倍液;20%高卫士可湿性粉剂1500倍液;40%乙酰甲胺磷乳油1000倍液;50%辛硫磷乳油1000倍液;50%巴丹可湿性粉剂1000倍液;20%叶蝉散乳油500倍液等。

### 8. 粉虱

粉虱俗称"小白蛾子",属同翅目,粉虱科,小粉虱属。广泛分布于世界各地。

**【为害症状】**

成、若虫刺吸植物汁液,受害叶褪绿萎蔫或枯死。

**【防治措施】**

(1)农业防治

①在田块的边缘种植玉米或高粱或者交替休闲以促进生物防治的天敌的发育。

②粘性黄色诱捕物可以用于种群水平的评估和防治。

(2)化学防治:喷施80%敌敌畏乳油1000倍液;或40%氧化乐果乳油1000倍液;或2.5%溴氰菊酯乳油2000倍液;或10%二氮苯醚菊酯2000倍液。

### 9. 螨虫

螨虫属于节肢动物门蛛形纲蜱螨亚纲的一类体型微小的动物,身体大小一般都在0.5毫米左右,有些小到0.1毫米,大多数种类小于1毫米。

【为害症状】

螨虫严重,使新叶皱缩僵硬,叶背紫红色,严重的心叶不抽。

【防治措施】

(1)农业防治:避免温暖、干燥、灌溉不足。

(2)化学防治:0.9%阿维菌素乳油4000～6000倍稀释液;或40%螨克(双甲脒)乳油加水1000～2000倍液喷雾;爱福丁、农哈哈2000～3000倍液喷雾;15%扫螨净1500～2000倍液喷雾,5～10天喷药1次,连喷3～5次。喷药重点在植株幼嫩的叶背和茎的顶尖。

# 第四章　马铃薯收获与贮藏

人们对马铃薯营养价值认识的提高,以及马铃薯加工业的兴起,使马铃薯市场产生了很大的变化。这种变化不仅使马铃薯种植面积扩大了,同时也使马铃薯的冬贮数量比以前增加了许多。但是,由于受贮藏设施、贮藏方法、管理水平的限制,贮藏的效果千差万别。为了达到贮藏的目的,就必须科学贮藏,科学管理,才能收到预期的效果。

## 第一节　商品马铃薯的贮藏

马铃薯收获后,存放在人工控制的环境中,使之保持鲜嫩状态,符合人们的食用口味,把损失浪费降低到最低水平,以达到长时间供应市场和食用的目的,这种技术称为贮藏保鲜。

在马铃薯一季作地区,秋季收获后要经贮藏供应 6 个月以上的时间;二季作地区春作薯收获后要经贮藏供应市场 1~2 个月;秋作薯要供应市场 3~4 个月。从上述情况看,为了延长马铃薯供应期,争取实现全年供应,马铃薯的贮藏保鲜十分必要。

目前马铃薯生产已进入商品化生产时代。初冬,东北地区的马铃薯收获后,大量运往华北及江南地区;夏季,华北地区的春作马铃薯收获后,大量运往上海、广州等地。在这一长途运销过程中,从收获到消费者食用,要经过多道环节,较长的时间。在这段时间中也需要利用贮藏保鲜技术。

目前马铃薯的贮藏保鲜技术比较成熟,在国内各地应用很广泛。但是,民间应用的土法贮藏技术较费工,而大规模现代化的贮藏技术成本又太高,所以,继续深入研究省工、低成本的贮藏保鲜技术仍属必要。

## 一、商品马铃薯的基本要求

马铃薯食品的种类繁多,制品也非常多,既有经过简单加工的保鲜马铃薯,又有经过深加工的土豆泥、马铃薯粉等深加工产品。

我国速冻马铃薯等蔬菜在日本畅销,新加坡市场对马铃薯食品要求丰富多彩。近年来,我国马铃薯出口到马来西亚的数量也逐年增加,主要以保鲜马铃薯为主。

**1. 菜用型品种**

药残符合我国国标的规定。要求薯形椭圆,选择大中薯率高(在75%以上),薯形好,表皮光滑,黄皮黄肉,无虫口,无癞皮,无泥土,芽眼浅,薯块整齐干净,无霉烂,无机械伤,肉质鲜,无青头顶,无畸形,整齐一致,低淀粉含量的马铃薯。对薯皮和颜色,不同国际市场的人们有不同的要求,如日本人喜欢黄皮黄肉品种。

**2. 淀粉加工型品种**

要求淀粉含量必须在15%以上,芽眼浅,以便于加工时清洗。

**3. 油炸食品加工型品种**

要求芽眼浅,容易去皮,干物质含量在19.6%以上,还原糖含量在0.3%以下,耐贮藏。用作油炸薯条的,要求薯形必须是长形或长椭圆形,长度在6厘米以上,宽不小于3厘米,重量为120克以上,白皮或褐皮白肉,无空心,无青头;用作油炸薯片的,要求薯形接近圆形,个头不要太大,重量为50~150克,超过150克的薯块的比例最好少一些。

## 二、商品马铃薯的贮藏技术

### 1. 马铃薯贮藏的形式

(1)埋藏法:秋薯收后置于阴凉处、避光堆放。待外界气温接近0℃时贮藏。贮藏沟挖深1.5~2米,宽1~1.5米,长度不限。块茎入沟中,每30~40厘米上覆10厘米厚的一层干沙,共埋3层。最上面盖上稻草,再随着气温下降陆续覆土。覆土总厚度不能小于当地的冻土层,一般为60~80厘米。

(2)夏季堆藏法:夏季收获后置于阴凉、避风处,堆厚30~40厘米,经15~20天,待表皮充分干燥和老化,愈伤组织形成后即可堆藏。

块茎堆放在通风良好的室内或通风贮藏库中,堆高在50厘米以下,每隔1~2米设一通风筒。有条件时,装筐码垛最好,贮藏期间经常检查,淘汰烂者,并注意通风。

(3)窖藏法:块茎收获后,堆于阴凉处,避光晾5~7天。待外界温度接近0℃时,入窖贮藏。窖藏的形式在土质较黏重的地区可采用井窖窖藏法,每窖室可贮藏3000千克,井窖结构可参见甘薯贮藏的原理和基本方法的相关部分。在有土丘或山坡地的地方,可采用窑窖贮藏。以水平方向向土崖挖成窑洞,洞高2.5米、宽1.5米、长6米,窖顶呈拱圆形,底部也有倾斜度,与井窖相同,每窖可贮藏3500千克。

井窖和窑窖利用窖口通风并调节温湿度,因此窖内贮藏不宜过满。入窖初期加强通风,降低温度,深冬应注意保温防冻,维持窖内2~4℃的温度和90%的相对湿度。如管理得当,窖温稳定,贮藏效果好。

另外,东北地区多采用棚窖贮藏。棚窖与大白菜窖相似,深2米、宽2~2.5米、长8米,窖顶为秫秸盖土,共厚0.3米。天冷时再覆盖0.6米秫秆保温。窖顶一角开设一个0.5米×0.6米的出入口,也可做放风用。每窖可贮藏3000~3500千克。黑龙江地区马铃薯10月份收获,收后随即入窖,薯堆1.5~2米高。吉林9月中下旬收获后经短期预贮,10月下旬再移入棚窖贮藏。冬季薯堆表面要覆盖秸秆防寒。

(4)通风库贮藏法:通风贮藏库应事先用福尔马林熏蒸消毒。马铃薯收后稍晾即入库。堆高0.8~1.5米,宽2米。每隔2~3米垂直放一个通风筒,以利通风散热。

入库后2个月,按每5000千克块茎,取98%的萘乙酸甲酯或乙酯150克,溶于300克丙酮或酒精中,再拌入10~12.5千克细土中,然后将药物均匀撒在薯块上。撒后在薯块上封一层纸或麻布,使药物在较密闭的环境中挥发。以此可防止发芽,减少损失。

**2. 窖藏消毒**

消毒方法见甘薯窖藏消毒部分。

**3. 适时收获**

(1)收获期确定:依据成熟度、农药使用情况、气候、市场及后作农时等因素确定。

(2)收前控水:收获前使土壤湿度控制在60%,保持土壤通气环境,防止田间积水,避免收获后烂薯,提高耐贮性。

(3)收获天气:选择晴天或晴间多云天气收获,以免雨天拖泥带水,既不便收获、运输,又影响商品品质,同时又容易因薯皮损伤而导致病菌入侵,发生腐烂或影响贮藏。

(4)收获方法:机械收获、犁翻、人工挖掘,要尽量减少机械损伤。收获后既要避免烈日暴晒、雨淋,又要晾干表皮水汽,使皮层老化。预贮场所要宽敞、阴凉,不要有直射光线(暗处),堆高不要超过50厘米,要通风,有换气条件。

**4. 抑芽处理**

(1)预处理:薯块在收获后,可在田间就地稍加晾晒,散发部分水分,以便贮运。一般晾晒4小时,就能明显降低贮藏发病率,日晒时间过长,薯块将失水萎蔫,不利于贮藏。夏秋季节收获的马铃薯都需先堆放在阴凉通风的室内、棚窖内或荫棚下预贮,然后进行挑选,剔除病害、机械损伤、萎蔫、腐烂薯块。在搬运中最好整箱或整垛地移动,尽量避免机械损伤。

(2)防腐处理:苯诺米尔、噻苯咪唑、氨基丁烷熏蒸剂等多用于马铃薯的防腐保鲜及果蔬加工中。仲丁胺也是一种新型的安全的仿生型马铃薯防腐剂,洗薯时,每千克50%的仲丁胺商品制剂用水稀释后,可洗块茎20 000千克,熏蒸时,按每立方米薯块60毫克~14克50%仲丁胺使用,熏蒸时间12分钟以上,防腐效果良好。

(3)抑制发芽处理:根据马铃薯的休眠特性,自然度过休眠期后,它就具备了发芽条件,特别是温度条件在5℃以上就可以发芽,而且在超过5℃的条件下,长时间贮藏更有利于它渡过休眠期。然而,加工用薯的贮藏,又需要7℃以上的窖温,搞不好就会有大量块茎发芽,影响块茎品质,降低使用价值。

①抑芽剂的剂型:马铃薯抑芽剂的剂型有两种:一种是粉剂,为淡黄色粉末,无味。另一种是气雾剂,为半透明稍黏的液体,稍微加热后即挥发为气雾。

②施用时间:用药时间在块茎解除休眠期之前,即将进入萌芽时是施药的最佳时间。同时还要根据贮藏的温度条件做具体安排。比如窖温一直保持2~3℃,温度就可以强制块茎休眠,在这

种情况下,可在窖温随外界气温上升到6℃之前施药。如果窖温一直保持在7℃左右,可在块茎入窖后1~2个月的时间内施药。一般说,从块茎伤口愈合后(收获后2~3周)到萌芽之前的任何时候,都可以施用,均能收到抑芽的效果。

③剂量:用粉剂,以药粉重量计算。比如用0.7%的粉剂,药粉和块茎的重量比是(1.4~1.5):1000。若用2.5%的粉剂,药粉和块茎重量比是(0.4~0.8):1000。

用气雾剂,以有效成分计算,浓度以3/100 000为好。按药液计算,每1000千克块茎用药液60毫升。还可以根据计划贮藏时间,适当调整使用浓度。贮藏3个月以内(从施药算起)的,可用2/100 000的浓度,贮藏半年以上的,可用4/100 000的浓度。

④施药方法

粉剂施法:根据处理块茎数量的多少,采取不同的方法。如果处理数量在100千克以下,可把药粉直接均匀地撒于装在筐、篓、箱或堆在地上的块茎上面。若数量大,可以分层撒施。有通风管道的窖,可将药粉随鼓入的风吹进薯堆里边,并在堆上面再撒一些。用手撒或喷粉器将药粉喷入堆内也均可。药粉有效成分挥发成气体,便可起到抑芽作用。无论哪种方法,撒上药粉后要密封24~48小时。处理薯块,数量少的,可用麻袋、塑料布等覆盖,数量大的要封闭窖门、屋门和通气孔。

气雾剂施法:气雾剂目前只适用于贮藏10吨以上并有通风道的窖内。用1台热力气雾发生器(用小汽油机带动),将计算好数量的抑芽剂药液,装入气雾发生器中,开动机器加热产生气雾,使之随通风管道吹入薯堆。药液全部用完后,关闭窖门和通风口,密闭24~48小时。

⑤注意事项

抑芽剂有阻碍块茎损伤组织愈合及表皮木栓化的作用,所以块茎收获后,必须经过2~3周时间,使损伤组织自然愈合后才能施用。

切忌将马铃薯抑芽剂用于种薯和在种薯贮藏窖内进行抑芽处理,以防止影响种薯的发芽,给生产造成损失。

### 5. 马铃薯入窖

供贮藏用的马铃薯应尽量避免机械损伤,严格剔除受病虫危害或经日晒及受冻的马铃薯。因为经曝晒的马铃薯容易腐烂,不耐贮藏;而受冷冻的马铃薯也会失去本身的保护能力,容易遭受各种病原体的侵害,致使变质和腐烂。

入选的马铃薯应放在阴凉通风的场所2~3周,让水分蒸发一部分,使皮层坚硬,然后再入窖,窖内不应堆放过厚,应具有良好的通风条件,如通风不良,堆放过厚的块茎会因缺氧呼吸而产生黑心。

窖内不要装得太满,一般不要超过2/3,以利于通风换气。

另外,马铃薯不能与甘薯存放在一起。否则,不是甘薯僵心,便是马铃薯长芽。

### 6. 马铃薯贮藏保鲜窖期管理

马铃薯块茎内水分含量高,其呼吸强度远远超过一般粮食作物,所以在贮藏时必须注意通风与温度调节,否则在薯堆内会大量积聚水分、二氧化碳和热量,妨碍块茎的正常生理活动,促进微生物大量繁殖,致使质量剧烈变化甚至腐烂。

马铃薯的安全贮藏取决于温度和湿度,尤其是温度。块茎在0℃以下受冻害;在1℃时,淀粉极易转化为糖,降低了使用价值;而2~5℃是贮藏马铃薯的适宜温度,块茎呼吸强度很弱,重量损失亦小,度过休眠期的块茎不萌芽;在8℃时呼吸最强,皮孔张开,感病的块茎开始变化,湿度小时则变成干腐,湿度大时则变成湿腐,渡过休眠的块茎开始萌芽;在15℃以上时呼吸强烈,湿度小时,块茎失水较多而开始皱缩,湿度大时,湿腐病迅速发展。因此,为了保持马铃薯的加工品质,在入窖 10～14 天中应保持 13～18℃之间的温度,相对湿度为 85%～95%。有良好的空气流通条件,以利于伤口栓质化及愈合。栓质化后应尽快降低温度,最适度为 3～6℃,贮藏温度如果提高到 7～10℃,块茎呼吸旺盛,导致淀粉的损失。

经过长期贮藏的块茎,粉质显著减少,淀粉含量降低。据试验,贮藏 2～3 个月的马铃薯的出粉率可达 12% 以上,但贮藏 12 个月以后,就降低到 9%。如果块茎腐烂或发芽,淀粉的损失率可达 12.5%。发芽的马铃薯,芽体中也会含有较多的龙葵素,势必使块茎中龙葵总含量增加。此外,由于水分的蒸发而引起重量的损失,这比因呼吸造成干物质损失要大 10 倍以上。为了安全地贮藏马铃薯,必须创造有利条件,保证马铃薯中的营养物质损失最少,重量损耗也最低,达到不腐败、不变质的要求是至关重要的。

## 三、包装与运输

可按品种类型、薯块大小、整齐程度以及规格质量进行分级包装。包装物可以选用编织袋、纸袋、塑料袋以及筐、箱。

短途运输可用汽车或中小型拖拉机及人力三轮车等工具,包装以筐装为主,也可散装;中长途运输以汽车、火车为运输工具,以麻袋或编织袋及筐、箱等包装。

运输时要防高温、防潮、防冻,尽量避免机械损伤。

## 第二节　马铃薯种薯的贮藏

留作种用的马铃薯收获后,也要通过贮藏保鲜,保持生命力,以备翌年播种。所以贮藏保鲜对马铃薯有特殊的意义。

**1. 温度**

马铃薯种薯的贮藏,一般要求较低的温度,10～11月,马铃薯正处在后熟期,呼吸旺盛,这时应以降温散热、通风换气为主,最适温度应在4℃;贮藏中期的12月至第二年2月,正是气温处于严寒低温季节,马铃薯块易受冻害,这一阶段应是防冻保暖,温度应控制在13℃;贮藏末期3～4月份,气温转暖,窖温升高,种薯开始萌芽,这时应注意通风,温度应控制在4℃。

**2. 湿度**

在马铃薯块茎的贮藏期间,保持窖内适宜的湿度,可以减少自然损耗和有利于块茎保持新鲜度。因此,当贮藏温度在13℃时,湿度最好控制在85%～90%之间,湿度变化的安全范围为80%～93%,在这样的湿度范围内,块茎失水不多,不会造成萎蔫,同时也不会因湿度过大而造成块茎的腐烂。

**3. 空气**

马铃薯块茎的贮藏窖内,必须保证有流通的清洁空气,以减少窖内的二氧化碳。种薯长期贮藏在二氧化碳较多的窖内,就会增加田间的缺株率和长期植株发育不良,结果导致产量下降。通风又可以调节贮藏窖内的温度和湿度,把外面清洁而新鲜的空气通入窖内,而把同体积的二氧化碳等排出窖外。

**4. 堆放方法**

马铃薯种薯在窖内的堆放方法有堆积黑暗贮藏、薄摊散光贮藏、架藏、箱藏等等。

**5. 管理方法**

马铃薯种薯可单窖单放或和商品薯同窖单独堆放，不可与商品薯混放，同时不同品种要分别存放。

马铃薯种薯在入窖前，要将窖内清理干净，用石灰水消毒地面和墙壁。对于种薯要严格选去烂、病和伤种，将泥土清理干净，堆放避光通风处；入窖后用高锰酸钾和甲醛溶液熏蒸消毒杀菌（每120平方米用500克高锰酸钾兑700克甲醛溶液），每月熏蒸一次，防止块茎腐烂和病害的蔓延。并且每周用甲酚皂溶液将过道消毒一次，以防止交叉感染。另外籽种贮藏期，老鼠的危害也不容忽视。此外，还要严格控制窖温、湿度，保持通风，降低贮藏期间的自然损耗。

# 第五章 马铃薯的加工与利用

马铃薯的贮藏保鲜技术目前尚达不到半年以上的水平，要长期贮存，有很大困难。但经过加工后，可以延长保存1~2年，经久不坏，随时取用。这样更有利于马铃薯的全年均衡供应，更便于长途运销。

良好的马铃薯加工方法，不但能尽量地保存营养成分，还有改进风味，增加色、香、味品质的良好作用，更加刺激人们的食欲。

马铃薯加工的主要任务之一是防止腐败，延长贮藏期。其腐败产生的主要原因有：微生物侵染的生物学败坏；光照、高温、低温、机械损伤引起的水解、落叶、变色、变味、营养成分损失、食品成分改变等物理因素引起的败坏；化学因素引起的氧化、变色、变味等败坏。通过加工可杜绝上述腐败现象。

马铃薯加工产品是其他工业、医药工业的重要原料，在国计民生中有一定作用。

## 第一节 马铃薯淀粉

马铃薯淀粉的传统加工方法与甘薯淀粉加工方法几乎相同。

**1. 工艺流程**

马铃薯→清洗→磨碎→薯渣分离→沉淀→干燥→粗淀粉。

## 2. 生产过程

(1)原料:选无病虫害、未腐烂的鲜块茎。

(2)洗薯:将马铃薯清洗干净。

(3)磨碎:选择含淀粉多的马铃薯,拣出烂薯和病薯,放入洗涤槽内,加清水用棒搅拌将薯块清洗干净。洗涤后的薯块放入磨碎机中,边加水边磨碎,磨成淀粉浆,流入接收槽中。

(4)筛分:分两次分别用粗、细平筛将淀粉浆中薯渣筛出,或将淀粉浆盛入布袋,系好袋口,放入槽中,用脚踩踏,使淀粉从袋孔溢出,薯渣加水再踏。

(5)分离淀粉:将淀粉乳放入沉淀槽,充分搅拌,静置5h以上,则淀粉沉淀于底层。除去上层澄清液,即分离出淀粉。一次分离的淀粉杂质较多,可在洗涤槽中,加水搅拌,静置数小时,再除去上面澄清液。如此反复洗涤3~4次,最后静置后,上层为外皮,中层为淀粉,下层为泥沙。刮去上层不纯物,将中间淀粉层取出,即为湿淀粉。

(6)干燥及包装:脱水的淀粉用日光晒干,也可用干燥机干燥,干燥温度在70℃以下,经25~50分钟即可。干燥后经筛分后即可包装。

# 第二节 油炸马铃薯片

## 1. 工艺流程

马铃薯→清洗→去皮→切片→冲洗→脱水→油炸→调料→冷却→整理包装。

## 2. 生产过程

(1) 原料的选择：要求原料马铃薯的块茎形状整齐、大小均一、表皮薄、芽眼浅而少，淀粉和总固形物含量高，还原糖含量低。还原糖含量在0.5%以下（一般为0.25%~0.3%）、干物重以14%~15%为较好。如果还原糖含量过高，油炸时易褐变。

(2) 清理与洗涤：将马铃薯倒入容器内拣去烂薯、石子、沙粒等后洗净表面泥土污物后，去皮。

(3) 切片与漂洗：手工刀切薄厚不均，可用木工刨子刨片。切片厚度要根据块茎品种、饱满程度、含糖量、油炸温度或蒸煮时间来定。注意力求切片厚度一致，防止因切片厚度不一，造成产品颜色不均。切好的薯片洗净切片表面的淀粉，洗好的薯片放入护色液中护色。漂洗的水中含有马铃薯淀粉，可以收集起来制取马铃薯淀粉。

(4) 脱水：漂洗后的切片淋干马铃薯片表面的水分。

(5) 油炸：实验证明，在较低温度下省油，马铃薯表面起泡，内部沾油、颜色较深，而在高温下则无此现象。因此，油炸温度一般控制在180~190℃，不能高于200℃，油炸时间一般不宜超过1分钟。生产实践证明，用纯净的花生油、玉米油和棉籽油炸的马铃薯片比用猪油炸制的好，其中以用花生油的质量最好。在炸制过程中，炸制油要经常更换，马铃薯片吸油很快，必须不断地加入新鲜油，每8~10小时彻底更换一次。另外，炸制用油在用过一段时间后应当过滤，以除去油中炸焦的淀粉颗粒和其他炸焦的物质。不除去这些杂质会影响油炸薯片的味道和外观。

(6) 调味：对炸好的马铃薯片应进行适当的调味。根据产品的需要还可添加些味精，或将其调制成辛辣、奶酪等风味。

(7) 冷却、包装：马铃薯片经油炸、调味后，就可冷却、包装。包装材料可根据保存时间来选择，可采用涂蜡玻璃纸、金属复合塑料薄膜袋等进行包装，亦可采用充氮包装。

## 第三节　风味马铃薯脯

**1. 工艺流程**

马铃薯→清洗→去皮→切片→护色→硬化→清洗→糖制→烘烤→成品。

**2. 生产过程**

(1)原料选择:选择块茎大、皮薄,还原糖含量低,蛋白质和纤维素少的品种。

(2)清洗:将经过挑选的马铃薯表皮上的泥沙、尘土用清水洗净。

(3)去皮:可用人工去皮或碱液去皮的方法进行。人工去皮可用小刀将马铃薯的外皮削去,并将表面修整致光洁、规则;碱液去皮则可将马铃薯块茎放入100℃、20%的氢氧化钠溶液中处理到表皮一碰即脱时,立即取出用水冲洗。

(4)切片:用刀或切片机将马铃薯切成厚1~1.5毫米、长4厘米、宽2厘米的薄片,剔除形状不规则的薯片和杂色薯片。

(5)护色和硬化:切片后立即将薯片投入含1.0%维生素C、1.5%柠檬酸、0.1%氯化钙的混合溶液中处理20分钟;再用2%的石灰水溶液浸泡2.5~3小时。

(6)清洗:用清水将硬化后的薯片漂洗0.5~1小时,换水3~5次,洗去薯片表面的淀粉及残余的护色硬化液。

(7)糖制:将处理好的薯片放入网袋中,在夹层锅中配制30%的糖液并用柠檬酸调pH至4.0~4.3。糖液在锅中煮沸1~2分钟后,将薯片投入煮制4~8分钟后捞出,投入到30%的冷糖液中浸渍 12 小时；再分别投入 40％、50％、60％、65％的糖液中进行糖煮、糖渍，每个处理所用时间、方法都与 30％的糖液处理相同。待薯片煮至半透明状、含糖量达到 60％以上时取出，沥去残余的糖液。

(8) 烘烤：将薯片摊在烤盘中，在远红外箱中以 55～60℃的温度烘烤 10～14 小时，烘至薯片为乳白色至淡黄色，含水量 16％～18％时取出。

(9) 上糖粉：干燥快结束时，在制品的表面撒上薯片重量 10％的糖粉（先将砂糖用粉碎机粉碎，并过 100 目的筛），拌匀后筛去多余的糖粉即得成品。

# 参考文献

1. 袁宝忠. 甘薯栽培技术. 北京:金盾出版社,1992
2. 任洪志,等. 甘薯优良品种与高产栽培. 郑州:河南科学技术出版社,2000
3. 王玉明,等. 甘薯贮藏保鲜新技术. 郑州:中原农民出版社,2002
4. 王裕欣,肖利贞. 甘薯产业化经营. 北京:金盾出版社,2008
5. 江苏省农业科学院,山东省农业科学院. 中国甘薯栽培学. 上海:上海科学技术出版社,1984
6. 宋元林. 马铃薯、姜、山药、芋. 北京:科学技术文献出版社,1999
7. 金黎平,等. 马铃薯优良品种及丰产栽培技术. 北京:中国劳动社会保障出版社,2002
8. 杜连起. 甘薯综合加工新技术. 北京:金盾出版社,2001
9. 毛志善. 甘薯优质高产栽培与加工. 北京:农村读物出版社,2006
10. 王金亭,等. 甘薯高产栽培. 济南:济南出版社,1992
11. 陈久铁. 甘薯生产与加工. 北京:农业出版社,1989
12. 赵德秉,余定学. 甘薯栽培与贮藏. 重庆:重庆出版社,1994
13. 裘昭峰,胡建勋,王钰. 甘薯栽培与加工. 合肥:安徽科学技术出版社,1997
14. 王克勤. 甘薯生产与加工. 长沙:湖南科学技术出版社,2004
15. 赵萍. 马铃薯加工技术. 兰州:甘肃科学技术出版社,1999
16. 程天庆. 马铃薯栽培技术. 北京:金盾出版社,1991
17. 商鸿生,王凤葵. 马铃薯病虫害防治. 北京:金盾出版社,2001
18. 黄俊明. 马铃薯高产栽培技术. 贵阳:贵州科技出版社,1999
19. 陈奇伟. 马铃薯淀粉生产技术. 北京:金盾出版社,2004

## 图书在版编目(CIP)数据

甘薯、马铃薯高产栽培与加工技术/杨占国,张玉杰主编.—北京:科学技术文献出版社,2012.9(重印)
ISBN 978-7-5023-6536-3

Ⅰ.①甘… Ⅱ.①杨… ②张… Ⅲ.①甘薯-栽培 ②甘薯-食品加工 ③马铃薯-栽培 ④马铃薯-食品加工 Ⅳ.①S53

中国版本图书馆 CIP 数据核字(2009)第 220497 号

## 甘薯、马铃薯高产栽培与加工技术

策划编辑:李　洁　责任编辑:李　洁　责任校对:唐　炜　责任出版:张志平

| | |
|---|---|
| 出 版 者 | 科学技术文献出版社 |
| 地　　　址 | 北京市复兴路 15 号　邮编 100038 |
| 编 务 部 | (010)58882938,58882087(传真) |
| 发 行 部 | (010)58882868,58882866(传真) |
| 邮 购 部 | (010)58882873 |
| 官 方 网 址 | http://www.stdp.com.cn |
| 淘宝旗舰店 | http://stbook.taobao.com |
| 发 行 者 | 科学技术文献出版社发行　全国各地新华书店经销 |
| 印 刷 者 | 北京高迪印刷有限公司 |
| 版　　　次 | 2010 年 2 月第 1 版　2012 年 9 月第 2 次印刷 |
| 开　　　本 | 850×1168　1/32 开 |
| 字　　　数 | 263 千 |
| 印　　　张 | 10.75 |
| 书　　　号 | ISBN 978-7-5023-6536-3 |
| 定　　　价 | 20.00 元 |

版权所有　违法必究

购买本社图书,凡字迹不清、缺页、倒页、脱页者,本社发行部负责调换